農産物・食品検査法の新展開

Advanced Inspection Technology of Agricultural Products and Foods

《普及版／Popular Edition》

監修 山本重夫

シーエムシー出版

緒言

食品に対する消費者のニーズは近年大きな変化を遂げ，有機水銀，殺虫剤等の農薬，環境ホルモン，O157，BSE，食品アレルギー，遺伝子組換え食品，ノロウイルスや食肉偽装問題まで消費者は多くのことを学びました。そしてそれは食の安全・安心への希求となり，飽食・過食の時代に警鐘を鳴らすメタボリック・シンドロームへの警戒が芽生え節食の傾向が強まるなかで，「おいしさ」や「新鮮さ」，さらには「食品機能」などが求められる時代となりました。とくに生鮮食品として流通する農産物（水産物・畜産物）には，安全・安心／おいしさ・食味等／鮮度・熟度・賞味期限／機能等に選好の目が向けられています。これら4つの要素をベクトルに例えれば，それぞれのベクトルは，それぞれに異なる方向のベクトルであると言えます。

ところで，生産者側から見ればこれらのニーズを充たしかつ証明するためには各々のベクトルについて各種の試験・検査が必要になりますが，試験には時として高価な装置が必要になり，経済的にも技術的にも困難が生じております。確かに，研究的な場面や公定の分析法が示されている方法には質量分析装置，ガス／液体クロマトグラフ，原子吸光分析装置など，高価であり技術の習得にも時間を必要とするものが多くあります。

しかしながら，科学技術の進歩はこれら検査にも新しい技術や従来技術の改良技術が出現して，従来技術をより簡便により迅速に，あるいはより経済的に行える技術が生まれてきました。近赤外分光法など非破壊検査は農産物・水産物・畜産物の試験・検査に好適な手法であり，事実多くの農産物等の試験に採用されているところです。またサンプリングによる試験も，細菌検出の発色法の高感度測定法，タンパク質・細菌・ウイルスを測定する酵素免疫測定法のELISA法やイムノクロマトグラフィー，DNA配列をベースとしたいわゆる遺伝子検査も，標識プライマーや標識プローブを用いる方法や増幅反応のプロセスをモニターできる装置およびセンサーなどが普及し簡便化が図られてきました。

その一方で，消費者ニーズも大いに進化しました。例えば米穀類ではアレルゲン食材や遺伝子組換え体の有無などに加え，品種の同定から産地同定や産年推定や食品材料用特定品種の証明など，また鮮魚・食肉についての品種や原産地域，カビ・細菌・ウイルス・天然毒等汚染の不存在，冷凍経歴の有無などが強く求められています。

本書はこれら農産物に関する多様で複雑な検査技術を代替する，簡便化・迅速化する技術および最近の消費者ニーズの4つのベクトル（安心・安全／おいしさ・食味／鮮度・熟度等／機能）

に乗った先進技術をテーマとして編集し，一つには農産物等生産者側が進めるブランド化計画などの参考資料になること，二つには農産物・食品検査関連企業がこれら技術を活用して事業化の進展がなされることを目的としております。

ここでは紫外・可視・赤外線等の光を用いる色々な非破壊検査技術（糖度・酸度や内部品質異常や農薬等の測定など：応答が非常に早くライン上での検出や現場での検査に適している），免疫学的な検査法であるイムノクロマト法やELISA法（遺伝子組換え体，食品アレルゲン，残留農薬等の検出：他の方法に比べて簡便である），食品機能検査の抗酸化能測定法（多くの農産物に共通技術として適用できる），簡便にできる鮮度検査（野菜，食肉等），安心・安全のスクリーニング（細菌汚染，残留農薬，貝毒等の簡便化技術），を解説して頂きました。また，解説は近赤外分光装置，マイクロプレートリーダー，遺伝子増幅・検出装置（PCR装置やLAMP法装置）など標準的な設備で実施可能な系を取り上げましたので，これらの設備を用いて応用展開を含め農産物試験の何ができるかという見方もあろうかと存じます。

末尾となりましたが，ご多忙のところご執筆頂いた諸先生方に感謝するとともに，厚く御礼申し上げます。

平成22年6月

山本重夫

普及版の刊行にあたって

本書は2010年7月に『農産物・食品検査法の新展開』として刊行されました。普及版の刊行にあたり，内容は当時のままであり加筆・訂正などの手は加えておりませんので，ご了承ください。

2016年８月

シーエムシー出版　編集部

執筆者一覧（執筆順）

山本 重夫　技術コンサルタント

河野 澄夫　(独)農業・食品産業技術総合研究機構　食品総合研究所　食品分析研究領域　非破壊評価ユニット　ユニット長

中野 和弘　新潟大学　大学院自然科学研究科　教授

伊藤 秀和　(独)農業・食品産業技術総合研究機構　野菜茶業研究所　野菜・茶の食味食感・安全性研究チーム　主任研究員

天間 毅　(地独)青森県産業技術センター　本部　企画経営室　総括研究管理員

恩田 匠　山梨県工業技術センター　支所ワインセンター　主任研究員

山内 悟　静岡県水産技術研究所　利用普及部　主任研究員

牧野 義雄　東京大学　大学院農学生命科学研究科　准教授

谷口 功　熊本大学　学長室　学長

佐鳥 新　北海道工業大学　創生工学部　電気デジタルシステム工学科　教授

後藤 真太郎　立正大学　地球環境科学部　環境システム学科　教授

小林 五月　ロシュ・ダイアグノスティックス㈱　AS 事業部　RA マーケティンググループ　マネジャー

百田 隆祥　栄研化学㈱　生物化学研究所　研究員

後藤 雅宏　九州大学　大学院工学研究院　応用化学部門　教授

北岡 桃子　九州大学　大学院工学研究院　応用化学部門　博士研究員

大坪 研一　新潟大学　農学部　教授

中村 澄子　新潟大学　農学部　特任准教授

藤田 由美子　(独)農業・食品産業技術総合研究機構　近畿中国四国農業研究センター　品種識別・産地判別研究チーム　研究員

村上 恭子　香川県農業試験場　野菜・花き部門　主任研究員

本庄 勉　㈱森永生科学研究所　専務取締役

柴原 裕亮　日水製薬㈱　研究開発部　サブリーダー

上坂 良彦　日水製薬㈱　研究開発部　マネージャー

神　谷　久美子　日本ハム㈱　中央研究所
松　本　貴　之　日本ハム㈱　中央研究所　主任研究員
永　谷　尚　紀　岡山理科大学　工学部　バイオ・応用化学科　准教授
鈴　木　　　徹　東京海洋大学　海洋科学部　教授
濱田（佐藤）奈保子　東京海洋大学　大学院食品流通安全管理専攻　教授
シリランサアン　パウィナー　東京海洋大学　海洋科学部　大学院博士課程
廣　井　哲　也　神奈川県産業技術センター　化学技術部　主任研究員
伊　藤　　　健　神奈川県産業技術センター　電子技術部　主任研究員
川　上　晃　司　㈱サタケ　技術本部　食味分析室　室長
渡　辺　　　純　㈱農業・食品産業技術総合研究機構　食品総合研究所　食品機能研究領域　主任研究員
沖　　　智　之　㈱農業・食品産業技術総合研究機構　九州・沖縄農業研究センター　機能性利用研究チーム　主任研究員
竹　林　　　純　㈱国立健康・栄養研究所　食品保健機能プログラム　研究員
山　崎　光　司　太陽化学㈱　ニュートリション事業部　研究開発グループ　研究員
木　村　俊　之　㈱農業・食品産業技術総合研究機構　東北農業研究センター　寒冷地バイオマス研究チーム　主任研究員
受　田　浩　之　高知大学　総合科学系生物環境医学部門　教授
島　村　智　子　高知大学　総合科学系生物環境医学部門　准教授
石　田　晃　彦　北海道大学　大学院工学研究院　生物機能高分子部門　助教
中　島　正　博　名古屋市衛生研究所　生活環境部　部長
田　澤　英　克　マイクロ化学技研㈱　研究開発部　主任研究員
江　端　智　彦　マイクロ化学技研㈱　研究開発部　部長
池　原　　　強　㈱トロピカルテクノセンター　研究開発部　マネージャー
安　元　　　健　㈶沖縄科学技術振興センター　コア研究室　研究統括

執筆者の所属表記は，2010年７月当時のものを使用しております。

目　　次

【第Ⅰ編　非破壊検査法の技術】

〈近赤外分光法〉

第4章　近赤外分光法による小型糖度計の開発～りんご糖度計の開発～

天間　毅

第5章　近赤外分光法によるウメ果実の硬度計測　恩田　匠

第6章　近赤外分光法による水産物の脂肪測定　山内　悟

〈紫外線・可視光・レーザー光を用いる検査法〉

第7章　紫外線反射スペクトルを利用した化学物質の非破壊検査法

牧野義雄

第8章　ラマン分光法を用いた果実の非破壊味覚センシング

～ミカンとメロンの味覚評価の試み～　**谷口　功**

〈ハイパースペクトルカメラ法〉

第9章　ハイパースペクトルカメラを用いた生鮮食品の鮮度評価

～葉もの野菜を中心とする鮮度の測定原理と応用～　**佐鳥　新**

第10章　ハイパースペクトル画像による深谷ネギの甘さのモニタリング

～ネギの品質判定の手法：その測定原理と応用～　**後藤真太郎**

【第Ⅱ編　サンプリング検査法の技術】

〈遺伝子増幅法技術と品種同定検査法〉

第1章　リアルタイムPCR法を用いた農産物検査における新規アプリケーション～Universal ProbeLibraryとHigh Resolution Melting法～　小林五月

第2章　LAMP法 (Loop-Mediated Isothermal Amplification) を用いたカンピロバクターの高感度迅速検出　百田隆祥

第3章　FRIP法による水産物の簡易判別　後藤雅宏，北岡桃子

第4章　DNA分析による米の産地判別　大坪研一，中村澄子

第5章　小麦の品種識別技術～植物体および加工食品からのDNA抽出と品種識別法～

藤田由美子，村上恭子

〈ELISA 法〉

第6章　ELISA 法の原理と測定法～免疫反応の形式（サンドイッチ法，競合法）と測定反応（吸光法，蛍光法）ならびに測定時の注意点～　**本庄　勉**

第7章　ELISA 法を用いたアレルギー物質を含む食品の検査方法について～甲殻類検出法を中心に～　**柴原裕亮，上坂良彦**

〈イムノクロマト法〉

第8章　イムノクロマト法を用いた食物アレルギー物質の簡易・迅速検査法～イムノクロマト法の原理と食物アレルギー物質管理への適用～

神谷久美子，松本貴之

第9章　イムノクロマト法の高感度化技術と新展開　**永谷尚紀**

【第Ⅲ編　食品鮮度および機能測定法】

〈鮮度試験法〉

第1章　K値試験紙・生鮮魚介類の鮮度測定キット～鮮度測定キットの技術紹介～

鈴木　徹，濱田(佐藤)奈保子，シリランサアン パウィナー

第2章 組換えヒスタミンオキシダーゼを用いたヒスタミン・センサー
～センサーの構築と測定原理～ **廣井哲也，伊藤 健**

第3章 新鮮度判定装置による米粒新鮮度の測定 **川上晃司**

〈酸素ラジカル消去能測定法〉

第4章 ORAC 法～ORAC 法の特徴と標準法としての位置づけ～
渡辺 純，沖 智之，竹林 純，山崎光司

第5章 DPPH 法による食品抗酸化測定法～DPPH 法の技術と特徴～
木村俊之

第6章　WST-1による食品抗酸化能の測定法～測定法の技術と特徴～

受田浩之，島村智子

【第Ⅳ編　食品の安全性検査技術】

〈細菌汚染および細菌検査法〉

第1章　色で見分ける細菌汚染スクリーニング法
～新しいキシレノールオレンジ–鉄錯体法の技術～　**石田晃彦**

〈農薬・毒素検出法〉

第2章　メンブラン・イムノアッセイ～毒素等の検出技術の解説～　**中島正博**

第3章　コリンエステラーゼ阻害活性を持つ農薬の簡易測定法

～有機リン，カーバメート系農薬の測定キット～　**田澤英克，江端智彦**

第4章　組換え酵素を利用した食品中の有毒成分簡易検出キットの開発

～セリン・スレオニン脱リン酸化酵素の阻害活性測定法の解説～　**池原　強，安元　健**

第Ⅰ編
非破壊検査法の技術

〈近赤外分光法〉

第1章　近赤外分光法の原理とその農産物・食品への応用

河野澄夫*

1　はじめに

近赤外分光法は，1960年代に米国において盛んに研究された穀類の非破壊水分測定技術に関連して発展した計測技術である。当初，同法に関する研究は穀類を対象として水分，タンパク質，脂質などの主要成分の迅速成分測定に関するものが主であったが，計測装置（ハード）及び解析方法（ソフト）の進展にともない，測定対象品目は飲料品，加工食品，青果物など色々な食品に，測定対象成分も主要成分の他，塩分，糊化度，繊維，灰分，残留農薬，害虫など多様なものへと拡大した。

わが国における近赤外分光法に対する関心は，同法に関する数々の研究事例等が学会誌や関連業界誌に紹介されるにつれて，また近赤外分光法に関する入門書[1)]が発刊されて急速に高まった。

ここでは，近赤外分光法（以後，近赤外法という）の理論を概説するとともに，同法の農産物・食品への応用例を紹介する。

2　近赤外スペクトル

近赤外光は，可視光と赤外光の間にあって，下限の波長の限界は明瞭でないが，一般に800～2,500nmの電磁波をいう。近赤外域における光の吸収は，すべて赤外域における基準振動の倍音または結合音による振動によって生じ，特に水素原子が関与するO-H，N-H，C-Hの官能による吸収が主である。

図1は大豆，米，及びそれぞれの主要成分である水，タンパク質，脂質，デンプンの近赤外スペクトルである。構成成分の吸収バンドは，成分特有の原子団（官能基）に基づくもので，米及び大豆のスペクトルにおいても，内容成分に基づく吸収バンドが見られる。大豆，米のいずれの試料でも観察される1,935nmの吸収バンドは主に水によるものである。米のスペクトルの

＊　Sumio Kawano　㈱農業・食品産業技術総合研究機構　食品総合研究所　食品分析研究領域
非破壊評価ユニット　ユニット長

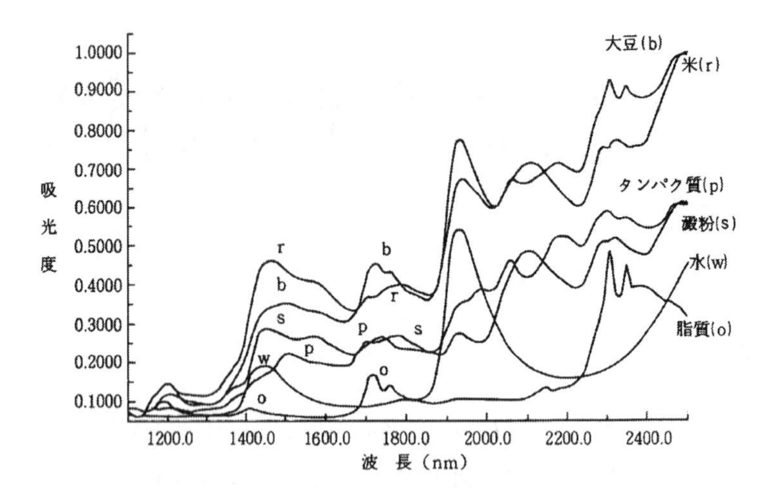

図1 米，大豆及び主要成分の近赤外スペクトル

表1 スペクトルの解析法

1. 定量分析	1. 1	重回帰（MLR）
	1. 2	主成分回帰（PCR）
	1. 3	PLS 回帰
	1. 4	フーリエ変換回帰
2. 定性分析	2. 1	主成分分析（PCA）
	2. 2	クラスター分析
	2. 3	判別分析
	2. 4	ニューラル・ネットワーク

2,100nm に見られる吸収バンドは主にデンプンによるもので，デンプン含量の少ない大豆ではこの吸収バンドは顕著でない。2,180nm に見られるタンパク質の吸収バンド，並びに 2,305nm 及び 2,345nm に見られる脂質の吸収バンドはタンパク質，脂肪含量の多い大豆においてはっきりと見ることができる。

以上のように近赤外スペクトルには複数の成分の情報が含まれており，近赤外法においては，これらのスペクトルから表1に示すような解析手法を用いていろいろな情報が抽出される。

3 スペクトル解析方法

3. 1 定量分析

近赤外法でタンパク質などの成分を定量分析するためには，スペクトルデータから成分値を算出する検量モデル（線）を予め作成しなければならない。すなわち，対象とする成分が従来法（化学分析法）によって精度よく分析された試料を用い，スペクトルと成分との関係を数学的に解明することが必要となる。この作業のことを，「キャリブレーション」あるいは「検量モデルの作成」という。

例えば，大豆のタンパク質を定量する場合を考える。大豆のタンパク質含量 C_p は，タンパク質の吸収バンドである2,180nmの $\log(1/R_p)$ を用いて，次の重回帰式で表すことができる。

$$C_p = K_0 + K_1 \cdot \log(1/R_P) + K_2 \cdot \log(1/R_C) + K_3 \cdot \log(1/R_O) + K_4 \cdot \log(1/R_W) + \cdots \quad (1)$$

ここで，$\log(1/R_C)$，$\log(1/R_O)$，$\log(1/R_W)$ はそれぞれデンプン，脂質，水の特性吸収波長における吸光度であって，タンパク質以外の影響を取り除く補正項の役を果たしている。(1)式中の未知の係数 K_i（$i=1, 2, 3\cdots$）は，慣行の湿式分析法で正確に成分を測定した検量モデル作成用試料をもとに重回帰の手法で決定される。このようにして得られた(1)式は，工場等において未知試料の成分を測定する場合の検量モデルとして用いられる。

小麦粉のタンパク質含量を測定する場合，次のような関係式（検量モデル）が使用される。

$$C_p = 12.68 + 493.7\log(1/R_{2180}) - 323.1\log(1/R_{2100}) - 243.4\log(1/R_{1680}) \quad (2)$$

ここで，$\log(1/R_{2180})$，$\log(1/R_{2100})$，$\log(1/R_{1680})$ は，2,180nm，2,100nm，1,680nmにおける吸光度である。2,100nmは前述したようにタンパク質の吸収バンド，2,100nmはデンプンの吸収バンド，及び1,680nmは成分に依存しない中立のバンドである。粉砕試料の場合，1,680nmに粒度の情報が反映される。したがって，タンパク質含量用の検量モデルはタンパク質，デンプン及び試料の粒度の情報を基に作られていることがわかる。(2)式に2,180nm，2,100nm及び1,680nmの吸光度を代入するだけで小麦のタンパク質含量が求められる。

定量分析には，重回帰（MLR）分析の他，PLS回帰分析，主成分回帰分析（PCR）などの解析手法が用いられる。定量分析の食品への応用例は数多くあり，その一例として，米・小麦・大豆などの穀物の水分・タンパク質・脂質・デンプン[1)]，緑茶のカフェイン[2)]，ビールのアルコール[3)]，食用油のヨウ素化[4)]，シリアル加工品の繊維[5)]などが挙げられる。

3.2　定性分析

図1の米と大豆のスペクトルは形状が異なる。すなわち，近赤外スペクトルは光学的指紋と見なすことができる。光学的指紋を照合することによりスペクトルの識別が可能となる。

図2は「超純水」，「脱イオン水」，「六甲のおいしい水」，「南アルプス天然水」及び「エビアン」の原スペクトル（1,100〜1,800nm）の主成分分析を行ったものである。第1主成分と第2主成分からなる平面における散布図において，「エビアン」と「六甲のおいしい水」の一部に重なる部

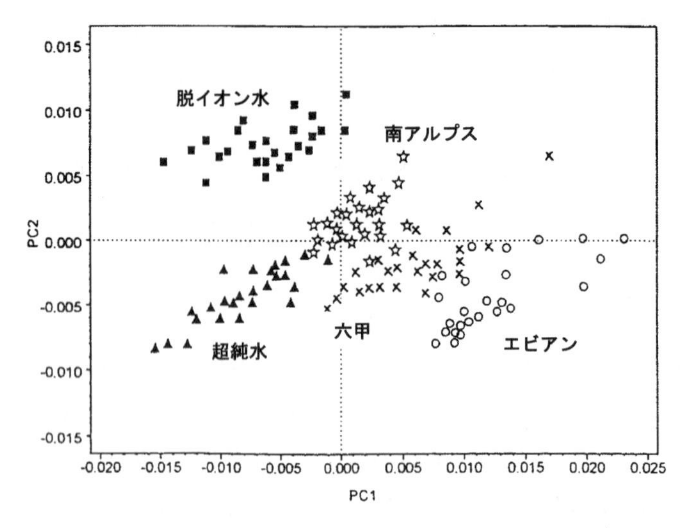

図２　ミネラルウォータ，脱イオン水及び超純水の識別[6)]

分があるものの，それぞれ銘柄のミネラルウォータがほぼ識別されている[6)]。これは各銘柄のミネラルウォータに含まれる各種ミネラル含量のバランスが微妙に異なり，そのバランスの違いによって水の吸収スペクトルが微妙に変化するためと考えられる。

定性分析には，主成分分析の他，クラスター分析，判別分析，ニューラルネットなどの解析手法が用いられる。定性分析を食品へ応用した例としては，コーヒーの銘柄の識別[7)]，小麦粉の用途の判定[8)]，緑茶への偽和物の混入の判定[9)]，小麦の品種[10)]や製パン品質[11)]の判別などがある。

4　近赤外分光法の農産物・食品への応用

近赤外法の農産物・食品への応用は，基礎研究，穀類，酪製品・肉類，飲料，加工食品および青果物と多岐にわたる。

4.1　基礎研究

近赤外法を基礎研究に応用した例として，水分子の水素結合状態の解析[12)]に関する研究がある。2次微分スペクトルを用いることにより，水素結合の数によって分類される水の分子種（S_0：水素結合していない自由な分子種，S_1：1つの水素だけが水素結合している分子種，S_2：2つの水素とも水素結合している分子種）を識別できることが明らかになった。水の温度を低下させると，S_0種に相当する分子種の割合は減少し，逆にS_1及びS_2種に相当する分子種の割合は増加するが，それらの吸収バンドのシフトは起こらないこと，また過冷却状態から氷の状態ではS_0種に相当する分子種が消滅することが示された。この他，基礎研究として，デンプンの糊化度[13]の測定などがある。

4.2　穀類への応用

原料としての穀類を評価する場合，タンパク質，デンプンなどの主要成分が分析の対象となる。従来，乾燥した穀類の分析には粉砕した試料が用いられていたが，近赤外装置の発展に伴い，今日では丸のままの全粒を用いた測定が可能になった。米国では小麦のタンパク質，及び大豆のタンパク質・脂質の測定にこの方法が公の測定法として採用されている。

1996年8月，「Near-Infrard Transmittance (NIRT) Handbook」が米国連邦穀物検査局（FGIS）から出された[14]。このハンドブックは，全粒方式の近赤外装置による小麦のタンパク質の測定手順，及び大豆のタンパク質・脂質の測定手順を示したものである。これに伴い，それまで使用されていた粉砕試料を用いたシステムは廃止された。新しい測定方式は全粒方式であるため試料粉砕が必要でなく，その操作性は飛躍的に向上した。近赤外法を公的な測定手法として採用する場合，近赤外装置の日常の機器の点検及び測定精度の確認が欠かせない。各カントリーエレベータ等の品質測定室に配置されている近赤外装置はFGISの監視下にあり，絶えずその測定精度の確認が行われている。

4.3　酪製品・肉類への応用

生乳のタンパク質，脂質，乳糖，固形分の成分分析に関しては，AOACで赤外分光法が公定法として定められている。近赤外法を生乳分析に応用するための研究は古くから試みられ，タンパク質，脂質，乳糖に関しては赤外分光法と同程度の精度が得られること，及び固形分に関しては赤外分光法以上の精度が得られていることが報告されている[15]。簡易迅速測定法として試験管を試料セルとして用いた方法が開発された[16]。生乳の分析では脂肪球による散乱の違いの影響が大きいが，試料セルの光路長を長くすること及びスペクトルの前処理としてMSC（Multiplicative scatter correction）処理及び2次微分処理をすることにより，この影響を軽減することに成功した。食品の安全・安心に関連する研究として，生乳の一般生菌数の迅速測定の例[17]がある。試料セルとして密閉した試験管（キャップ付き）が用いられた。短波長域の透過スペクトルを用いたPLS回帰において，SEP 0.55log(CFU/mL)（CFU：菌量の単位）の良好な結果が得られた。近赤外法により生乳中の菌数が測定できる理由として，菌の増殖により基質の糖が減少し，菌の代謝物である尿素が増加し，これらの成分の微妙な増減が水の吸収スペクトルに影響するためである[18]。

畜肉及びその加工品に対しても多くの応用が試みられている。ハムの塩分分析[19]，ミンチに添加され大豆粉の検出[20]，牛肉・豚肉のカロリー[21]，ハムのpH[22]，豚肉異常肉の検出[23]など肉の品質に関する総合的な評価においても，近赤外法が高い能力を有していることが報告されている。

4.4 飲料への応用

ビール，ワインなどのアルコール飲料の応用ではアルコールの定量が主である。この場合，飲料の色彩は定量分析に影響しない[24]。ビール製造では原料の品質管理の立場から，ビール麦の発酵能と関連してβ-グルカンや麦芽エキス分[25]，並びにホップのα酸[26]などの定量に利用されている。

日本酒の場合，アルコールの他に酸度，アミノ酸，日本酒度，直糖（直接還元糖），全糖などが対象となっている[27,28]。また，ジュースでは各種糖の測定が可能である。

4.5 加工食品への応用

原料から中間製品または最終製品まで，品質管理の観点から広く利用されている。小麦粉の場合，一般成分の分析の他，重要な品質要素である損傷デンプンの定量に応用されている[29]。小麦ドウ及びビスケットの品質に関連して，脂質，ショ糖，小麦粉，水分[30]，またパン製造に用いられる添加物のビタミンC，L-システン[31]など，従来法では複雑な操作を必要とする分析が近赤外法によって代替できることが示されている。

日本独特の応用として醤油の分析がある。醤油の製造では，全窒素，食塩，アルコール，還元糖，グルタミン酸，ブドウ糖など多項目にわたる品質管理が求められ，慣行の湿式化学分析法では多くの労力を必要とする。このため近赤外法の応用が試みられた[32]。食塩，全窒素，アルコール，グルタミン酸，ブドウ糖では，相関係数0.9以上の良好な結果が得られ，近赤外法による測定システムは醤油製造の現場で広く利用されている。塩分の検量モデルの第1波長は1,445nmで，これは水に帰属される。近赤外域に吸収を有さない塩分が分析可能なのは，塩分濃度により水の吸収が影響されることによる。

4.6 青果物への応用

近赤外法が丸のままの青果物へ応用されたのは，1985年以降になってからで，タマネギの乾物[33]を測定したのが最初である。その後，モモ[34,35]，リンゴ[35]，ナシ[35]，温州ミカン[36]などの果実の糖度測定などに応用された。

果実のスペクトル測定で問題になったのが果皮の影響である。モモ，リンゴ，ナシの場合，果皮が比較的薄いことから，インタラクタンス方式の光ファイバーが利用可能であった。モモの実験でも糖度測定用の良好な検量モデルが得られた。しかし，インタラクタンス方式の光ファイバーは比較的果皮の厚い温州ミカンでは有効でなかった。果皮が厚いため果肉のスペクトル情報が検出できなかったのである。そこで，透過方式の光ファイバーが利用された。透過法による温州ミカンの糖度（Brix）測定では，914nm，769nm，745nm及び986nmの4波長の2次微分値を用いた検量モデルの未知試料に対する標準誤差（SEP）は0.32°Brixとなり，高い測定精度が得られた[36)]。

近赤外法の栽培技術への応用として，成熟中の果実の成分を樹上で非破壊的に測定することにより果実の収穫適期を推定する試みがマンゴ果実で行われ，乾物及びデンプン含量からそれが推定できることが明らかにされている[37)]。

安全・安心の観点から，残量農薬の迅速測定が試みられた[38)]。近赤外法ではppmオーダの成分分析は不可能であることから，DESIR法というガラス製ろ紙を用いた濃縮法を併用することにより残量農薬の測定を可能にしている。アセトンでトマト果実表面を洗浄し，洗浄液をガラス製ろ紙にしみこませ，そのろ紙を乾燥させ，乾燥したろ紙のスペクトルから残量農薬が算出された。Acephateの場合の測定誤差はアセトン洗浄液の濃度で2.1ppmであった。

この他，新しい試みとして，マンゴ果実のミバエ感染の有無の判定[39)]などの研究も行われている。

5　おわりに

近赤外法がわが国に紹介されてから約30年になり，色々な分野で応用研究が進められ同法の利用価値が広く認識された今日，近赤外法をルーチン分析技術，オンライン計測技術，及び公の分析方法としてどのように使いこなすか検討すべき時期にきていると思われる。

文　　献

1）岩元睦夫，河野澄夫，魚住　純，近赤外分光法入門，幸書房（1994）
2）K. Ikegaya, M. Iwamoto, J. Uozumi, and K.Nishinari, 日食工誌，**34**, 254 (1987)
3）A. G. Goventry and M. J. Hunston, *Cereal Foods World*, **29**, 715 (1984)
4）渡邊久芳，農林水産省消費技術センター調査研究報告，**15**, 69 (1991)
5）S. E. Kays *et al.*, *J. Agric. Food Chem.*, **45**, 3944 (1997)
6）M. Tanaka *et al.*, *J. Near Infrared Spectrosc.*, **3**, 203 (1995)

7) K. Iizuka and H. Hashimoto, *The Proceedings of the Second International Near Infrared Spectroscopy Conference (Edited by M. Iwamoto and S. Kawano)*, Korin, Tokyo, 249 (1990)
8) 千葉　実，南澤正敏，河野澄夫，岩元睦夫，日本食品科学工学会誌，**42**, 796 (1995)
9) 後藤　正，石間紀男，魚住　純，静岡茶試研報，**13**, 29 (1987)
10) D. Bertrand, P. Robert and W. Loised, *J. Sci. Food Agric.*, **36**, 1120 (1985)
11) M. F. Devaux, D. Bertrand and G. Martin, *Cereal Chem.*, **63**, 151 (1986)
12) M. Iwamoto, J. Uozumi and K. Nishinari, *Near Infrared Diffuse Reflectance/Transmittance Spectroscopy (edited by J. Hollo, et al., Budapest)*, p.3 (1987)
13) 恩田　匠，阿部英幸，松永暁子，小宮山美弘，河野澄夫，日食工誌，**41**, 886 (1994)
14) USDA, "Near-Infrared Transmittance (NIRT) Handbook", USDA, FGIS, Washington, D.C, (1996)
15) T. Sato *et al.*, 日本畜産学会報，**58**, 698 (1987)
16) J. Y. Chen, *et al., J. Near Infrared Spectrosc.*, **7**, 265 (1999)
17) S. Saranwong and S. Kwano, *J. Near Infrared Spectrosc.*, **16**, 389 (2008)
18) S. Saranwong and S. Kwano, *J. Near Infrared Spectrosc.*. **16**, 497 (2008)
19) T. H. Begley *et al., J. Agric. Food Chem.*, **32**, 984 (1984)
20) L. T. Black *et al., J. Agric. Food Chem.*, **33**, 823 (1985)
21) E. Lanza, *J. Food Sci.*, **48**, 471 (1983)
22) H. J. Swatland, *J. Anim. Sci.*, **56**, 1329 (1983)
23) 杉村栄二ほか，第16回非破壊計測シンポジウム講演要旨集，p.168，日本食品科学工学会 (2000)
24) A. G. Coventry and M. J. Hunston, *Cereal Food World*, **29**, 715 (1984)
25) C. F. McGuire, *Cereal Chem.*, **59**, 510 (1982)
26) 加藤　忠，眞田松吉，食品工業，**26** (10), 52 (1983)
27) 若井芳則，井上佳彦，西川泰央，邑田淳一，三浦　剛，日本醸造協会雑誌，**79**, 445 (1984)
28) 若井芳則，日本醸造協会雑誌，**87**, 492 (1992)
29) B. G. Osborne, S. Douglas and T. Fearn, *J. Food Technol.*, **17**, 355 (1982)
30) B. G. Osborne *et al., J. Sci. Food Agric.*, **35**, 99 (1984)
31) B. G. Osborne, *J. Sci. Food Agric.*, **34**, 1297 (1983)
32) 飯塚佳子，小林邦男，岡田稔生，橋本彦堯，醤研，**17** (5), 196 (1991)
33) G. S. Birth *et al., J. Amar. Soc. Hort. Sci.*, **110**, 297 (1985)
34) S. Kawano *et al., J. Japan. Soc. Hort. Sci.*, **61**, 445 (1992)
35) 伊豫知枝，阿部英幸，河野澄夫，園学雑，**66** (別冊2), 742 (1997)
36) S. Kawano *et al., J. Japan. Soc. Hort. Sci.*, **62**, 465 (1993)
37) S. Saranwong *et al., J. Near Infrared Spectrosc.*, **11**, 283 (2003)
38) S. Saranwong and S. Kwano, *J. Near Infrared Spectrosc.*, **15**, 227 (2007)
39) W. Thanapase *et al., Abstract book of The 14th International Conference of Near Infrared Spectroscopy*, p.262 (2009)

第2章　鶏卵の非破壊検査法
～血卵の検査法およびワクチン製造用有精卵の中死卵検出法～

中野和弘*

1　はじめに

鶏卵は日本人にとって身近な食材の一つであり，流通過程の徹底した効率化により「物価の優等生」と言われるほど低廉な価格を保っている。一方，猛威をふるった鳥インフルエンザは，2004年終息宣言が出されて一応は沈静化したが，この騒動を機に農林水産省は2004年11月，「鶏卵トレーサビリティ導入ガイドライン」を発表した。これにより鶏肉・鶏卵の安全性が消費者からも注目されるようになった。

現在，白色鶏卵における血卵については，目視透光検査または透光型検卵装置により検出し除去されているものの，目視はもとより透光型検卵装置でも検出率が変動することから，装置改善のための学術データの提示が必要となってきた。一方，褐色鶏卵については，卵殻色が内部血卵部と同様の呈色であることから，目視での血卵検出は不可能である。一部の大規模GPセンター（Grading and Packing center：鶏卵選別包装施設）では，白色卵と同じ装置仕様で褐色卵の血卵判別を試みているところもあるが，やはり卵殻色の影響を受けて検出率はきわめて低い状況である。さらに中小規模GPセンターの多くは，無検卵のままで褐色鶏卵を出荷しているのが現状である。したがって，消費者からの血卵クレームの解消は喫緊の課題である。

そこで本編では，光センシング技術を用いて，これら異常鶏卵の非破壊検出法を報告する。

さらに，本方式で開発された技術で，インフルエンザワクチン製造用有精卵の中死卵検出の可能性を追究した結果も報告する。インフルエンザワクチンの製造には，鶏の有精卵を使用している（発育鶏卵）。しかし発育鶏卵の中にはワクチン製造に大きな被害を与える不適卵が存在する。この不適卵がワクチン製造工程に混入することによって，国家検定に合格しないワクチンとなり，大量に廃棄される場合もある。日本におけるインフルエンザワクチン製造では，検査員が目視による透光検査によって不適卵の判定を行っている。しかし，1日に20万個以上の発育鶏卵を全量検査することは不可能であることから，ランダムにサンプリングした発育鶏卵をチェックしているにすぎない。また不適卵の判定には，個人誤差や環境条件などに強く影響を受けるため，

＊ Kazuhiro Nakano　新潟大学　大学院自然科学研究科　教授

製造工程に不適卵が混入し多大な損害が発生している。

そこで本編では，近赤外分光法による目視検査の自動化と全量検査が可能な装置開発を目的に，検出アルゴリズムを検討した結果も報告する。

2　実験装置および方法

本研究に用いた実験装置の概要を図1に示す。供試卵のスペクトルは，小型分光器により300〜1100nmの波長領域を3.3nm毎に測定した。露光時間と積算回数は固定した。また測定条件として，気温約20℃に制御された実験室内に1〜2時間静置した後，実験に供した。

白色卵については，正常卵170個，血卵161個のスペクトルデータを取得した。はじめに，取得したスペクトルデータを解析し，血卵に見られる特異的な波長を用いて線形判別関数による判別を行った。次に，正常卵70個，血卵67個を検量線作成用試料とし，PLS回帰分析によりPLSモデルを作成し，未知試料の予測を行った。このとき，500〜600nmのスペクトルデータを説明変数とし，目的変数として，正常卵＝1，血卵＝2と定義した。さらに，それぞれ産地の異なるA地区，B地区，C地区の供試卵を用いて，得られたPLSモデルによる目的変数の予測を行った。

褐色卵については，正常卵120個，血卵120個のスペクトルデータを取得した。はじめに，正常卵と血卵のスペクトルの差異を顕在化させるため，差スペクトル法により，血卵の平均スペクトルから正常卵の平均スペクトルを差し引いて，差が最大になる波長，差が最小となる波長の2波長を選出した。さらに，この選出された2波長を用いて線形判別関数による判別を行った。次に，正常卵60個，血卵60個を検量用試料とし，マハラノビスの汎距離による判別分析により，未知試料の予測を行った。このとき，32個のスペクトルデータを説明変数とし，目的変数を供試卵の割卵結果（正常卵もしくは血卵）とした。

さらに，インフルエンザワクチンの製造に用いられる有精卵の中に，原料不適とされる中死卵が混入する場合がある。ここでは，ワクチン製造不適卵の判別可能な説明変数の選定と，それによる不適卵（中死卵）判別を検討した。

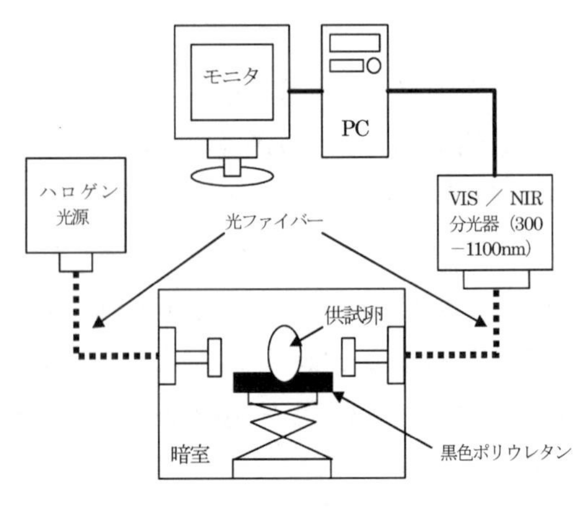

図1　実験装置の概要

3　結果および考察

3.1　白色卵での検卵

正常卵および血卵の原スペクトルを図2に示す。両者間では542nmと575nm付近で吸光度のピークに差異が認められた。そこで，線形判別関数による血卵判別を行った。その結果を図3，表1に示す。しかしながら，このとき血卵の判別率は83％と低く，現場へ応用できる手法ではないことがわかった。

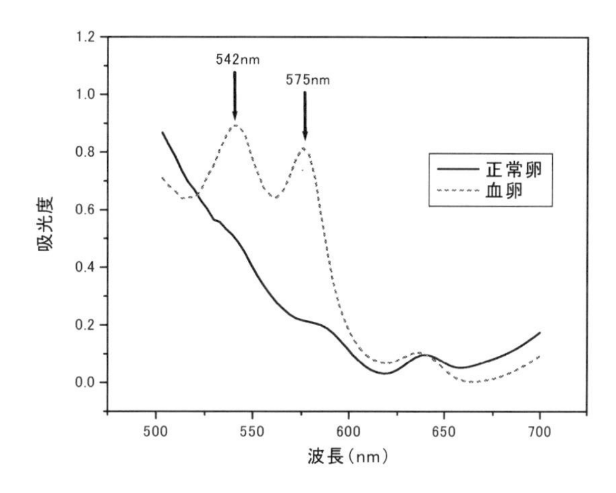

図2　正常卵および血卵の可視スペクトル（白色卵）

次に，PLS回帰分析[1,4]による未知試料の予測を行った。このとき作成したPLSモデルによる予測結果を図4に示す。血卵判別のしきい値を「1.5」として，判別率を算出したところ，表2に示すように正常卵の判別率100％，血卵の判別率96.8％，総合判別率98.5％を得た。さらに，前述のPLSモデルを

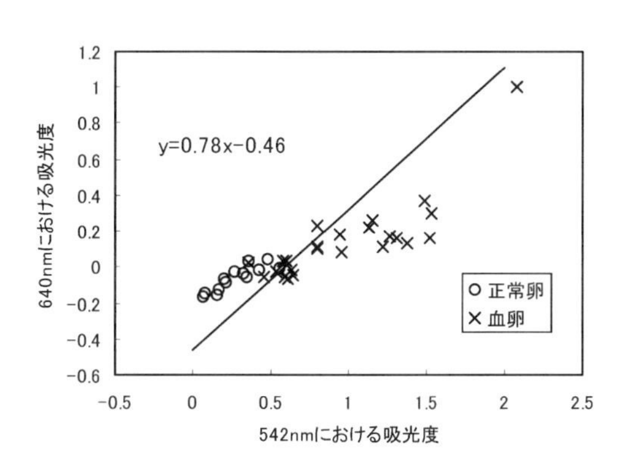

図3　線形判別関数による判別（白色卵）

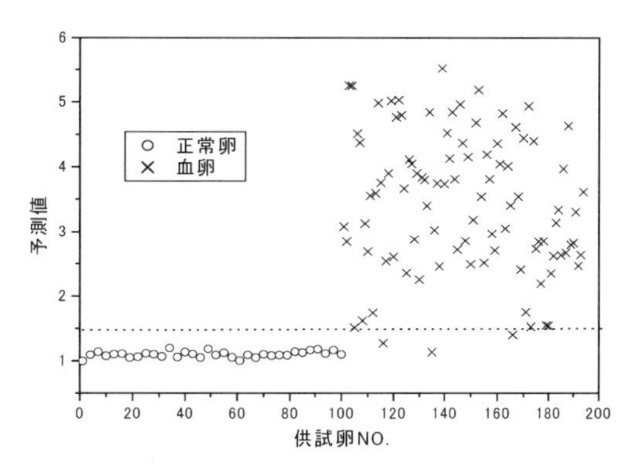

図4　PLS回帰分析による予測結果

表1　血卵判別率（白色卵）

	正判別/供試卵	判別率（％）
正常卵	100/100	100.0
血　卵	78/94	83.0
総　合	178/194	91.8

注：図3の542nmおよび640nmを使用

表2　血卵判別率（白色卵）

	正判別/供試卵	判別率（％）
正常卵	100/100	100.0
血　卵	91/94	96.8
総　合	191/194	98.5

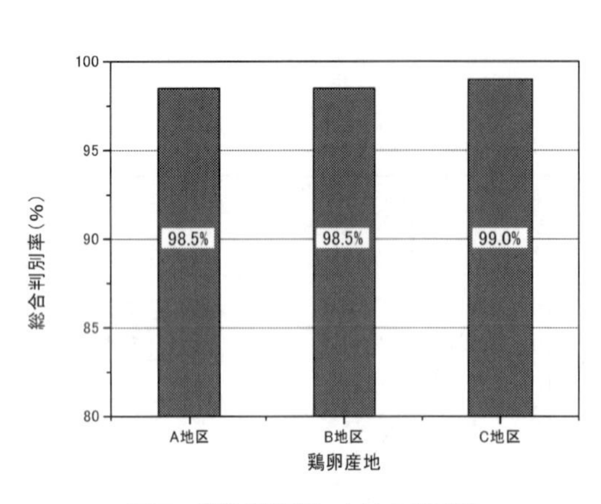

図５　産地別鶏卵における判別率

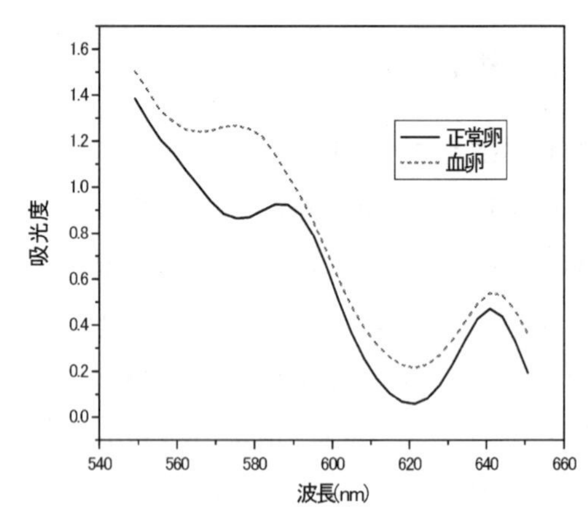

図６　正常卵および血卵の可視スペクトル（褐色卵）

用いて，産地別の鶏卵に対する血卵判別を行った結果，図５に示すように，A 地区で 98.5%，B 地区で 98.5%，C 地区で 99%となり，GP センターの透光検査による判別率（約 95%）をはるかに超えて高い血卵判別率となった[12]。

3.2　褐色卵での検卵

正常卵および血卵の原スペクトルを，図６に示す。両者間では 570～590nm の波長域で差異が認められた。差スペクトル法により正常卵と血卵のスペクトルデータから吸光度の差が最大となる波長，最小となる波長を算出した結果，それぞれ 575nm，647nm が選出された。この２波長を用いて線形判別関数による血卵判別を行った。その結果を図７，表３に示す。このとき血卵の判別率は 85%にとどまり，さらに検討を行う必要性が指摘された。そこで，マハラノビスの汎距離による判別分析を行い，未知試料の予測を行った。このとき，説明変数が３波長のときに判別率が最も高く，表４に示すように血卵判別率 93.3%となり高精度に血卵を検出できることが示された[13]。また，採用された波長は，目的変数に対する寄与率の高い順に 582nm，569nm，631nm であった。なお，582nm および 569nm はヘモグロビンの吸収バンド近傍に位置することから，判別にはヘモグロビンの吸収バンドに関する情報[2,10]が利用されていることが示唆される。

3.3　インフルエンザワクチン製造不適卵の検出

生育の途中で死んだ中死卵の判別（図８，図９）における説明変数を選定し，基準となるプロットからの距離の計算結果を用いて判別した。それぞれの不適卵判別結果の正準プロットと判別率を図 10，図 11，表５に示す。

この結果より，中死卵判別率 100%，総合判別率が 94.7%となった。中死卵がインフルエンザ

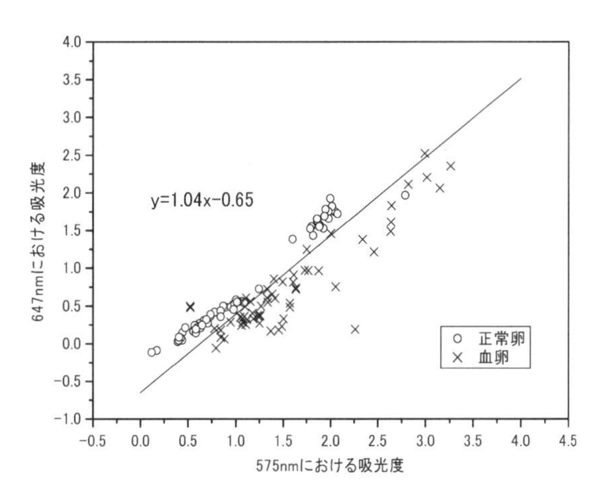

図7　線形判別関数による判別（褐色卵）

表3　血卵判別率（褐色卵）

	正判別/供試卵	判別率（%）
正常卵	59/60	98.3
血　卵	51/60	85.0
総　合	110/120	91.7

注：図7の575nmおよび647nmを使用

表4　血卵判別率（褐色卵）

	正判別/供試卵	判別率（%）
正常卵	59/60	98.3
血　卵	56/60	93.3
総　合	115/120	95.8

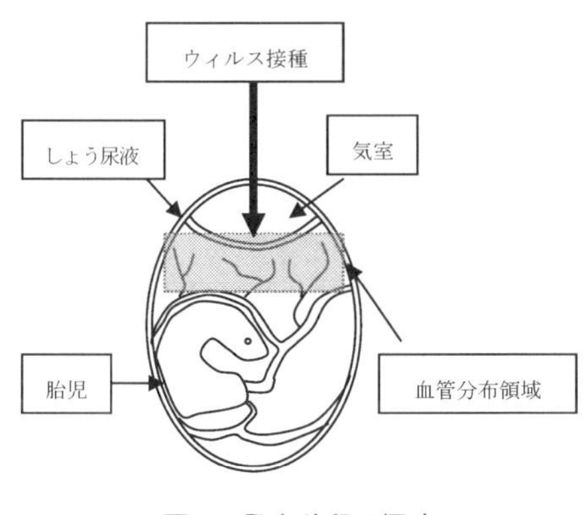

図8　発育鶏卵の概略

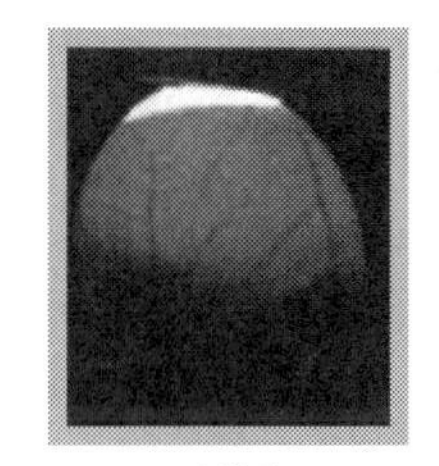
正常卵

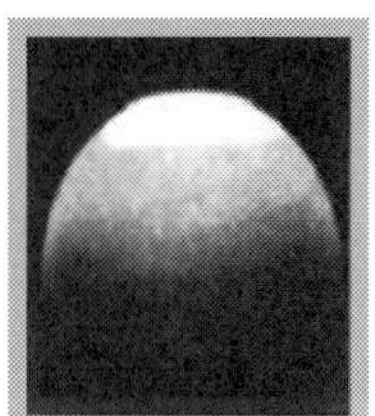
中死卵

図9　正常卵と中死卵の様態

ワクチン製造工程に混入するとコンタミネーションを誘発し，正常なワクチンが製造できない可能性が高くなるので，確実な判別除去技術が切望されている。

本研究では中死卵を高い判別率で検出したことにより，本研究の検出アルゴリズムは有効であることが示された。本研究により，正常卵と中死卵を判別することは可能であることが明らかとなった。これは発育鶏卵内部に含まれるヘモグロビンの量や分布状態が正常卵と中死卵で異なる

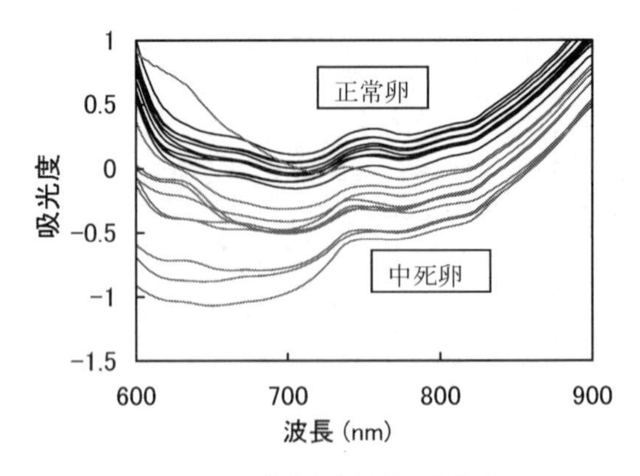

図10　正常卵と中死卵の吸光度

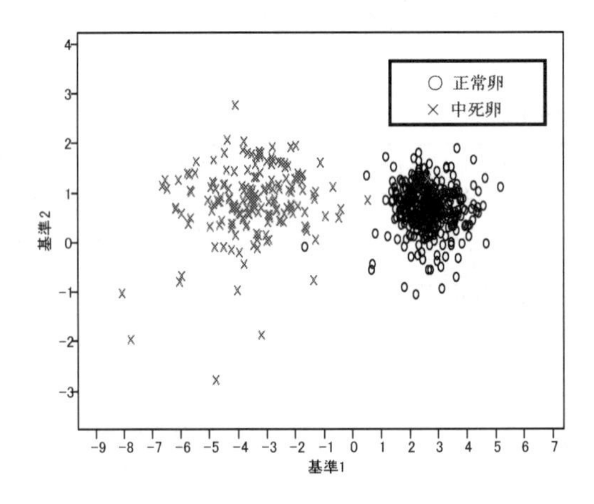

図11　正常卵と中死卵における正準プロット

表5　ワクチン不適卵の判別率

	正判別/供試卵	判別率（%）
正常卵	318/347	91.6
中死卵	200/200	100
総　合	518/547	94.7

ため，分光特性に影響したためであると考えられる。

以上により，分光分析法によりワクチン製造不適卵（中死卵）判別が確立されれば，インフルエンザワクチン製造用有精卵の自動判別装置の開発と原料卵の全量検査が可能となる。

謝辞

本研究は，平成12年度㈶食品産業センター中小食品産業・ベンチャー育成技術開発支援事業，平成14～16年度科学研究費補助金（基盤研究（A）(1)，代表：伊藤和彦北海道大学教授）の支援，㈱前川製作所の厚いご支援により大きく推進された。ここに記して，関係各位に御礼申し上げる。

文　　献

1）相島鐵郎，日本食品工業学会誌，**38** (2), 166-174 (1991)
2）井上圭三ほか，生化学辞典第3版，1272-1273, 東京化学同人（1998）
3）河野澄夫，日本食品保蔵科学会誌，**24** (3), 193-200 (1998)
4）宮下芳勝ほか，ケモメトリックス初版，55-72, 共立出版株式会社（1995）
5）中野和弘ほか，農業施設，**29** (3), 17-23 (1998)
6）K. Nakano *et al.*, Control Applications in Post-Harvest and Processing, 69-74 (2001)
7）田村守，医学への応用，近赤外分光法初版（尾崎幸洋，河田聡編），179-182, 学会出版センター（1996）
8）涌井良幸，涌井貞美，多変量解析第6版，188-220, 日本実業出版社（2001）
9）三上隆司ほか，日本食品科学工学会誌，**47** (10), 787-792 (2000)
10）尾崎幸洋，日本食品科学工学会誌，**45** (11), 703-709 (1998)
11）小島孝之，分光研究，**44** (5), 267-269 (1995)
12）臼井善彦ほか，農業施設，**36** (1), 11-16 (2005)
13）臼井善彦ほか，農業施設，**36** (4), 209-214 (2006)

第3章　近赤外分光法を用いる野菜品質の非破壊計測法の開発

伊藤秀和*

1　国外および国内の状況

1970年代後半から1990年代初頭にかけて，欧米の研究者により野菜を含めた園芸農産物品質の非破壊計測の可能性が様々な品目および成分において示されるようになった。これらをきっかけとして，分光分析法，特に近赤外分光法を用いる園芸農産物内部品質の非破壊計測法が主流となり，国内の至る所で実用化されることとなる。

基礎研究から実用化に至るまではいくつかの問題をクリアしなければならなかったが，近赤外分光法は迅速な測定が可能，機器は比較的安価で保守も容易，品温の影響を受けにくい計測法の開発が可能であったことなどが実用化に至った理由として考えられる。

国内において，基礎研究や拡散反射モードを用いる非破壊計測法は国公立や民間の研究者が取り組み[1~4]，大規模選果ラインを対象とした技術開発は民間や公立の研究者により取り組まれてきた[5~7]。

2　新規スペクトル測定法の開発とメロン糖度，野菜に含まれる硝酸イオン非破壊計測等への応用

国内では「柑橘やメロン，スイカ等厚い果皮を持つ園芸農産物の内部品質非破壊計測は困難である。」と疑問視する声があった。しかし，メロンの食味は糖度が良い指標となり[8]，また，単価が高いので，非破壊計測のニーズはあるはずであると思われた。そのような情勢の中で，最初に取り組んだのがメロン糖度の非破壊計測時の推定精度向上である[3]。

従来の近赤外スペクトル測定法は試料と光受光部を接触させるものであった（「接触スペクトル測定法」）[1]。なぜならば，試料と受光部との距離が近い方が吸光度の高いスペクトルが得られ，その方が非破壊計測精度は高いと信じられていたからと考えられる。本当にこの測り方が良いの

＊　Hidekazu Ito　㈱農業・食品産業技術総合研究機構　野菜茶業研究所　野菜・茶の食味食感・安全性研究チーム　主任研究員

か？ 非破壊計測法開発において重要なことは，測定したスペクトルにおいて目的部位のみの質の良い情報が得られることである。

比較的大型の果実（メロン，スイカ等）においては全体の糖度を非破壊計測することが困難である。全体を計測しようとして光路長が長くなると吸光度がとても高くなり[9]，定量性が低くなるためと考えられる。メロン花痕部果肉は，他の部位よりも軟らかくて糖度も比較的高く，その厚さも薄い。加えて，赤道部では測定部位が複数可能であるが，花痕部は測定部位が1カ所のみであり，測定箇所が複数可能となることはない。そこで，花痕部を非破壊計測および分析部位として採用し，試料と光受光部との間を2～3 mm 離してスペクトルを測定することにした。この方法を「非接触スペクトル測定法」と呼ぶ。本法はインタラクタンス（拡散反射）モードでスペクトルを測定する。非接触で非破壊計測が可能となれば究極の品質管理である「無侵襲管理」が可能となる[10]。そもそも，メロンの表面は凸凹なので接触して非破壊計測できない場合がある。

近赤外分光法を用いて園芸農産物の糖度を非破壊計測する時の鍵となる波長の例を表1に示した。スペクトル測定モードや品目によらず904と880nm付近の波長が鍵となる波長として採用されており，これらの説明変数を含む重回帰式を従来法（接触スペクトル測定法）および新規スペクトル測定法（非接触スペクトル測定法）において作成した。その結果，「非接触スペクトル測定法」は従来法と比べて非破壊推定精度が同等か改善した。イチゴにおいても非破壊計測精度上，「非接触スペクトル測定法」が有利であることが示唆された[11]。

次に，野菜における硝酸イオン含有量の問題がヒトへの安全性などの観点から注目されていた（人が摂取する硝酸イオンの5～9割は野菜由来[12]）ため，硝酸イオン非破壊計測の可能性を検討した。この場合は近赤外域のみならず可視域の波長も検量線の説明変数として採用したもの

表1　近赤外分光法を用いて園芸農産物の糖度を非破壊計測する時の鍵となる波長

著者，発表年	糖度非破壊計測のために採用した波長（nm）	スペクトル測定モード	適用した園芸農産物
Birth *et al.*, 1985	900，878	Body transmittance	onions
Dull *et al.*, 1989	913，884	Body transmittance	melons
Ito *et al.*, 2000	906，884，762	Non-contact	melons
Ito *et al.*, 2001[24]	906，874，830，856	Non-contact	melons
Ito and Fukino-Ito, 2002	902，878，850	Non-contact	melons
Tsuta *et al.*, 2002	902，874	Imaging	melons
Kawano *et al.*, 1992[1]	906，873 付近	Contact	peaches
Slaughter, 1995	910，872	Contact	peaches，nectarins
Miyamoto and Kitano, 1995[2]	905，881，794	Transmittance	Satsuma mandarins
Ito *et al.*, 2002[17]	902，872，802	Non-contact	watermelons
Ito, 2002	907，882	Contact	strawberries
Guthrie and Wedding, 1998	900，876	Reflectance	pineapples

の，やはり，非接触スペクトル測定法の方が非破壊計測時の誤差が小さいため有利であった[13)]。このことは非接触スペクトル測定法が糖度以外の成分や可視域の情報を含む場合でも従来法と比較して非破壊計測精度を改善する例を示してくれた。加えて，果実糖度と同様に品温の影響を受けにくい非破壊計測法開発が可能であった[14)]。

最初から最後まで試料内部における光の挙動がよくわからないことが問題であったが，このような実験は比較的困難で，そのような内容の報告はほとんどない。しかし，近赤外短波長域の光は試料内部まで到達可能と言われており[15)]，採用した拡散反射モードは反射や透過モードよりも精度の高い非破壊計測が可能である[16)]。加えて，非接触スペクトル測定法を適用して小玉スイカの糖度の非破壊計測の可能性[17)]も示すことができた。もちろん，全体としての計測精度改善にはハードウエア等も寄与していることと考えられる[4)]。

3　近赤外分光法を用いるメロン水浸状果肉の非破壊検出[3, 18)]

市場において内部が水浸状になったメロン果実が発見されると，そのロットの評価は著しく低下し，水浸状果肉は消費者からも強く敬遠される。メロンの水浸症状は果実胎座周辺から花痕部果肉にかけて顕著に現れる（写真1）が，水浸状果肉を外観で判断することは困難であり，切断して初めて検出できる。また，収穫後に症状が進行する様子である。

実用化に配慮して，近赤外分光光度計を用いて先に開発した非接触スペクトル測定法を適用した。メロン花痕部を計測すると，その二次微分スペクトルにおいて，正常果肉と水浸状果肉との間で吸光度に差が生じる特徴的な波長域は810，845および942nm付近であった。そこで，これら3波長を説明変数として重回帰分析を行った結果，810と942nmの吸光度を説明変数として採用した非破壊用検量線は水浸状果肉の正答率83%と良好な結果を示した。ちなみに，845nmを含めたこれら特徴的な3波長は他の分光光度計において有効な説明変数として採用された。980nm付近はショ糖（シュークロース）の吸収帯として知られており，水浸症状とは直接関係ないと思われた。

水浸状果肉が発生したロットでは交配後日数が経るほど水浸状果肉の非破壊計測値が高くなった。褐変果肉の非破壊検出の可能性も示唆された。リンゴにおいても内部褐変は収穫が遅れるほど増加することが報告されている[19)]。

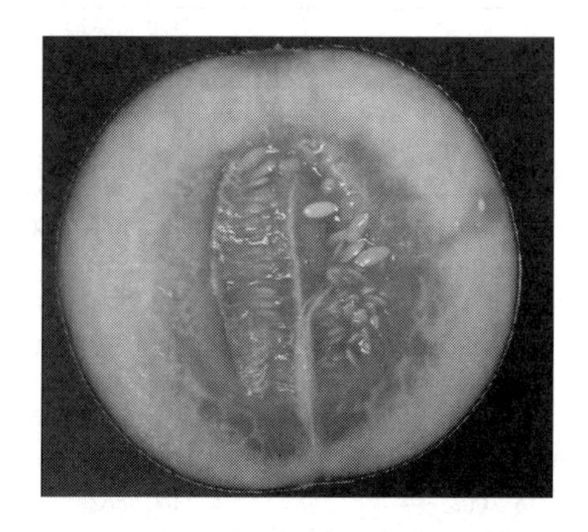

写真1　「アンデス」メロンの果肉の水浸症状

実際に，ジャガイモでは内部障害判別率85%以上で現場に受け入れられている。

4　可視・近赤外分光法を用いるトマトに含まれるリコペンの非破壊計測[20]

リコペン（全てトランス型）は桃色系および赤色系トマト生果中の主要なカロテノイド（赤色色素）であり，機能性成分として注目されている。また，熟度指標としても利用できる。糖度は着色開始頃から変わらないが熟したトマトの方が食味は良いと言われており[21]，熟度を評価することにより糖度だけでは不足する食味評価を補うことができる。トマトに含まれるリコペンの非破壊計測においては，鍵となる波長が可視域に存在するために可視域の情報（568nmの吸光度[22]，色の測定値[23]）の利用が検討されてきたが，より一層の信頼を得るためには精度の向上を図る必要がある。

そこで，可視・近赤外分光法（500～1000nm）を用いてトマトに含まれるリコペンの非破壊計測（写真2）の可能性を検討した。可視・近赤外スペクトルは1果実につき品温を3段階に変えて各赤道部2カ所をインタラクタンスモードで非接触測定した。非破壊計測用検量線はリコペン含有量0から19.98mg/100gのトマトを供試して重回帰式を作成した結果，鍵となる568nmの吸光度を説明変数として含み，重相関係数は0.97（$n=82$）であり，高い可能性を示した。

従来の小型の色差計を用いる方法と比較すると本法の方が精度が高かった（表2）。

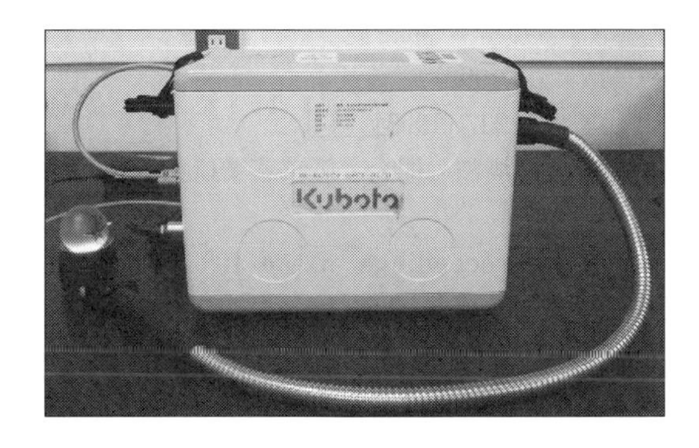

写真2　トマト品質の非破壊計測

表2　トマトに含まれるリコペン含有量の非破壊計測用重回帰式の説明変数と相関係数（$n=153$）

説明変数[1]	相関係数
L	−0.554
a	0.406
a/b	0.517
L，a，b	0.620
果実重，L，a，b	0.685
568，626，856，946nm[2]	0.944

1）L，a，bはそれぞれハンターL，a，bの値（日本電色NR-3000を用いた計測）
2）各数値は各波長における吸光度の2次微分値（クボタK-BA100RSを用いた計測）

5　おわりに

以上のように，ソフトおよびハードウエア両面からの非破壊計測精度改善への絶え間ない努力が㈱クボタ製フルーツセレクターK-BA100を用いた実用化に結びつき（糖度非破壊計測の基礎的な論文発表から本機器による実用化まで約20年），メロン糖度を初めとして，小玉スイカ糖度やメロン水浸状果肉の非破壊計測もラインナップされた。メロン糖度はネットの有無や果肉色に関わらず，一つの検量線で推定精度の高い非破壊計測が可能であり，また，樹上メロン糖度の非破壊計測も可能である[3,24]。なお，クボタフルーツセレクターK-BA100は携帯可能で，また，現在も販売を継続しており（後継機種はK-BA100R，フルーツセレクターとして約500カ所に販売済[25]），小規模ラインに組み込んだ選果も可能である。メロンの計測用としては200台以上普及し，トマトに含まれるリコペンの非破壊計測も可能となっている。

非破壊計測法開発の際に，基準となる実測値（破壊分析値）は妥当性の高いものでなければならない。著者らは妥当性の高い糖度の測定法の検討を初めとして，野菜に含まれる硝酸イオン[26,27]やトマトに含まれるリコペンの定量法[28]を改善し，より妥当性の高い方法を開発してきた。

今後は安価かつ高性能であることは言うまでもなく，LEDなどの新たな光源の利用やフィルタを用いる新たなタイプの非破壊計測機器の登場が期待される。

文　　献

1) S. Kawano *et al., J. Japan Soc. Hort. Sci.,* **61**, 445-451 (1992)
2) K. Miyamoto *et al., J. Near Infrared Spectrosc.,* **3**, 227-237 (1995)
3) 伊藤秀和，近赤外分光法によるメロン品質の非破壊計測法の開発，野菜茶業研究所研究報告，**6**, 83-115 (2007)
4) S. Morimoto *et al.,* Near infrared spectroscopy: Proceedings of the 10th intl. Conf., pp155-159 NIR Publications (2002)
5) K. Miyamoto *et al., Proc. Int. Soc. Citriculture,* **2**, 1126-1128 (1996)
6) 小宮山誠一ほか，可視および近赤外分光法によるジャガイモデンプン価の非破壊計測と選別技術への応用，日本食品科学工学会誌，**54**, 304-309 (2007)
7) 山田久也ほか，イチゴ非破壊品質測定装置の実用化，照明学会誌，**93**, 273-277 (2009)
8) 大和田隆夫ほか，果実類の糖および酸含量と嗜好に関する研究（第3報）西瓜・メロンについて，食総研報，**40**, 64-70 (1982)
9) G. G. Dull *et al., J. Food Quality,* **12**, 377-381 (1989)
10) 尾崎幸洋・河田聡編，日本分光学会測定法シリーズ**32**，近赤外分光法，p7-9, 学会出版セ

ンター（1996）
11) H. Ito *et al., Acta Horticulturae*, **687**, 271-276 (2005)
12) 孫尚穆，米山忠克，野菜の硝酸：作物体の硝酸の生理，集積，人の摂取，農業及び園芸，**71**, 1179-1182 (1996)
13) H. Ito *et al., Acta Horticulturae*, **604**, 549-552 (2003)
14) H. Ito and S. Morimoto, *Acta Horticulturae*, **746**, 289-293 (2007)
15) D. G. Fraser *et al., Postharvest Biol. Technol.*, **22**, 191-194 (2001)
16) P. N. Schaare and D. G. Fraser, *Postharvest Biol. and Technol.*, **20**, 175-184 (2000)
17) H. Ito *et al., Acta Horticulturae*, **588**, 353-356 (2002)
18) H. Ito *et al., Acta Horticulturae*, **654**, 229-234 (2004)
19) P. M. A. Toivonen *et al., Acta Horticulturae*, **600**, 57-61 (2003)
20) 伊藤秀和，森本進，トマトに含まれるリコペンの可視・近赤外分光法を用いる非破壊計測の可能性について，照明学会誌，**93**, 510-513 (2009)
21) 飯野久栄ほか，果実類の糖および酸含量と嗜好に関する研究（第4報）イチゴ・トマトについて，食総研報，**40**, 71-77 (1982)
22) A. E. Watada *et al., J. Food Sci.*, **41**, 329-332 (1976)
23) M. C. D' Souza *et al., Hortsci.*, **27**, 465-466 (1992)
24) H. Ito *et al., Acta Horticulturae*, **566**, 483-486 (2001)
25) http://www.kubota.co.jp/new/2006/fruit.html
26) H. Ito *et al., Acta Horticulturae*, **687**, 369-370 (2005)
27) 伊藤秀和，平板型硝酸イオン電極による野菜汁液中硝酸イオンの定量，日本土壌肥料学会誌，**80**, 396-398 (2009)
28) H. Ito and H. Horie, Bulletin of the national institute of vegetable and tea science. **8**, 165-173 (2009)

第4章　近赤外分光法による小型糖度計の開発
～りんご糖度計の開発～

天間　毅*

1　はじめに

非破壊的な評価方法は，使用するエネルギーにより光学的手法，放射線的手法，力学的手法，電磁気学的手法などに分類することができる。この中で特に光学的手法は，光の吸収や放射スペクトルを成分の同定に利用するもので，可視光や近赤外光などを用いる方法である。近赤外光を利用したものは，対象物の中を透過した光を利用する透過法や対象物の中を拡散反射した光を用いる反射法などがあり，反射法は，りんご，桃[1]などの糖度選別を行う選果場で利用されている。

一方，りんごの摘果時期，成育状態の把握のために樹上のりんごの糖度測定を行いたいことや果物売場等に置いてその品質状態を把握したいという消費者ニーズの高まりがあることから，我々は野外等の現場で用いることが可能なりんごの糖度を計測する小型装置の開発を行った。りんごだけではなく，将来は多くの用途に使用できる可能性があり，期待される。

2　ポリクロメータを用いた小型のりんご糖度計の開発

分光光学系の主要部分は，凹面回折格子と一次元フォトダイオードアレイ検出器を組合せたポリクロメータ[2]で構成した（図1）。また，光源光学系は白色光源，導波系はバンドル型の光ファイバーを用いた。サンプルからの拡散反射光は凹面回折格子で分光され，その光を検出器で同時測光し，信号はデータ処理システムにより処理した。全体の大きさは，231×112×76mm である（図2）。また，分散素子は800～1000nm の波長範囲の使用可能な凹面回折格子を用い，一次元フォトダイオードアレイ検出器は256素子のものを用いた。

入射スリット幅を50μm，500μm，1mm，2mm とした各場合の検出器表面位置におけるスペクトルの半値全幅（FWHM：Full Width at Half Maximum）と明るさを測定し，このときの光源は，ハロゲンランプを使用し，測定には光スペクトラムアナライザー（アンリツ製，MS9030A-MS9701B）を用いた。図3に示したように半値全幅は，入射スリット幅の増加にとも

*　Tsuyoshi Temma　(地独)青森県産業技術センター　本部　企画経営室　総括研究管理員

なって大きくなり，さらに明るさは増加した。スリット幅が無限小の理想的な場合は，逆線分散が $D = \cos b / Nmf$ で与えられ，この式に有限のスリット幅を掛けることで分解能を求めることができる。したがって図 3 では，スリット幅が 500 μm まで実測の半値全幅の値と良い一致を示した。すなわち，スリット幅を 500 μm 以下にしても分解能は上がらず，さらに明るさも減ることがわかる。したがってこの分光器の分解能は，およそ 12nm であることがわかった。

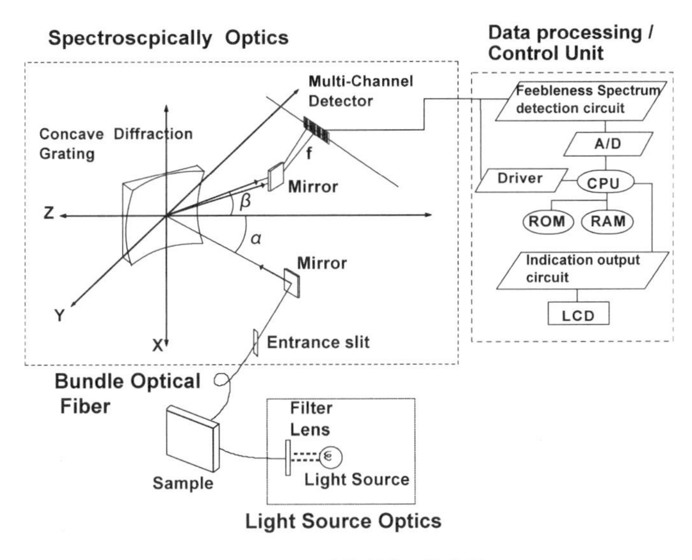

図 1　りんご糖度計の構成図

図 2　りんご糖度計

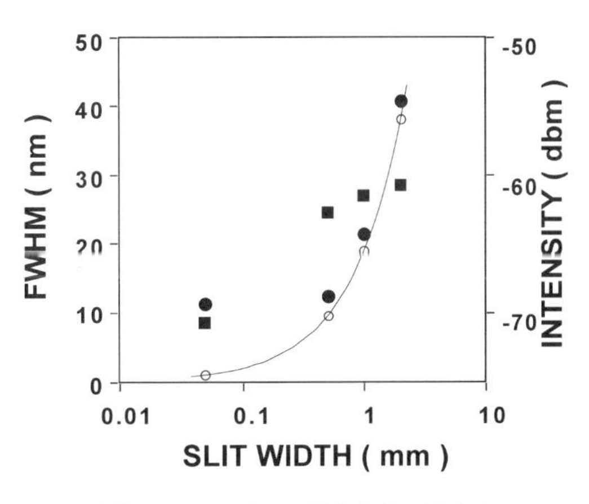

図 3　スリット vs. 半値全幅・明るさ
●：実測値，○：理論値，■：INTENSITY

青森県産の「ふじ：*Malus domestica* Borkh. cv. Fuji」23検体を用意し，糖度の検量線を作成した。また，糖度の対照値の測定は屈折糖度計（アタゴ製PR-1）を用いた。検量線の評価は，別に準備した未知試料（ふじ30検体）により行った。その結果，相関係数$R=0.84$，と良好な結果が得られ，検量線評価用未知試料のりんごで検定を行った結果，標準誤差SEP＝0.71（°Bx）となり，作成した検量線は十分な測定精度を示した（図4）。さらに繰り返し精度を求めた結果，約0.14（°Bx）と高い繰り返し精度が得られ，開発した小型の装置は，りんご糖度計測に充分実用可能であることがわかった。

平成11年2月に共同研究企業からこの研究成果をもとにして，りんごの糖度を計測するための装置が商品化された（「商品名：アマミール」）。樹上のりんごの糖度を簡単に測定可能であり，収穫時期の把握に利用できる。また，生産者だけではなく，売場に置くことで消費者も安心して自分の目的にあったりんごを選択することも可能となると考えられるなど，「アマミール」がりんご産業の活性化に大きく寄与する可能性のあることを示している。

本装置は，光ピックアップ部分と本体（分光器とデータ処理部）を光ファイバーで接続した構成である（図5）。光ピックアップ部分をりんごの表面に押当て，スイッチを押すだけで，約3秒で糖度測定が可能である。重さは1.3kgと軽量なため，簡単に野外等に持運びでき，バッテリー駆動である。全体の大きさは，240×120×80mmである。

ふじ，王林，北斗，陸奥の4種類のりんごを混合し，全部で94個を用いて検量線を作成した。未知試料のふじ24個でその検量線評価を行った。りんごの糖度は，赤道部分の4箇所を測定した時の平均値を用いた。計測結果は相関係数は0.926であった（図6）。標準誤差は0.181（°Bx）

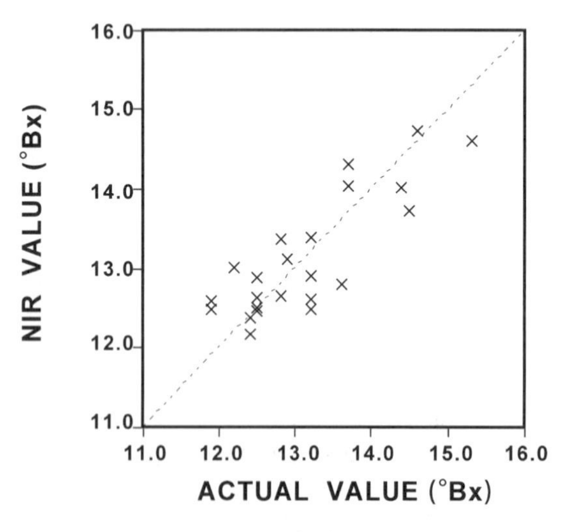

図4　りんご糖度測定

図5　“アマミール”

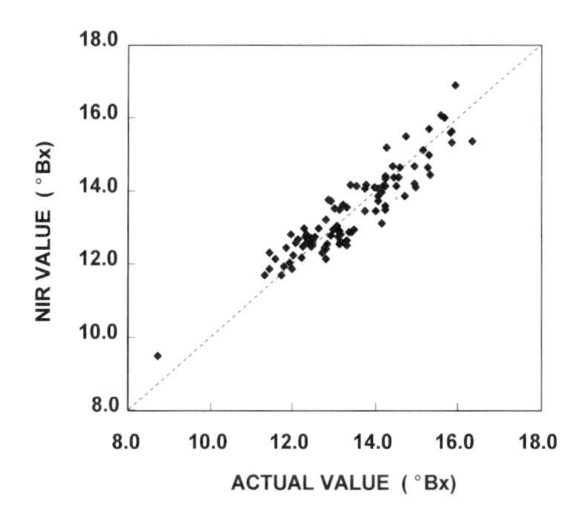

図6　“アマミール”によるりんご糖度計測

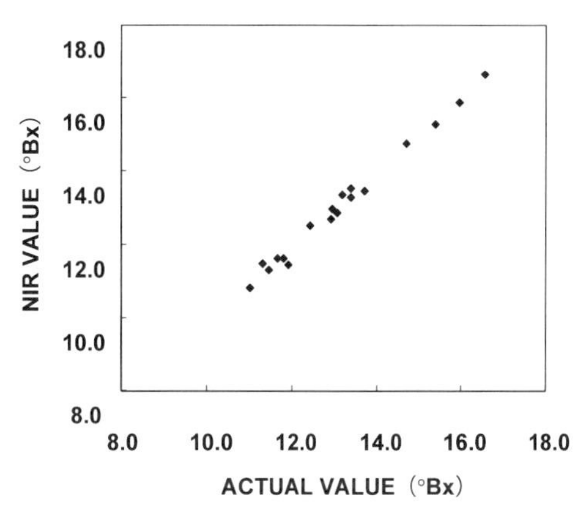

図7　りんご糖度検量線の評価

となり，十分な精度の検量線が得られた（図7）。

りんごの検量線を用いて，山形県産のサクランボ（佐藤錦）の糖度測定を行った結果，標準誤差は，0.80（°Bx）であり（図8），りんご以外の果物への応用も可能であることがわかった。

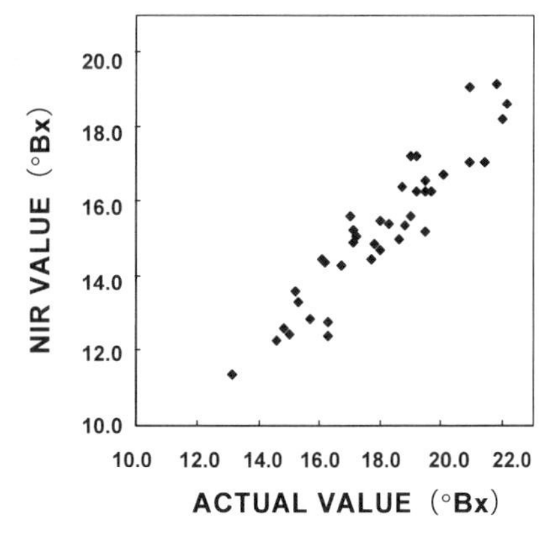

図8　サクランボの糖度測定

3　計測上の留意点

りんごや桃などの果物の場合，近赤外吸収スペクトルは水の吸収が顕著に現れ，多様な成分の吸収が重合し干渉することになり極めてブロードなスペクトル形状を示す場合が多い。水以外の成分を計測するためには水の影響の無い波長域でのスペクトル変化を解析するか，統計的手法を用いて水分の影響を取り除くか，などの処理が必要である。

また，果物の多くは，水分が80～85％程度あることから，計測では水の温度による影響を無視することができない。したがって，果物の近赤外スペクトルは温度によって大きく変動することから，スペクトルの計測温度を一定にするように工夫するか，あるいは温度補償を加えた検量線を作成して用いることなどを考える必要がある。

糖度の対照値の測定は，りんごの場合は屈折糖度計（Brix）を用いたが，必ずしも全ての果物でBrixとの相関が高いとは言えないことから，必要に応じてはHPLC分析等の他の化学分析値を用いることが適当な場合も考えられる。

4 おわりに

このポリクロメータを用いた小型のりんご糖度計は，りんごに限らず，桃，梨，トマトのような青果物の品質検査にも応用可能である。将来，市場や生産現場では，この装置を利用して消費者や生産者が求めているものを正確に分析し，様々な青果物の消費拡大に役立つものと期待できる。

文　　献

1) S. Kawano *et al.*, 4th International Conference on Diffuse Reflectance Spectroscopy, Chanbersburg USA, p5A (1988)
2) 南茂夫ほか，分光技術ハンドブック，朝倉書店 (1990)

第5章　近赤外分光法によるウメ果実の硬度計測

恩田　匠*

1　はじめに

山梨県の地域特産物の一つにウメ果実があり，主として梅漬や梅干[1,2]など梅加工品類の原材料として利用されてきた。これら梅漬類のうち，特に“カリカリ梅漬”と称される，カリカリとしたテクスチャーを特徴とする硬化梅漬用の原料は，その硬度が製品の品質に大きな影響を及ぼすことから，この原料果実の収穫時の硬度と密接な関係にある熟度の判定はきわめて重要な問題である。これまで，ウメ果実の熟度と品質の関係については，生化学的な側面やペクチン関連物質などの変化を対象に詳細な検討[3,4]が行われてきた。

従来から，ウメ果実の熟度判定は，果実径により判別するロータリー式の選別機が一部で利用されてきたが，実際には収穫年度により大きさが異なることなどの実用上の問題が残っている。したがって，現場では依然として，開花後の日数や果実の外観などの従来からの経験的な判定基準によって収穫されているのが現状であり，硬度もこれらの関係から推察されている。このような現状から，ウメ果実の熟度，特に硬度を迅速かつ非破壊的に測定できる方法の確立が望まれていた。

近赤外分光法（以下，近赤外法と略記する）は，果実内容成分の濃度計測以外にも，物理的な特性評価に用いることができることが明らかになってきた。天間ら[5]はリンゴ果実を用いた実験で果実硬度が近赤外法により計測できたことを報告している。一方，著者ら[6,7]もスモモ果実の品質評価技術の確立を目的とした検討から，同法により糖度や酸度のみならず，硬度の計測ができる可能性を見いだし，さらに果実硬度の測定原理的な解析を行った。

本稿では，近赤外法によりスモモ果実と同様に，ウメ果実の熟度判定，特に硬度判定する可能性について検討した研究成果について紹介する。

---

*　Takumi Onda　山梨県工業技術センター　支所ワインセンター　主任研究員

2　研究材料および方法

2. 1　ウメ果実試料

ウメ果実は，中ウメの‘白加賀’種（Japanese Apricot, *Prunus mume* Sieb *Zucc.*, middle size cv., Shirokaga）および小ウメの‘甲州小梅’種（Japanese Apricot, *Prunus mume* Sieb *Zucc.*, microcadrpa Makino, kosyukoume）を供試した。果実の収穫は，山梨県八代町の圃場において行った。果実試料100点（各収穫日から20点ずつ）は，近赤外計測のための検量線作成用とその検量線の評価用に50個ずつ2分割して用いた。果実の収穫は山梨県八代町の圃場のものを，中ウメは1994年5月31日から6月28日まで，小ウメは同年5月18日から6月21日までの1週間毎に行った。

2. 2　近赤外吸収測定

ウメ果実の近赤外吸収スペクトル測定は，近赤外分光分析装置インフラライザー500型（Bran＋Luebbe社製）を使用し，測定用セルとして果実用ドロアーを用いた。また，インフラライザー500型の動作は，付属の近赤外吸収スペクトル解析用ソフトウェアIDAS（InfraAlyzer Data Analysis Software，Bran＋Luebbe社製）が内蔵されたコンピュータ5530T（IBM社製）により制御した。すなわち，果実を個別に一個ずつ果実ドロアーにおき，1100～2500nmの波長領域の拡散反射スペクトルを2 nm毎に走査測定した。なお，ウメ果実の近赤外吸収スペクトル測定は，スモモ果実の場合と同様にその測定部位によって変動したため，近赤外線照射位置を縫合線の反対側の赤道面に統一した。このとき，果実の厳密な品温調整は行わなかった。

2. 3　果実の品質評価

近赤外法の検量線作成のために用いる果実硬度（kg）値の計測を行った。すなわち，円錐形のアタッチメントを装着した果実硬度計（木屋製作所製）を用いて，一個体につき3カ所（近赤外吸収測定部位を含む赤道面上の3点）測定し，算術平均値（kg）で示した。

また併せて，本実験に使用した果実の諸特性を明らかにするため，検量作成のための硬度（kg）とは別に，果実重量，果実径，酸度，アルコール不溶性固形物含量および水溶性固形物含量を常法[3]により測定した。

2. 4　検量線作成とその評価

インフラライザー500型に付属のIDASを用い，近赤外吸収スペクトルの吸光度値（$\log(1/R)$）を説明変数とし，果実硬度（kg）をそれぞれ目的変数として，重回帰分析を行うことにより，検量線作成を行った。このとき，重回帰分析は1波長開始の変数増加法により行い，検量線に用いる波長の選択はすべてIDASによる自動計算に依存した。また，得られた検量線の測定（予測）精度を検量線評価用の試料を用いて，IDASにより行った。

3　研究結果

本研究では‘白加賀’と‘甲州小梅’の2種を用いて検討を行ったが，それらの結果はほとんど同じ傾向であったため，以下の項目では‘白加賀’の結果のみについて紹介する。

3.1　ウメ果実の近赤外吸収スペクトル

ウメ果実の近赤外吸収測定により得られたスペクトルは，高水分系食品である果実に典型的な形状であり，水分に由来する2つの大きな吸収ピークを示した（図1A)。この近赤外吸収スペクトルに2次微分処理（微分条件：segment；12nm, gap；0 nm）し，その吸収ピークを調べたところ，大小9個の吸収ピークが認められた（図1B)。近赤外吸収スペクトルおよび2次微分スペクトルのいずれにおいても，硬度の差異によるスペクトルの変化には一定の傾向は認められなかった。

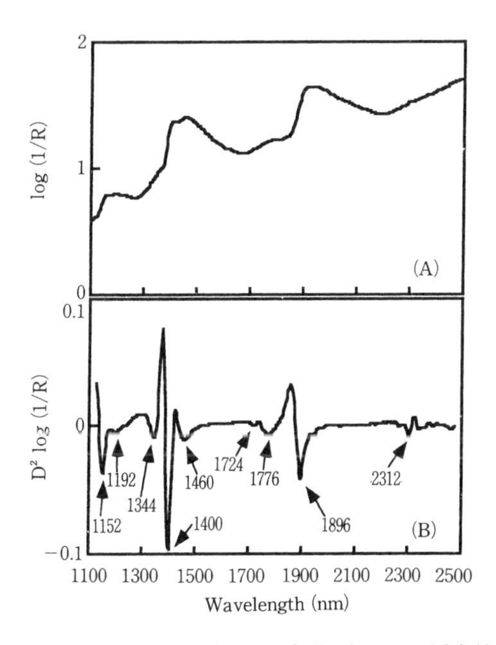

図1　ウメ果実の近赤外吸収スペクトル(A)と2次微分処理した近赤外吸収スペクトル(B)

3. 2　供試ウメ果実の品質

検量線作成に用いた各熟期からの果実の硬度（kg）は，平均値 2.3kg，最高値 3.9kg，最低値 0.7kg および標準偏差 ±1.7 であった。

また，果実試料の硬度とそれに関与すると考えられる果実の成熟特性を表1に示した。本検討に用いた果実は，6月21日から同月28日に急激に成熟が進んだ。

4　硬度検量線の作成とその評価

果実硬度計により測定した硬度（kg）を目的変数とし，近赤外吸収スペクトルの吸光度値（701 データポイント）を説明変数として重回帰分析を行うことにより，一つの波長から五つの波長を用いる5種の検量線を得た（表2）。5種の検量線の中で，5つの検量線を用いる検量線の精度が最も高かった。この検量線の重回帰式を以下に示す。

$$\text{硬度 (kg)} = 6.0 + 284.7A_{1440nm}D + 394.4A_{2312nm} - 37.7A_{2084nm} + 289.3A_{1412nm} - 217.6A_{2476nm}$$

（ただし，A は各波長における吸光度）

また，この検量線を用いて近赤外法により得られた推定値と硬度計により得られた分析値の関係を図2に示した。この検量線の精度は，重相関係数（R）0.91，標準誤差（SEE）0.32kg および検量線評価時の推定標準誤差（SEP）0.35kg であった。果実硬度を厳密に計測するためには，SEP が十分小さくないことも考えられたが，硬度選別には有効であると考えられた。以上のことから，近赤外分光法によりウメ果実の硬度計測が可能であるということを明らかにした。

表1　供試ウメ果実の諸性状

havest day	fruit weight	diameter	fruit hardness[a]		acidity[b]	AIS[c]	WSP[d]
	(g)	(mm)	(kg)	(g/ϕ)	(%)	(%)	(%)
31-May	18.2±1.4	30.2±0.7	3.6±0.2	736.9±38.6	4.25	3.15	13.6
7-Jun	24.1±2.4	33.5±1.4	3.5±0.3	791.9±34.3	5.21	3.09	10.9
14-Jun	25.7±2.7	34.3±1.3	3.2±0.4	684.1±51.7	5.57	2.60	6.6
21-Jun	36.8±3.5	39.1±1.1	2.8±0.5	545.4±66.5	5.92	2.39	17.4
28-Jun	40.3±3.9	40.4±1.5	1.5±0.5	273.8±64.8	4.93	2.23	38.4

Mume fruits were harvested at various stages of maturity. Measured values were indicated as A. V. or A. V. ±S. D..

a) Hardness value was measured with hardness meter (kg) and and with rhenometer (g／ϕ).

b) Citric acid content calculated from titratable acidity.

c) Alcohol insoluble substance (%) to fruit weight.

d) Water soluble pectin (%) to total pectin.

表2　ウメ果実の硬度計測のための検量線作成とその精度

wavelength selected (nm)					$R^{1)}$	$SEC^{2)}$	$SEP^{3)}$
λ_1	λ_2	λ_3	λ_4	λ_5			
1940					0.20	0.98	1.20
2340	2312				0.80	0.58	0.66
1448	2316	2084			0.88	0.47	0.51
1440	2316	2084	1436		0.89	0.43	0.45
1440	1212	2084	1436	2476	0.91	0.32	0.35

1) R ; correlation coefficient.
2) SEC ; standard error of calibration.
3) SEP ; standard error of prediction.

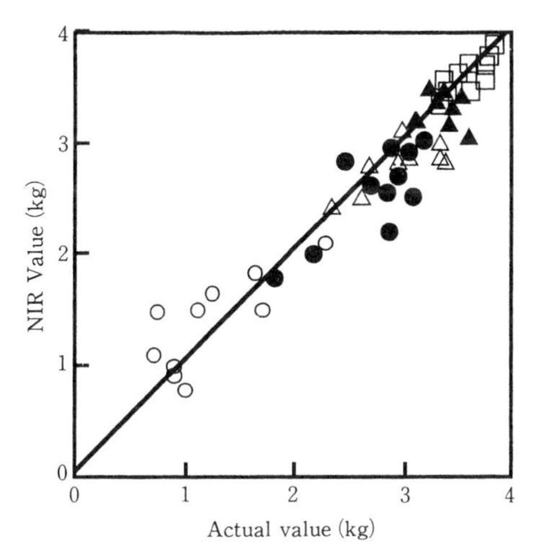

図2　ウメ果実硬度の実測値と近赤外分光分析値の関係
Symbols : □ ; samples harvested at May 31, ▲ ; June 7, △ ; June 14, ● ; June 21, ○ ; June28.

今回の実験において，検量線作成のための重回帰分析に採用された波長（表2）は，1440nm, 1940nm および 2300nm 近傍が主なものであった。このうち，1440nm および 1940nm は水による吸収であり，2300nm 近傍の吸収は糖類などの CH 基あるいは OH 基に帰属[8]されることが推察された。このことから，この果実硬度計測に水分あるいは糖類の CH 基に関する情報が関与している可能性が示唆された。また，スモモ果実において果実硬度計測のキー波長と推定した 1410nm 近傍の吸収（1412nm）が検量線に採用されており，スモモ果実の場合[7]と同じく硬度変化に関与する何らかの化学物質の変化が反映されていることも考えられた。一般に果実の軟化[9]は細胞壁多糖類の一つであるペクチンの加水分解により，細胞間の結合力が低下することが主要因であるとされている。以上のことから，近赤外法による果実硬度計測には，果実中の水分あるいは糖類の変化に関連する情報が反映されていることが考えられた。

5　おわりに

果実硬度という物理的な指標は，光吸収をもち得ないが，スモモ果実とリンゴ果実の例からも汎用性のある方法であると考えられ，各種果実において収穫時の熟度選別に利用できる可能性があった。今後，再現性の高い測定を実現するため，その近赤外計測の測定原理的な解明が必須であると思われた。

文　献

1)　小川敏男，最新漬物製造技術，p.76, 食品研究社（1987）
2)　前田安彦，新つけもの考，p.40, 岩波新書（1987）
3)　乙黒親男ほか，日食低温誌，**19**, 101-105 (1993)
4)　乙黒親男，日食工誌，**41**, 498-502 (1994)
5)　青森県産業技術開発センター，キープロジェクト研究報告書，p.183 (1992)
6)　恩田匠ほか，日食工誌，**41**, 908-912 (1994)
7)　恩田匠ほか，日食工誌，**43**, 382-386 (1996)
8)　OSBORNE, B. G. and FEARN, T. : Near Infrared Spectroscopy in Food Analysis, p.28, Longman Scientific Technical (1986)
9)　真鍋正敏，日食工誌，**28**, 653-658 (1086)
10)　恩田匠ほか，日食低温誌，**21**, 139-142 (1995)

第6章　近赤外分光法による水産物の脂肪測定

山内　悟*

1　はじめに

水産物の品質を評価する場合，脂肪と鮮度は重要な評価項目である。魚肉中の脂肪量の測定は，一般的には有機溶媒を用いて抽出する化学分析法が用いられている。しかし，この方法は前処理として試料の細断や均一化が必要であるとともに，抽出や測定などの操作に長時間を必要とすることから，流通や加工の段階ではほとんど用いられていない。このため，原料の受け入れ現場などにおける脂肪量の多寡は，漁場の情報やサンプル魚の表皮を剥ぐなどの方法で脂肪の蓄積を調べたり，冷凍魚ではナイフなどを突き刺してその硬さを調べるなど，もっぱら熟練者の経験や勘に頼っているのが現状である。このような状況から，魚市場や水産加工場では，数値化された脂肪量を迅速に測定できる非破壊評価法の開発が望まれている。

1980年初期にわが国に導入された近赤外分光法は，当初粉砕した小麦や大豆など低水分で均一な試料を対象とした応用例が主体であった。しかし，近赤外装置やコンピューターおよび解析手法の進歩にともない，現在ではさまざまな形態の試料の測定が可能になっている。また，食品工業における現場では，品質管理における成分分析など広く利用されている。

魚肉の測定については，1990年代初期にニジマスの水分，脂肪，タンパク態窒素[1)]やアトランティックサーモンの脂肪[2)]が，ホモジナイズ処理された魚肉で研究が行われている。通常，試料はサンプルホルダーに入れてスペクトルを測定するが，装置内に試料が収まらないラウンドの魚を測定する場合には工夫が必要である。そこで，魚体に直接接触させて測定する方法として，光ファイバープローブを備えた測定器が用いられるようになった。この方法でラウンドの状態のアトランティックサーモン[3)]やニジマス[4)]の脂肪含量が測定されている。この測定方法は相互拡散反射（インタラクタンス）法と呼ばれ，現在ではいくつかの分光機器メーカーからファイバープローブとともに発売されている。近赤外光の領域は，およそ800～2500nmと広範囲であるが，このファイバープローブを使用して魚肉のスペクトルを測定する場合では，石英ガラスファイバー中の光の減衰や魚肉のような多水分系試料における水の吸収の影響などにより600～1100nmの領域が使用されることが多い。

---

*　Satoru Yamauchi　静岡県水産技術研究所　利用普及部　主任研究員

2　水産物を測定する場合の留意点

水産物では，市場や店舗，加工場などの現場で脂肪に関する情報を必要とする時があり，多用途の測定は制限されるが小型でバッテリー駆動型の近赤外測定器が用いられる。実際の現場では，手軽に持ち運びが可能な機器として小型近赤外測定器 FQA-NIRGUN（静岡シブヤ精機㈱）が普及している。FQA-NIRGUN は NMOS アレイセンサーを採用しており，測定に要する時間は1～2秒と短い。また，バッテリーを内蔵しており，750g と軽量であるため手軽に測定できる。本章では主に FQA-NIRGUN の活用事例について示す。

近赤外測定法は，化学分析により求めた複数の試料の実測値とスペクトルデータの組み合わせから，未知試料を推定する検量線を作成する。このため，水産物の脂肪測定では，測定環境や条件の設定，スペクトルの測定部位，化学分析の方法や精度などを検討しなければならない。

魚体の皮の上からスペクトルを測定する場合，魚体に測定器を密着させ，光を照射して，表皮を通過し魚肉内部で拡散反射した光が再び魚皮を通過して戻る反射光を得ることになる。この時，魚体表面の色や内部の血合肉，内臓，骨組織などの存在が反射光に与える影響が大きい。そのため，スペクトルを測定する部位は，これらを考慮して決定しなければならない。例えば，カツオなど魚皮が黒色を呈する部位では十分な反射光が得られない，アジ，イワシなどで肉の厚みが薄い腹部でスペクトル測定を行うと反射スペクトルに内臓や生殖腺由来の情報が多く含まれてしまうなどである。また，表皮部分に斑点模様の存在する部位も避けたほうが望ましい。

魚の脂肪蓄積の特徴として，いわゆる「脂ののった魚」とは，一般的には魚体表皮に近い魚肉部分で著しく脂肪が蓄積される。したがって，魚体の一部魚肉を採取して脂肪量を分析しても，可食部全体や半身を代表する値とはならない。また，一般的に魚の脂肪量を表現する時に，アジやサンマなど小型の魚類では，消費者が半身もしくは1尾を食することから，可食部全体（頭骨を食べない場合は3枚おろしと同様）を均一化させた試料を分析した結果を脂肪量として表現することが多い。この時には，スペクトルの測定を魚体特定部位で行い，可食部全体の脂肪含量を推定する検量線を作成することになる。しかし，カツオやマグロなどの大型魚を測定する場合，どのような方法でラウンドの状態の魚体の「脂ののり具合」として評価するかが重要となる。したがって，この場合では魚体特定部位のスペクトルを測定して，その部位の脂肪量を推定することにより，間接的にラウンドの魚体を評価する検量線を開発することも必要となる。

前述したように，表皮に近い部分で脂肪の蓄積が顕著であることから，化学分析のために魚体特定部位の魚肉を採取するとき，その採取する魚肉の深さ方向に注意しなければならない。この時，採取する魚肉厚み（表皮からの深さ）を一定に保ちながら採取しないと検量線の精度が向上しない。なお，スペクトル測定において，照射した光は魚肉のどの程度の深さまでの情報を得ているかが，実験データにより示されている。カツオ[5]の場合では，腹部で皮の上から測定した時に3～5mmの深さ情報，同様にマアジ[6]では5mmであった。しかし，皮のない状態，例えばマグロのブロック肉では2～3cmと深い範囲までの情報が得られる。脂肪の化学分析法は数種類あるが，魚肉の場合は日本食品標準分析表にも採用されている「ジエチルエーテルによるソックスレー抽出法」や「クロロホルム-メタノール抽出法」が一般的である。

成分含量を推定する検量線の作成には重回帰分析がよく用いられる。脂肪測定の場合，1100nm以下の短波長領域では数個の変数による検量線が作成されている。なお，農水産物では成分の分布が不均一であり，測定表面の状態が一定でないことから，重回帰分析の前にスムージングやベースライン補正などのスペクトル処理が必要である。これまでの事例では，ベースライン補正として2次微分処理が多く用いられている。

3　冷凍水産物の測定

水産物の場合，特に加工用原料では冷凍状態で保管・流通することが多いことから，冷凍状態での測定が必要となる。まず初めに，カツオ魚肉から魚油を抽出して，図1に示すように魚油の吸収スペクトルの温度による変化を調べた。2次微分スペクトルでは，構成成分による吸収のピークが下向き（負の方向）に現れる。その結果，2次微分スペクトルにおいて926nmに強い吸収が，1034nmにそれよりも弱い吸収が観察された。このうち，926nmは油脂の官能基であるCHの3倍音に帰属する[7]と考えられる。冷凍状態では926nmおよび1034nmのピークが0～30℃よりも強く現れており，さらに冷凍状態（－25～－70℃）では温度が低下するに従って下向きのピークが大きく，つまり見かけ上の吸収強度が強くなる現象が観察される。これは，冷凍状態では魚油が固体となり，冷凍温度が低下するに従って，白濁が進むためと考えられる。このこ

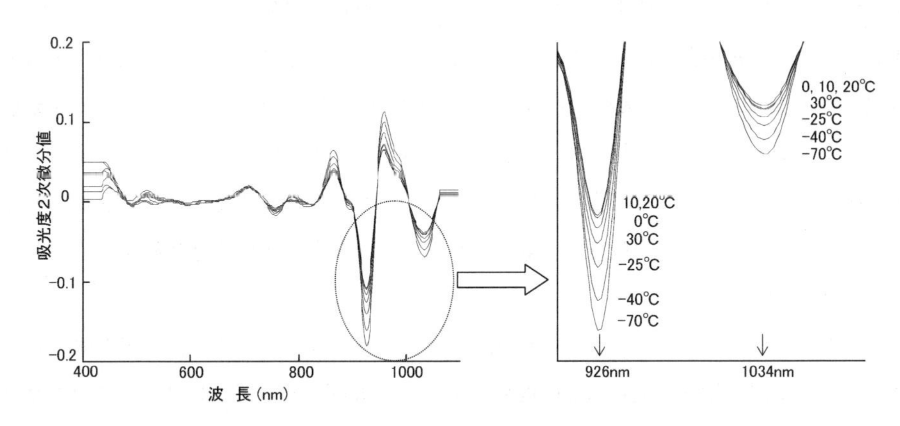

図1　カツオ魚油2次微分スペクトルの温度による変化

とから，冷凍魚体のスペクトルにおいても脂肪を測定することが可能であることがわかる。

脂肪含量の多い，中程度，低いラウンドの冷凍カツオの2次微分スペクトルを測定した結果を図2に示した。これは，カツオ腹部にファイバープローブを当てて，皮の上から肉側に向けてスペクトルを測定したものである。この結果からも926nmの吸収は魚体中の脂肪含量の多寡を示していることがわかる。しかし，冷凍魚油のスペクトルからわかるように，冷凍温度の変化により吸収強度が大きく変化することから，実際に冷凍状態で測定する検量線を実用化した時には，逆にこれが誤差の発生が大きくなる原因の一つとなる。

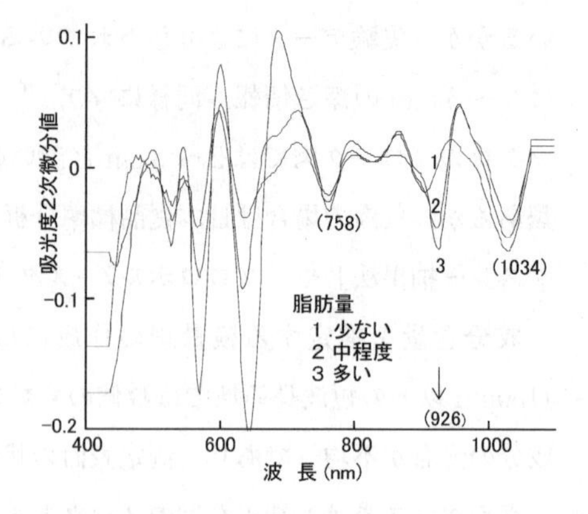

図2　冷凍カツオの2次微分スペクトル

4　カツオ・ビンナガマグロ類の事例

冷凍カツオは静岡県焼津，鹿児島県枕崎，山川で年間を通じて大量に水揚げされ，かつお節，なまり節，缶詰，生食用に加工される。また，それ以外にも太平洋岸各地で季節的に近海カツオが鮮魚出荷されている。カツオは，脂肪の多寡によりその用途は異なる。例えば，かつお節の製造では脂肪量の低いカツオが適しているが，生食では脂肪量の高いものが好まれる。通常，魚市場などにおけるカツオの脂肪量のおおよその目安としては，漁獲された海域から判断されるが，実際にカツオを加工する際にはさらに詳細な脂肪に関する情報が必要となる。

検量線作成にあたり，推定する脂肪量は2種類が考えられる。一つは，測定器によりスペクトル測定した部位の皮下部分の筋肉中の脂肪量である。これは，測定した反射スペクトルにその部位の脂肪に関する情報が含まれているため，推定精度の向上が期待できる。今回は，表層肉として，表皮から1cmの深さまでの筋肉を採取して化学分析を行った。もう一つは，カツオを3枚におろしたフィレー（半身）を均一化した脂肪量を推定する方法であり，人間が食する部分の魚肉の平均脂肪量つまり可食部平均脂肪量である。この可食部脂肪量測定値は，食品標準成分表でも生鮮カツオの脂肪量として記載されており，可食部脂肪量を推定する検量線を作成する価値も高い。

FQA-NIRGUNを用いて，ラウンドの解凍カツオ（冷蔵，5℃）のスペクトルを測定して，検量線作成における測定部位と推定精度の関係を調べた。魚体重の範囲2.8〜4.8kgで南方カツオ，東沖カツオあわせて40個体で重回帰検量線を作成した。測定部位を図3に，その結果を表1に

表1　カツオの脂肪量推定検量線の部位別推定精度の比較

スペクトル測定部位	化学分析用試料採取部位	化学分析値範囲（%）	波長（nm）			検量線検定時の精度[1)]	
			λ1	λ2	λ3	$R^{2)}$	SE（%）[3)]
中央部	表層肉	1〜21	910	962	657	0.73	4.1
	フィレー半身	0〜7	910	962	945	0.79	1.3
腹　部	表層肉	1〜16	920	860	837	0.97	1.2
	フィレー半身	0〜7	914	856	772	0.95	0.7

1）内部クロスバリデーション法による，2）検量線検定時の相関係数，3）検量線検定時の誤差の標準偏差

示した。いずれの検量線もλ1において，脂肪の吸収バンドに強い相関のある波長が採用されている。

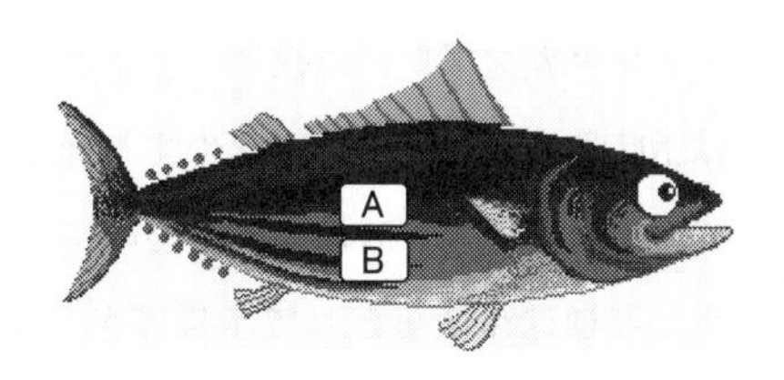

図3　カツオのスペクトル測定部位
A：中央部，B：腹部

中央部の測定では，測定した部位である表層肉およびフィレーともに推定結果が良好でなく，相関係数（以後Rと略記）は0.7〜0.8であった。今までの多くの魚種の測定経験から，近赤外測定法で脂肪選別を行う場合，粗選別として活用するためにはR＝0.90以上が望ましいと考えられている。その点では，腹部測定で良好な結果が得られており，表層肉，フィレーの両者の推定結果でR＝0.95以上であった。実際のカツオの流通の現場では，仲買人が表皮に触れ，表皮をわずかにはがして，脂肪の多寡を見極めていることから，表層肉の推定値は，それらの官能検査を数値化することに役立ち，他方の可食部脂肪量を推定する検量線はカツオ1個体を丸ごと評価するのに効果的であると考えられる。ただし，可食部全体を推定する検量線では，特定部位のスペクトルを測定して全体を推定することから，検量線作成時に収集したサンプル以外の規格の魚体，例えば南方カツオなどで5 kg以上の大型のもの，1 kg前後の小型の個体などは大きな誤差が発生する恐れがある。

冷凍カツオの脂肪量を推定する検量線の精度を確認するため，魚体温度別にそれぞれ3波長検量線を作成してその精度を比較して表2に示した。表中の20℃測定は，漁獲直後のカツオを漁船の上で測定するための魚体温度を想定して作成した。5℃，20℃の非冷凍状態と比較して，−40℃では検量線の推定精度がやや劣った。しかし，フィレー半身の推定検量線でもR＝0.90であることから，ある程度の粗選別における活用は可能であると考えられる。なお，ラウンドの冷凍カツオを解凍した魚体と，冷凍履歴のない生鮮カツオのスペクトルを比較すると，鮮度が良好な場合では2次微分スペクトルにほとんど差異が認められない。このことから，解凍魚を用いて作成した検量線は，生鮮カツオの測定に用いることが可能である。生鮮カツオの測定風景を写真1に示した。

表２　カツオの腹部測定検量線精度の温度別比較

魚体温度	化学分析用試料 採取部位	検量線検定時の精度	
		R	SE（%）
−40℃	表層肉	0.93	1.6
	フィレー半身	0.90	0.9
5℃	表層肉	0.97	1.2
	フィレー半身	0.95	0.7
20℃	表層肉	0.95	1.3
	フィレー半身	0.93	0.7

写真１　生鮮カツオの測定

ビンナガマグロ（以後ビンナガと略記）は，おもに缶詰原料として利用されているが，近年では脂肪量の高いものは刺身やすし種など，いわゆる生食用としての需要が増えてきている。そして，消費者のニーズに応えるために，脂肪量の情報が必要となっている。また，ビンナガもカツオと同様に冷凍魚として水揚げされることが多いことから，冷凍状態での測定も期待されている。

しかし，ビンナガの魚体重は4～15kgとカツオよりも大きいため，特定部位の近赤外スペクトルを測定してフィレー半身での平均脂肪量を表示することはあまり現実的ではない。そこで，FQA-NIRGUNを用いて魚体各部のスペクトルを測定し，その部位の表層肉脂肪量（深さ1cmまで）を作成した。ビンナガは胸鰭が長く，魚体中央部測定では鰭が邪魔になるため，スペクトル測定時には他方の手でこれを持ち上げて測定することになる。魚体前腹部，後腹部でスペクトルを測定して，その部位を推定する検量線も作成したが，腹部では特に脂肪量の高い魚体で部位における表層肉の脂肪量の変化が大きいため，測定部位をかなり厳密に固定しないと測定部位のずれによる推定値のバラツキが発生する。その点，中央部では比較的脂肪量の分布が一定であるため，腹部のようなバラツキは発生しない。このことから，中央部のスペクトルを測定してラウンドのビンナガの脂肪の多寡を比較的安定的に判断することが可能であると考えられる。

冷蔵ビンナガのスペクトル測定部位別検量線の作成結果を表3に示した。中央部測定では，化学分析値の範囲が比較的広いにも関わらず，Rが高く誤差標準偏差が小さく，安定的な推定値が得られていることがわかる。この中央部測定における化学分析値と近赤外推定値の関係を図4

表３　冷凍ビンナガのスペクトル測定部位別検量線の作成結果

スペクトル 測定部位	化学分析値 範囲（%）	検量線検定時の精度	
		R	SE（%）
前腹部	3 - 40	0.92	3.7
後腹部	1 - 23	0.92	2.4
中央部	1 - 33	0.96	2.2

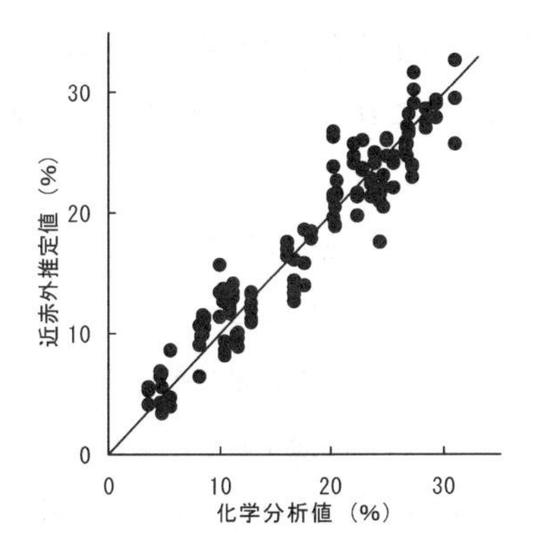

図4　冷凍ビンナガ中央部測定における
化学分析値と推定値の関係
バーは，Y＝X

写真2　冷凍ビンナガの測定

に，冷凍ビンナガの測定風景を写真2に示した。

5　アジ・サバ・イワシの事例

多獲性魚であるマアジ，マサバ，イワシは，全国各地で鮮魚として水揚げされており，産卵期前後など季節による脂肪量の変動が大きい。また，加工用原料として海外から大量に輸入されている。このように，水揚げされた魚の品質や加工用原料の品質評価のために，鮮魚や冷凍魚の状態で現場で迅速な脂肪測定が求められている。

マサバは焼き魚や煮付けなどの料理素材として，また塩サバや「しめさば」などの加工原料として利用されており，脂肪量の高いものが評価が高い。また，マサバ同様にゴマサバも多くの水揚げがあり鮮魚として流通され，小型のものは「さば節」へと加工される。さらに，脂肪量の高い原料を求めて，ノルウェーなど北欧から輸入も盛んである。そこで，一つの検量線でマサバだけでなくゴマサバやノルウェーサバの脂肪量を推定することを検討した。サバ類は背部に斑紋があり，魚種によりその模様は異なる。スペクトル測定部位にこのような差異があると精度良い検量線の作成が困難となる。また，サバの腹部は筋肉層が薄いため，腹部測定ではその下にある内臓の影響を受けやすい。そこで，魚体臀部でスペクトルを測定して，可食部脂肪量（フィレー半身）を推定する検量線を作成した。サバ類のスペクトル測定部位を写真3に，化学分析値と推定値の関係を図5に示した。

マアジ，マイワシもサバ類と同様に季節や漁獲場所により脂肪量の変化が大きいため，脂肪量が重要な品質評価項目の一つとなる。これらも，魚体背部は黒色から黄色を呈しており，サバ同様に臀部での測定により可食部脂肪量を推定する方法が効果的である。なお，マアジ，イワシではサバ類よりも魚体がやや小さいため，注意深く測定部位に測定器先端部を接触させることが求められる。生鮮マイワシの測定風景を写真4に示した。また，これらの検量線作成結果を表4に示した。

マアジは鮮魚出荷や干物の原料として用いられることが多い。鮮魚や干物の原料でも，脂肪量の高いものが品質が良いとされている。干物原料では輸入原料を用いることも多く，これらは冷凍された状態で流通されている。この時も，カツオ同様に冷凍状態での検量線を作成することにより測定が可能となる。加工品である干物は製造直後に冷凍されて流通するが，これも同様に，冷凍干物の脂肪量を推定する検量線を作成することにより製品の管理が可能である。冷凍された干物では，スペクトル測定部位である臀部が半身の厚みとなる。この状態では，測定器から照射

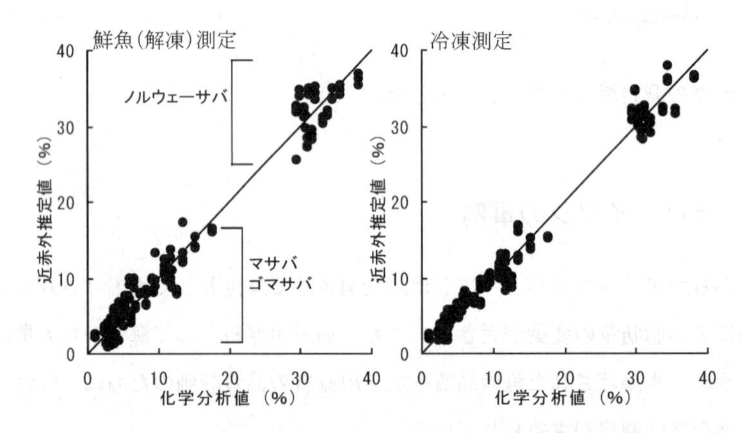

図5　サバ類検量線における化学分析値と推定値の関係

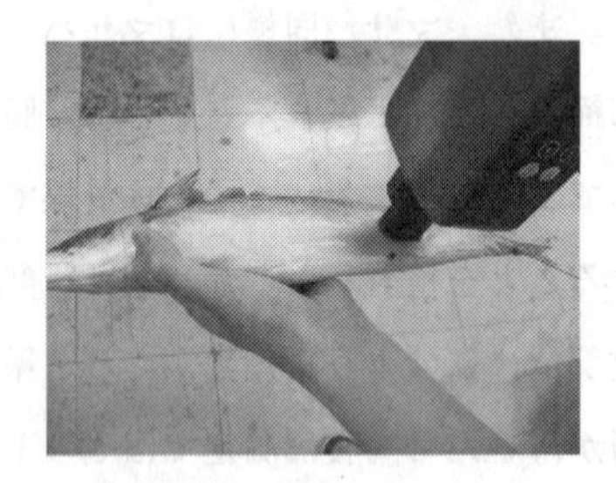

写真3　生鮮マサバの測定

写真4　生鮮マイワシの測定

表4　マアジおよびマイワシの検量線作成結果

	個体数	体重（g）	化学分析値 範 囲（%）	検量線検定時の精度 R	検量線検定時の精度 SE（%）
マアジ	75	96 – 216	1 – 24	0.95	1.6
マイワシ	90	46 – 154	5 – 15	0.94	1.3

した光の一部が魚体を透過する。したがって，その背後に反射物のない状態にする，測定試料の背後を黒色にするなど魚体を通過した反射光が測定器に戻らないようにするなどの配慮が必要である。冷凍マアジ干物の測定風景を写真5に示した。

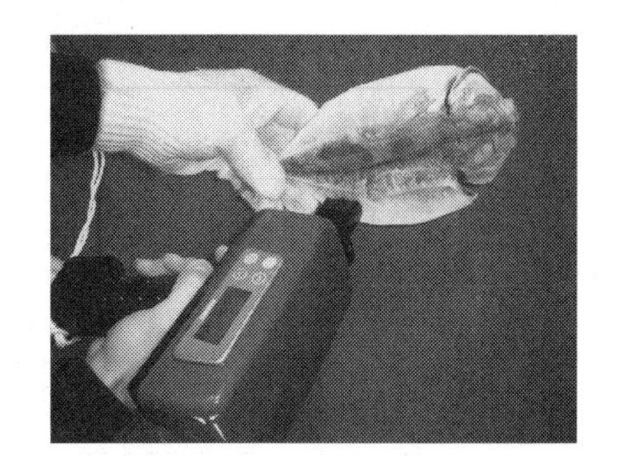

写真5　冷凍マアジ干物の測定

6　大型マグロの測定法

大型マグロであるメバチ，キハダ，クロマグロ，ミナミマグロでは表皮を構成するコラーゲン層（真皮層）が厚いため，皮の上からの測定は困難である。しかし，特定の部位を測定することにより，FQA-NIRGUNでの測定が実現されている。体重35～68kgの養殖クロマグロ22個体の腹部尾部測定により，測定部位の化学分析値23～58％のあいだで R＝0.90，SE＝5.0％の結果[8]が得られている。これは養殖クロマグロの出荷管理のために研究された事例である。しかし，一般ユーザーでは，検量線を作成するために大型マグロの特定部位のサンプルを数多く収集することは困難である。そこで，市場などでよく見られる光景であるが，大型マグロの横に置かれた「セリの見本用に切り落とされたマグロのシッポ」（以後，尾部肉と表現）での測定を検討した。

大型の天然クロマグロの尾部肉として25個体を冷凍状態で入手した。尾部肉の断面は，普通肉では雄節左右，雌節左右が存在し，それ以外にも別れ身の部位が存在する。市場などでの官能評価では，この別れ身の部分の筋肉にどの程度の脂肪が蓄積されているか見極めることが多い。しかし，別れ身をFQA-NIRGUNで測定するには，測定ヘッドの先端部が大きすぎて，別れ身の測定が困難である。そこで，普通肉の部位のスペクトルを測定して，その部位の奥行き2cm程度の筋肉脂肪量を推定する検量線を作成した。スペクトル測定部位を図6に示した。測定は，雄節側，雌節側のどちらで測定しても，その部位の脂肪量を推定する検量線として作成した。メバチ，ミナミマグロでも同様の方法で検量線を作成し，これらの結果を表5に示した。クロマグロ，メバチでは精度良い検量線が作成できたが，ミナミマグロではR＝0.83～0.85とその精度はやや劣った。これは，収集した尾部肉のサンプルの脂肪量の範囲が0～3％と，他のマグロの尾部肉よりも狭いためである。したがって，ミナミマグロでも十分に広範囲な脂肪量のサンプルを入手することにより，精度良い検量線の作成は可能である。

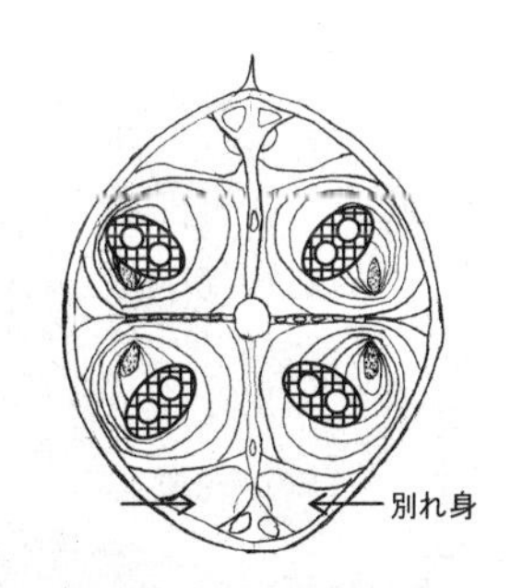

図6　マグロ尾部肉のスペクトル測定場所

市場などで並べられた大型の冷凍マグロは，サンプルとして切り落とされた尾部肉は解凍された状態で官能検査が行われている。この時

表５　マグロ尾部肉測定検量線の作成結果

	個体数	化学分析値 範 囲（%）	測定条件	検量線検定時の精度	
				R	SE（%）
メバチ	20	1 – 14	冷　凍	0.94	1.3
			解　凍	0.96	1.0
ミナミマグロ	20	0 – 3	冷　凍	0.85	0.4
			解　凍	0.83	0.5
クロマグロ	25	2 – 28	冷　凍	0.92	1.6
			解　凍	0.92	1.5

は解凍用の検量線を，魚体側の尾部切断面は冷凍状態なので冷凍用の検量線を作成することにより，両者の測定が可能となる。

7　地場水産物の測定事例

キンメダイは，静岡県や千葉県などで多く水揚げされる特産水産物であり，煮付けや鍋物に利用されるほかに，鮮度の良いものは刺身として食されている。キンメダイは脂肪量の多寡が顕著[9]であり，同一ロットの中でもバラツキがある。このような場合，非破壊で迅速に脂肪測定することは有効である。その測定風景を写真６に，検量線検定時の化学分析値と推定値の関係を図７に示した。キンメダイの場合，大きなサイズでは1.5kg以上のものまで流通されるが，本検量線では可食部脂肪量を推定する検量線として作成した。キンメダイは内部腹膜が黒色を呈しているため腹部測定では良好な反射スペクトルが得られない。このため，測定時の位置を決定する際の容易さを考慮して，魚体中心部分（胸鰭部分）のスペクトルを測定することとした。キンメダイの表層血合肉がこの測定部位に存在するが，わずかであるため測定に影響はないようである。

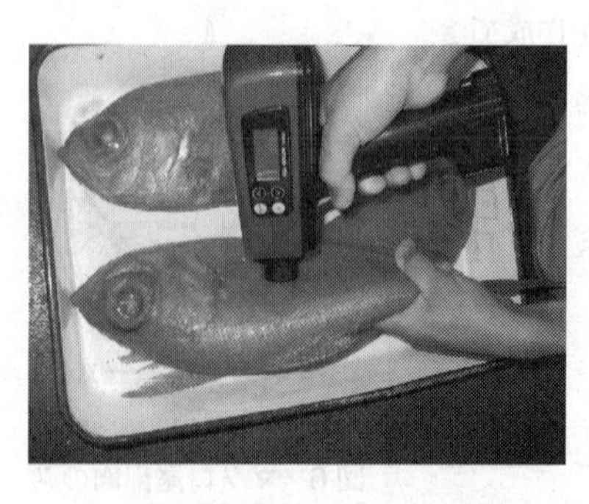

写真６　生鮮キンメダイの測定

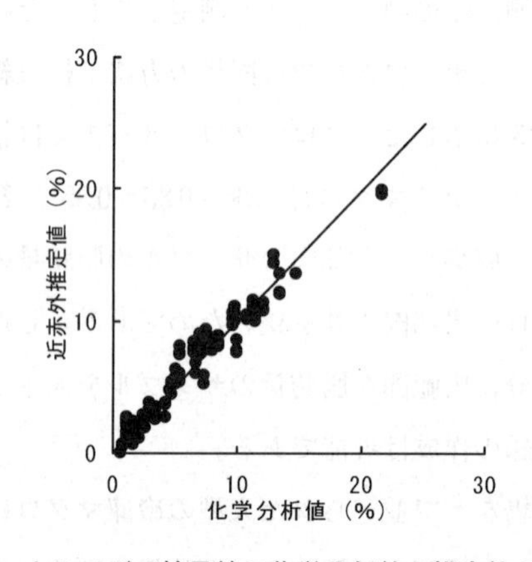

図７　キンメダイ検量線の化学分析値と推定値の関係

アカムツもキンメダイ同様に100～200mの深海に生息し，冬季に脂が蓄積される美味な魚である。アカムツも一尾ごとに脂肪の多寡が異なり，そのバラツキが問題となっていた。島根県水産技術センターでは，魚体重と脂肪量を調査し，FQA-NIRGUNでの測定[10]を実現している。実際の脂肪量測定結果では，魚体重100～500gにおいて，脂肪量は３～35％の分布がある。アカムツは，比較的高価な魚であり，一尾ごとに測定結果を表示して販売することにより，消費者の期待や信用を得ている。

西日本や北陸地方で需要が高いブリは，刺身や煮物など幅広い魚料理に利用され，旬は冬の寒い時期で「寒ブリ」として脂肪が多く最上級品とされている。ブリのフィレー肉の平均脂肪量をFQA-NIRGUNで測定する結果が報告[11]されている。体重６kg以上の大型魚体のサンプルが用いられ，脂肪量化学分析値として６～20％において，R＝0.92，SE＝1.4％の精度が得られている。測定部位は，背側と腹側で比較されているが，腹側で良好な結果が得られている。ブリは高級魚であり，検量線を作成するためにはラウンドの状態で多数の個体を入手する必要がある。この事例は，FQA-NIRGUNを用いて大型ブリで精度良い検量線が作成されており，ブリは「ハマチ」として養殖され養殖魚の品質管理にも活用できることから，この成果をもとに活用が広がると思われる。

8　脂肪以外の測定事例

かつお節は，南方漁場で漁獲された脂肪の少ない冷凍カツオを原料として，静岡県焼津，鹿児島県枕崎，山川で生産されている。現在では，カビ付けされた枯節の生産は少なく，そのほとんどは荒節（焙乾を終了したカビ付け前の節）である。荒節の重要な品質評価項目として，水分と脂肪が挙げられる。このうち，水分についてはFQA-NIRGUNにより精度良く推定することが可能である。雄節，雌節でそれぞれ血合肉のない筋肉側に測定ヘッドを押し当て測定部位の水分を測定する方法である。この検量線検定時の化学分析値と近赤外推定値の関係を図８に，その測定風景を写真７に示した。

カニの品質判別は非常に難しく，経験豊富な市場関係者のみが殻の硬さや色合いによって選別を行っているのが現状である。この品質評価項目の一つである「身入り」をFQA-NIRGUNで測定する技術[12]が開発されている。現在のところ，ズワイガニを対象として，その歩脚や胸部腹甲を測定部位として，身入り（固形分，％）を数値化させている。この技術は，その他のカニにも応用が可能であることから，今後の展開が期待されている。

高品質な真珠を生産するためには，挿核時のアコヤガイの栄養状態を的確に評価することが必要である。携帯型近赤外分光測定器（K-BA100R，㈱クボタ）を用いて殻付の貝の状態で貝肉の

写真７　かつお節（荒節）の測定

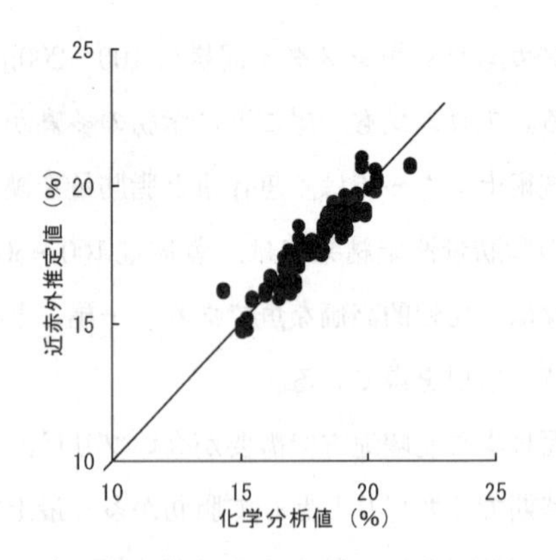

図８　かつお節の水分を推定する検量線の化学分析値と推定値の関係

タンパク質と水分が測定されており，大まかな選別に使用可能である[13]と報告されている。

文　　献

1)　B. A. Rasco *et al., J. Agr. Food Chem.*, **39**, 67-72 (1991)
2)　H. Sollid and C. Solberg, *J. Food. Sci.*, **57**, 792-793 (1992)
3)　J. P. Wold and T. Isaksson, *J. Food. Sci.*, **62**, 734-736 (1997)
4)　M. H. Lee *et al., J. Agr. Food Chem.*, **40**, 2176-2181 (1992)
5)　山内　悟ほか，日水誌，**65**, 747-752 (1999)
6)　山内　悟ほか，平成 14 年度水産物品質保持技術開発基礎調査研究成果の概要（水産庁），pp.126-135 (2003)
7)　B. G. Osborne *et al.*, Pretical NIR Spectroscopy with application in food and beverage analysis, Longman Scientific and Technical, New York, pp.29-33 (1983)
8)　広瀬あかりほか，平成 21 年度日本水産学会春季大会講演要旨集，p120 (2009)
9)　山内　悟，碧水（静岡県水産技術研究所広報誌），**126**, 4-6 (2009)
10)　清川智之，井岡　久：島根水技セ研報，**1**, 11-17 (2007)
11)　清川智之ほか，水産物の利用に関する共同研究第 48 集（福井県食品加工研究所），**48**, 36-40 (2008)
12)　トビウオ通信号外（島根県水産技術センター広報誌），**37**, (2008)
13)　藤原孝之ほか，平成 21 年度日本水産学会秋季大会講演要旨集，p57 (2009)

〈紫外線・可視光・レーザー光を用いる検査法〉

第7章　紫外線反射スペクトルを利用した化学物質の非破壊検査法

牧野義雄*

1　化学物質の非破壊検査の必要性

化学物質は，その利便性から健康で快適な生活をもたらす一方で，故意または過失による消費財等への汚染により，人の健康や環境に危害を及ぼすリスクが懸念される。我が国においても食品に付着した有害化学物質による食中毒事件が発生し，食品への化学物質の混入に関するニュースが継続的に報道される時期があった[1]。このことは，資源・食料の輸入大国である我が国の国民が，物流とともに運ばれてくる有害な物質に暴露される危険性が極めて高い状況にあることを実証している。

リスクが懸念される主要な化学物質として，残留農薬が挙げられる。従来，農産物については残留農薬の抜き取り検査が行われており，現在は加工食品でも検査が行われることとなった。しかし，ガスクロマトグラフ（GC），高速液体クロマトグラフ（LC），質量分析（MS）を組み合わせた方法や，抗原抗体反応を利用した方法で検査が行われていることから，破壊検査に依らざるを得ず，抜き取り検査となることは必然である。有害化学物質による食中毒を未然に防ぐには，製品の全数検査が最も有効であることは疑いのない事実であり，そのためには，非破壊検査法を開発する必要がある。

2　紫外線による化学物質の定性および定量

紫外線（UV）は，100～400nmの波長範囲の電磁波であり，国際照明委員会（CIE）では，UV-Aを315～400nm，UV-Bを280～315nm，UV-Cを100～280nmに区分している[2]。高分子物質による吸収が著しく，状態変化を起こす力が大きいことから，「化学線」とも呼ばれる。化学物質によるUV吸収は，当該物質の電子状態の変化に起因する光吸収であり，原子間の結合や官能基の種類によって光吸収波長が異なるため[3]，当該現象を応用して，様々な有機化合物の同定が行われてきた。

＊　Yoshio Makino　東京大学　大学院農学生命科学研究科　准教授

物質の同定については，核磁気共鳴（NMR），MSなど，さらに優れた方法の開発により，UVの利用は現在衰退している。一方，定量については，核酸が259nmに吸収極大を持つことから[4]，生化学分野ではDNA，RNAの主要な定量法となっており，その優位性はいまだに衰えを見せない。UVを含めた電磁波を利用して物質を定量する際，比吸光度（$E^{1\%}_{1\mathrm{cm}}$）を明らかにしておく必要がある。これは，濃度1％，光路長1cmの溶液に対する吸光度で，吸光感度に相当する。

光を利用した化学物質の同定には「光の吸収波長」，量の把握には「比吸光度」といった光学的性質が明らかにされている必要がある。いくつかの化学物質に関する光学的性質は，The Merck Index[4]や学術論文等で公表されているが，多くの化学物質の光学的性質については，いまだに研究者・技術者間で共有されていない現状にある。そこで，化学物質の非破壊検査に必要な基礎データを得るために著者が測定した，メタミドホス，ジクロルボスおよびクロルピリホスのUV領域における分光吸光スペクトルの例を図1に示す。さらに，化学物質の溶液濃度と吸光度の関係を図2に示す。

メタミドホスは214nmに，クロルピリホスは229および290nmに吸収極大が観察された。いずれも物質濃度と吸光度が正比例の関係を示したことから，UVによる定量が可能であることが

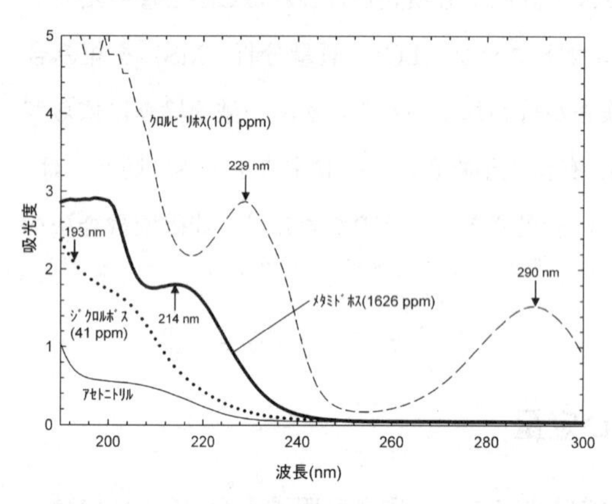

図1　化学物質の分光吸光スペクトル測定例
測定装置：㈱島津製作所／紫外・可視・近赤外分光光度計UV-3600（クロルピリホス以外），UV-3100PC（クロルピリホス）[5]；溶媒：アセトニトリル；測定温度：20℃；光源：重水素ランプ；分光器：ダブルモノクロメーター；光検出器：光電子増倍管；光路長：1cm；スリット幅：2nm；波長解像度：1nm；スキャン速度：低速

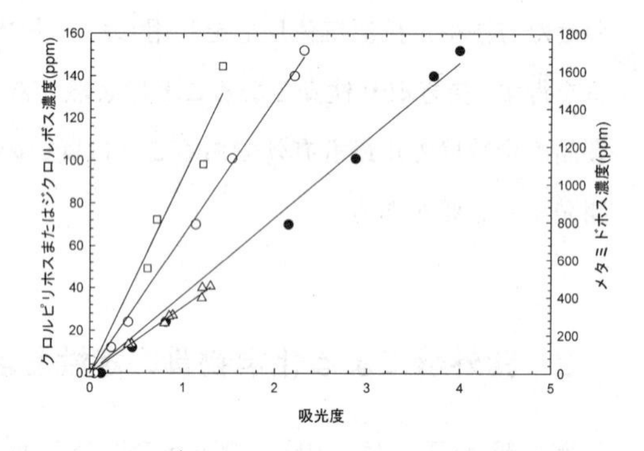

図2　クロルピリホス[8]（● 229nm，○ 290nm），ジクロルボス（△ 193nm）およびメタミドホス（□ 214nm）濃度と吸光度の関係
測定装置：㈱島津製作所／紫外・可視・近赤外分光光度計UV-3600（クロルピリホス以外），UV-3100PC（クロルピリホス）[5]；溶媒：アセトニトリル；測定温度：20℃；光源：重水素ランプ；分光器：ダブルモノクロメーター；光検出器：光電子増倍管；光路長：1cm；スリット幅：2nm；波長解像度：1nm；スキャン速度：低速

確認された。$E^{1\%}_{1\mathrm{cm}}$を求めたところ，メタミドホスは9.6（214nm），クロルピリホスは272（229nm）および155（290nm）であった。UVに対するメタミドホスの感度はクロルピリホスより低いことが明らかであり，これはメタミドホスがクロルピリホスのようなUV吸収の強い化学構造（不飽和異項環）[3]を持たないことに起因すると考えられる（図3)。ジクロルボスには極値が認められず，波長が短くなるほど吸光度が増大する傾向がみられた。ジクロルボスには炭素原子間の不飽和結合があり，これは193 nm付近の光を吸収する[3]。なお，$E^{1\%}_{1\mathrm{cm}}$は324（193nm）と算出された。

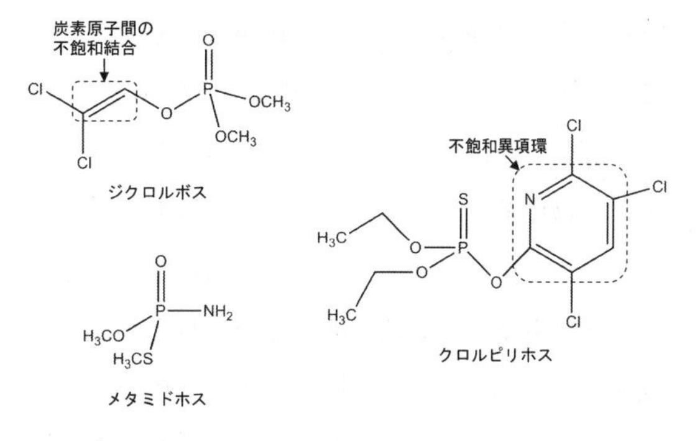

図3　各種化学物質の構造式

以上の知見から，UVセンシングを利用した化学物質の検出と定量が可能であることが示唆されるが，光吸収波長や$E^{1\%}_{1\mathrm{cm}}$が物質の種類に依存して様々な値をとるため，検出する化学物質に応じてUV照射光源，分光用光学部品および光検出器の種類と設定を選択する必要がある。

3　UV分光吸光／反射スペクトル測定原理の概要

分光吸光／反射スペクトル測定の基本的な原理は，他の波長領域の光を利用した場合と同様であるため，他の章を参考にして頂きたい。UVの場合，当然，重水素ランプ，水銀ランプ等，UVを発する光源を選択する必要がある。主なUV光源の分光分布を図4[2]に示す。

次にUVを照射された検査対象物からの反射光を受光する前に分光し，波長ごとの光量情報に変換する必要があり，そのためにモノクロメーター等の分光器や特定の波長付近の光のみを透過させる光学フィルターが使用される。光検出器としては，光電子増倍管が高精度で適しているが高価であるため，主に研究用分析機器への組み込み部品として選択される。一方，安価な汎用的光検出器としてはCCD（電荷結合素子）カメラに用いられているシリコンフォトダイオードアレイがあり，通常はこちらを選択することとなる。

4　UV反射スペクトル測定による化学物質検査事例

食品から検出するべき化学物質として微生物汚染に起因する毒素や残留農薬が挙げられるが，UVを利用した非破壊検査に関する研究例は極めて少ない。McClureら[6]は，ピスタチオにUV

を照射し，蛍光発光（420，490nm）を受光して，アフラトキシンを検出した。山本ら[7]は，農薬に検出薬を混合した検出薬混合農薬を農作物に散布し，農作物にUVを照射することにより生じた発光を受けて検出薬を検出する残留農薬検出方法を開示した。以上の試験研究は，いずれもUV照射によって生じた蛍光発光を可視光としてセンシングする方法である。

一方，UVを受光して農産物の品質を評価（破壊分析）した研究例もある。Davisら[8]は，ハバネロ唐辛子抽出物の辛味成分濃度を，215～300nmの範囲の分光吸光スペクトルから最小自乗回帰分析によって作成した数式で予測した。

次に，UV反射光センシングにより非破壊でリンゴ表皮に付着した化学物質量を予測した著者らの研究例[5]について紹介する。

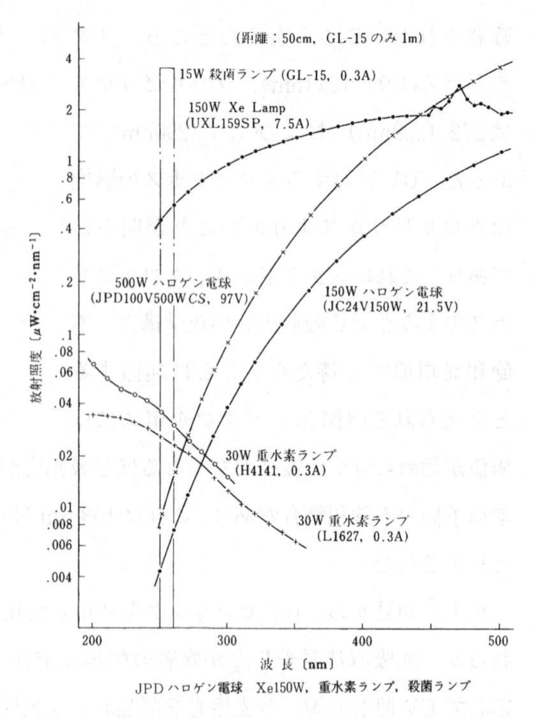

図4　各種の放射源の分光分布[2]（©映像情報メディア学会）

試料は国内で主に使用されている有機リン系殺虫剤の1種であるクロルピリホスと，当該物質を25％含むダーズバン水和剤（ダウケミカル㈱）を選択した。クロルピリホス（純物質）はアセトニトリルを，ダーズバン水和剤は超純水を溶媒として，それぞれ0～2,118ppmおよび0～1,018ppmの濃度になるよう試薬を調製した。それぞれの試薬をリンゴ果皮に39mg付着させ，付着箇所にUVを照射して反射光量を測定した。

図5にクロルピリホスが付着したリンゴ果皮の分光反射スペクトルの例を示す。波長280nm付近に，クロルピリホスによる光の吸収に由来する極小値が観測された。アセトニトリルのみ付着させた場合は，波長280nm付近での吸収は無かった。300nm付近には極大値があり，280nmの反射率と300nmの反射率の差が，クロルピリホス付着量の増加とともに大きくなった。図6にはダーズバン水和剤が付着したリンゴ表皮の分光反射スペクトルの例を示す。波長290nm付近に，クロルピリホスによる光の吸収に由来する極小値が観測された。超純水のみ滴下した場合は，波長290nm付近での吸収は無かった。260nm付近には極大値があり，260nmの反射率と290nmの反射率の差が，クロルピリホス付着量の増加とともに大きくなった。図7には280nmの反射率と300nmの反射率の差を求めた2波長反射率差とクロルピリホス（純物質）付着量と

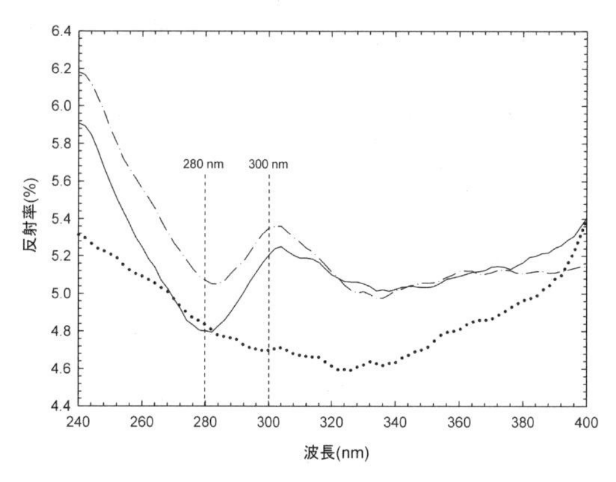

図5　純品クロルピリホス（点線 0 mg・cm^{-2}，一点鎖線 0.05mg・cm^{-2}，実線 0.10mg・cm^{-2}）を付着させたリンゴ果皮の分光反射スペクトル[5)]（©American Society of Agricultural and Biological Engineers）

測定装置：㈱島津製作所／紫外・可視・近赤外分光光度計 UV-3600 および固体試料用測定ユニット LISR-3100；測定温度：20℃；光源：重水素ランプ；分光器：ダブルモノクロメーター；照射面積：9 mm× 9 mm；光検出器：光電子増倍管；積分球：150mm ϕ；スリット幅：8 nm；波長解像度：2 nm；スキャン速度：中速；白色標準：硫酸バリウム

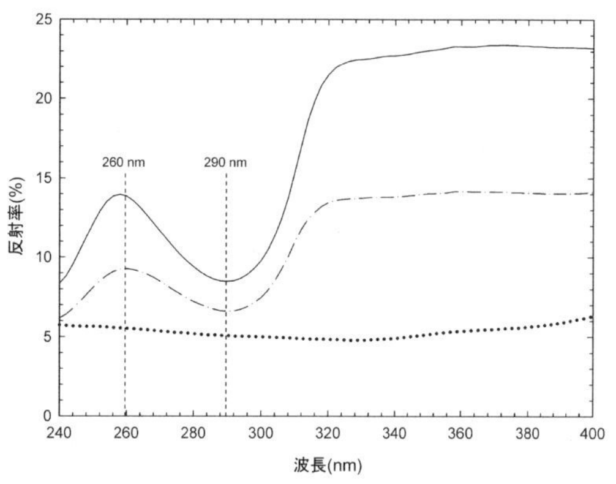

図6　ダーズバン水和剤（クロルピリホス濃度：点線 0 mg・cm^{-2}，一点鎖線 0.025mg・cm^{-2}，実線 0.05 mg・cm^{-2}）を付着させたリンゴ果皮の分光反射スペクトル[5)]（©American Society of Agricultural and Biological Engineers）

測定装置：㈱島津製作所／紫外・可視・近赤外分光光度計 UV-3600 および固体試料用測定ユニット LISR-3100；測定温度：20℃；光源：重水素ランプ；分光器：ダブルモノクロメーター；照射面積：9 mm× 9 mm；光検出器：光電子増倍管；積分球：150mm ϕ；スリット幅：8 nm；波長解像度：2 nm；スキャン速度：中速；白色標準：硫酸バリウム

の関係を，図8には 260nm の反射率と 290nm の反射率の差を求めた2波長反射率差とクロルピリホス（ダーズバン水和剤の有効成分として）付着量との関係を示した。いずれも2波長反射率差とクロルピリホス付着量とが正の相関関係にあり，UV を利用してリンゴ果皮に付着したクロルピリホスを検出しつつ定量できることが示された。この結果は，UV 反射スペクトル測定が農産物の残留農薬検出・定量に利用できる可能性を示すものであり，残留農薬検査への非破壊検査法導入の可能性をうかがわせる成果である。

5　UV の農産物・食品検査への応用に向けて

化学物質の場合，精密な分析は GC/MS あるいは LC/MS を使用して行われ[9)]，最近は抗原抗体反応を応用した手法も開発され実用化されている。そこで，化学物質の例として，メタミドホスとクロルピリホスを取り上げ，各検査法の分析精度を表1に一覧として示す。

光センシングは，非破壊かつ迅速な検査への適用が可能な反面，データの測定精度は GC/MS

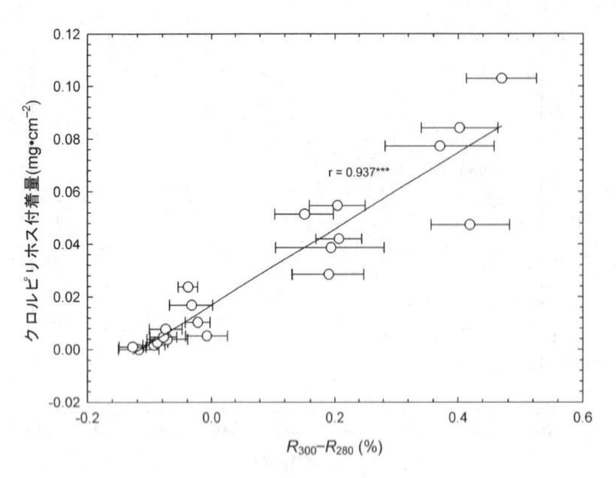

図7　純品クロルピリホス付着量と２波長反射率差（R：反射率；下付数字：波長）の関係[5]（©American Society of Agricultural and Biological Engineers）

測定装置：㈱島津製作所／紫外・可視・近赤外分光光度計 UV-3600 および固体試料用測定ユニット LISR-3100；測定温度：20℃；光源：重水素ランプ；分光器：ダブルモノクロメーター；照射面積：9 mm× 9 mm；光検出器:光電子増倍管；積分球：150mm ϕ；スリット幅：8 nm；波長解像度：2 nm；スキャン速度：中速；白色標準：硫酸バリウム

＊＊＊ 相関係数 r が 99.9％水準で統計的に有意であることを示す

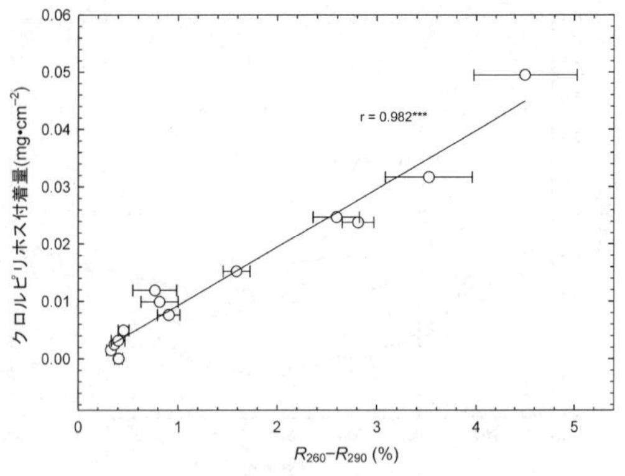

図8　ダーズバン水和剤に含まれるクロルピリホス付着量と２波長反射率差（R：反射率；下付数字：波長）の関係[5]（©American Society of Agricultural and Biological Engineers）

測定装置：㈱島津製作所／紫外・可視・近赤外分光光度計 UV-3600 および固体試料用測定ユニット LISR-3100；測定温度：20℃；光源：重水素ランプ；分光器：ダブルモノクロメーター；照射面積：9 mm× 9 mm；光検出器：光電子増倍管；積分球：150 mm ϕ；スリット幅：8 nm；波長解像度：2 nm；スキャン速度：中速；白色標準：硫酸バリウム

＊＊＊相関係数 r が 99.9％水準で統計的に有意であることを示す

等の従来法よりも劣る。一方の従来法は，精密な検査が可能であるが，破壊分析であることと，コスト，労力面等での負担が大きい。これらの特徴を考慮し，両者を併用して食の安全を確保する体制を一層充実させることが望ましい。すなわち，選果，商品出荷ラインにおいて，光センシングで全品を検査して化学物質汚染が疑われる個体を選別した後，従来法で精密な検査を行えば，現状の抜き取り，破壊検査のみの検査体制よりも化学物質の検査漏れを低減できると考える（図9）。

表2には，メタミドホス，ジクロルボスおよびクロルピリホスを例にとり，毒性に関する報告をまとめた。毒性を評価する指標には半数致死量（LD_{50}），無影響量（NOEL），一日摂取許容量（ADI）等がある。最も厳しい ADI を検出の判定基準とすれば安心ではあるが，光センシングの場合，化学物質によって検出感度が著しく異なる。したがって，目標となる指標を決定するために，化学物質ごとに光センシングで検出可能な化学物質量の範囲を明らかにしておくことも，実用化に向けて必要な準備であると考える。

表１　化学物質の分析法と検出限界および定量限界の関係

化学物質	分析方法	試料	LOD*1(ppm)	LOQ*2(ppm)	文献
メタミドホス	UV（214nm）	標準物質（アセトニトリル溶液）	1.18	3.93	—
	GC*3/NPD*4	クロトウヒ	0.003	0.01	10)
	GC/FID*5/NPD	コショウ果実	0.001	—	11)
	GC/FPD*6	農産物	0.01	—	12)
	GC/MS*7	土壌，水	0.001	0.003	13)
	GC/FPD	粗パーム油	0.01	—	14)
	GC/MS	ヒト血清	10.0	—	15)
	蛍光検出	灌漑水	0.0017	—	16)
	アセチルコリン酵素センサー	標準物質（水溶液）	0.0014-0.053	—	17)
クロルピリホス	UV（229nm）	標準物質（アセトニトリル溶液）	0.0233	0.0778	8)
	UV（290nm）	標準物質（アセトニトリル溶液）	0.0113	0.0378	8)
	GC/MS	標準物質（メタノール＋水溶液）	0.00001	0.000035	18)
	GC/MS/MS	豆	—	0.0364	19)
	GC/MS/MS	メロン	—	0.0033	19)
	GC/MS/MS	スイカ	—	0.0026	19)
	免疫法	標準物質	0.0013	—	20)
	免疫法	水	0.00005	—	21)
	ELISA*8 化学発光法	標準物質（1,4-ジオキサン＋水溶液）	0.00175	—	22)
	ELISA 化学発光法	ハチミツ抽出物	0.001	—	22)

＊1 limit of detection（検出限界），＊2 limit of quantification（定量限界），＊3 gaschromatography（ガスクロマトグラフィー），＊4 nitrogen phosphorus detector（窒素リン検出器），＊5 flame ionized detector（水素炎イオン化検出器），＊6 flame photometric detector（炎光光度検出器），＊7 mass spectrometry（質量分析機），＊8 enzyme-linked immuno solvent assay（酵素免疫測定法）

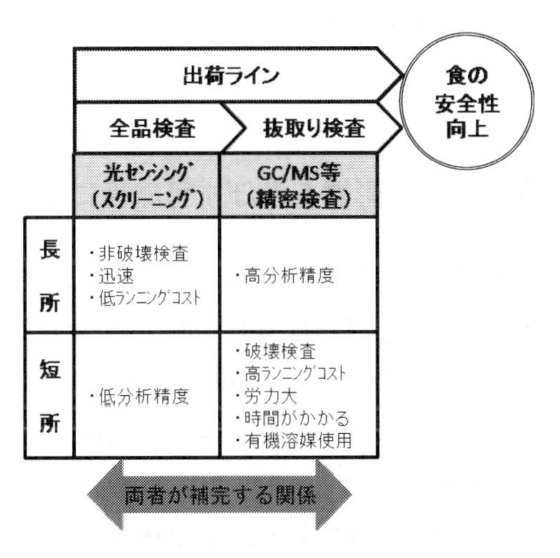

図９　食の安全性向上に資する光センシングおよび従来法の併用に関する考え方

表2 化学物質の毒性

化学物質	種	経路	LD_{50}*1 (mg・kg^{-1})	NOEL*2 (mg・kg^{-1}・d^{-1})	ADI*3 (mg・kg^{-1}・d^{-1})	文献
メタミドホス	成体ラット，雄	経口	25	—	—	23)
	成体ラット，雌	経口	27	—	—	23)
	離乳ラット，雄	経口	28	—	—	23)
	成体ラット，雄	経皮	179	—	—	23)
	成体ラット，雌	経皮	151	—	—	23)
	イエバエ，雌	—	1.3	—	—	24)
	ラット	経口	20	2	0.004	25)
	ラット	経口	15-18	—	—	13)
ジクロルボス	ラット，雄	経口	80	—	—	26)
	ラット，雌	経口	56	—	—	26)
	ラット，雄	経皮	107	—	—	26)
	ラット，雌	経皮	75	—	—	26)
クロルピリホス	ムクドリ	経口	5	—	—	27)
	ワキアカツグミ	経口	13	—	—	27)
	ラット	経口	145	—	—	27)
	ニワトリ	経口	32-64	—	—	28)
	マウス	経口	64-102	—	—	28)
	ラット	経口	118-245	—	—	28)
	モルモット	経口	500	—	—	28)
	ウサギ	経口	1000-2000	—	—	28)
	ウサギ	経皮	1580-1801	—	—	28)
	ラット	経口	—	1	—	28)
	ビーグル犬	経口	—	1	—	28)
	赤毛猿	経口	—	2	—	28)

＊1 lethal dose, 50%（半数致死量），＊2 no observable effect level（無影響量），＊3 acceptable daily intake（一日摂取許容量）

6 UVが農産物・食品品質に影響を及ぼす可能性について

食品衛生法（昭和22年法律第233号）では，食品への放射線照射については禁止している（ジャガイモの発芽防止を除く）が，UVについては禁止していないため，今のところ食品の非破壊検査に利用することに法令上の問題はない。しかし，現時点でUV照射により懸念される農産物・食品の品質劣化の可能性について言及しておきたい。当然，UV光源の種類や照射時間，検査対象物の種類や状態等，検査条件によって様々な種類の影響が生じることが予想されるため，実際には詳細な試験によって影響を評価することが必要である。

6.1 変色

食品中天然色素の劣化は，電磁波の中でも高いエネルギーを持つUVによって特に促進される。天然色素は，芳香環のような二重結合を含む複雑な構造のため，いずれかの波長のUVを吸収する可能性が高い。特にβ-カロチン，リボフラビンはそれぞれプロビタミンA，ビタミンBであり，劣化すれば栄養面での損失が大きい。

6.2　脂質酸化

不飽和脂肪酸の二重結合に挟まれたメチレン基から水素原子が離脱し，ラジカル転移を起こすことにより，自動酸化が開始される。このようにフリーラジカルが生じると，酸素が化合してペルオキシラジカルを生じ，他のメチレン基から水素を引き抜き，新たにラジカルを生じるとともに，自らはヒドロペルオキシドになる。ペルオキシラジカルの生成に付随して生じる不対電子対は著しく反応性に富み，連鎖的にフリーラジカルを生成する原因となる。紫外線等の光照射は当該反応を促進するため，注意を要する。なお，脂肪分が酸化して変質することを油焼けという。食品は褐色を帯び，異臭や苦味を感じ，食べると腹痛等体調不良の原因となる。

6.3　核酸損傷

DNA，RNAにUVが照射されると，チミン，ウラシルなど一部の塩基で隣り合う塩基同士が結合し，二量体を形成する。この反応は細胞死の一因であり，動物であれば癌などの病気の原因となるが，農産物・食品の品質劣化の原因となるか否かは今のところ不明である。

謝辞

本稿内容の一部は，科学研究費基盤研究（A）研究課題番号17208022およびビットラン㈱からの研究支援により行ったものである。

文　　献

1)　Y. Sumi *et al., J. Toxicol. Sci.*, **33**, 485 (2008)
2)　宮尾亘ほか，光センシング工学，p.110，日本理工出版会（1995）
3)　R. M. Silverstein *et al.*, "Spectrometric Identification of Organic Compounds 3rd ed.", p.231, John Wiley & Sons (1974)
4)　M. J. O' Neil *et al.*, "The Merck Index 14th ed.", Merck & Co., Inc. (2006)
5)　Y. Makino *et al., Trans. ASABE*, **52**, 1955 (2009)
6)　W. F. McClure *et al., Trans. ASAE*, **23**, 204 (1980)
7)　山本郁夫ほか，出願人：三菱重工業株式会社，特開2002-139437 (2002)
8)　C. B. Davis *et al., J. Agric. Food Chem.*, **55**, 5925 (2007)

9) 厚生労働省，食品衛生検査指針　残留農薬編，日本食品衛生協会（2003）
10) K. M. S. Sundaram *et al., J. Chromatography*, **627**, 300 (1992)
11) G. F. Antonious *et al., J. Environ. Sci. Health*, **B30**, 377 (1995)
12) 小川貴史ほか，食衛誌，**38**, 204 (1997)
13) A. D. St-Amand *et al., Int. J., Environ. Anal. Chem.*, **84**, 739 (2004)
14) C. B. Yeoh *et al., Eur. J. Lipid Sci. Technol.*, **108**, 960 (2006)
15) N. Adachi *et al., Forensic. Toxicol.*, **26**, 76 (2008)
16) T. Pérez-Ruiz *et al., Talanta*, **54**, 989 (2001)
17) G. S. Nunes *et al., Anal. Chimica Acta*, **434**, 1 (2001)
18) M. L. Reyzer *et al., Anal. Chimica Acta*, **436**, 11 (2001)
19) A. Garrido-Frenich *et al., Anal. Bioanal. Chem.*, **377**, 1038 (2003)
20) J. J. Manclús *et al., J. Agric. Food Chem.*, **42**, 1257 (1994)
21) E. Mauriz *et al., Talanta*, **69**, 359 (2006)
22) C. Soler *et al., Anal. Lett.*, **41**, 2539 (2008)
23) T. B. Gaines *et al., Fundamental Appl. Toxicol.*, **7**, 299 (1986)
24) A. M. A. Khasawinah *et al., Pesticide Biochem. Physiol.*, **9**, 211 (1978)
25) W. Lee *et al., Food Additives Contaminants*, **13**, 687 (1996)
26) T. B. Gaines, *Toxicol. Appl. Pharmacol.*, **14**, 515 (1969)
27) E. W. Schafer, *Toxicol. Appl. Pharmacol.*, **21**, 315 (1972)
28) J. L. Schardein *et al., Reproductive Toxicol.*, **13**, 1 (1999)

第8章　ラマン分光法を用いた果実の非破壊味覚センシング
～ミカンとメロンの味覚評価の試み～

谷口　功*

1　はじめに

対象物質を非破壊的に計測・評価する方法の開発に対する社会的要請は急速に大きくなっている。特に食品は，通常の成分分析法を用いた破壊検査では，精度の高い分析評価が可能である一方で，全品検査を考えた場合，分析対象の食品を傷つけることを伴うため，その商品価値を低下させることになる。非破壊検査の重要性が益々大きくなっている所以である。今日，食品の品質管理は安全管理の観点からはもとより商品の市場価値の管理の観点からも重要になっている。例えば，もし果物の糖度や酸味が非破壊的に計測できれば果物の生産における生育管理による市場での商品管理の新しい発展に繋がるばかりか，人々の食生活の質的な向上につながる。

しかし，非破壊計測の方法論は学術的にはまだまだ未確立の領域で，近年，その非破壊性や得られる情報の多様さ，測定の迅速性・簡便性，その応用範囲の広さなどから進歩の著しい分光計測法の応用が各方面で注目されはじめている。最近，例えば近赤外分光法を用いた非破壊的な化学物質の分析評価手法は，徐々にではあるが成果も報告されつつある[1]。

本章では，非破壊計測法の中で，研究の遅れている化学物質の計測法を確立し，新しい非破壊センシング法の開発を目指す一つの手法としての熊本産温州ミカンに対するラマン分光法を応用した例について述べる。ラマン分光法によって得られる検査対象物からの散乱シグナルは赤外分光法で得られるシグナルに比べて一般的に単純で，シグナルの解析や処理が単純である。また，ラマン散乱光のシグナルは水分に対する影響が赤外法に比べて圧倒的に小さいことが特徴であり，農産物等の食品への適用において有利である。この試みはまだ始まったばかりであるが，今後の農産物の品質評価に高度な質的転換をもたらすとともに，単に農産物に限らず食品一般，医薬品，化学物質が関係する幅広い材料への応用の可能性もあり，計測化学における学術的インパクトも極めて大きい。本章では，特に，分析用プローブの侵襲に対して弱点を有する果物類について，その「味覚」を非破壊的に計測するセンシング手法の例を示す。すなわち，分光学的手法

---

*　Isao Taniguchi　熊本大学　学長室　学長

に着目し，検査対象として熊本県の特産物であるミカン（ラマン分光法）やメロン（ラマンおよび近赤外分光法）などについて果皮からの分光法による情報と果実の分析から得られた味覚成分との相関性に基づく果物の非破壊品質評価法の開発例を示したものである[2,3]。

2 果物の非破壊センシングの概念

果物の非破壊味覚センシング法の確立のためには，それぞれの果物の特徴を充分理解することが必要である。果物の果汁中の糖（果糖，ブドウ糖，ショ糖など）および酸（クエン酸，アスコルビン酸，コハク酸，リンゴ酸など）の組成は果物によって大きく異なる（図1）。しかも，成長過程における糖および酸の量的な経時変化の様子もミカンとメロンでは大きく異なり，それぞれ特徴的である。一方，この内部成分を非破壊的に計測する手法としては，いくつかの計測カテゴリーが考えられる（図2）。すなわち，a）内部浸透性の非破壊的プローブを用いて内部を直接

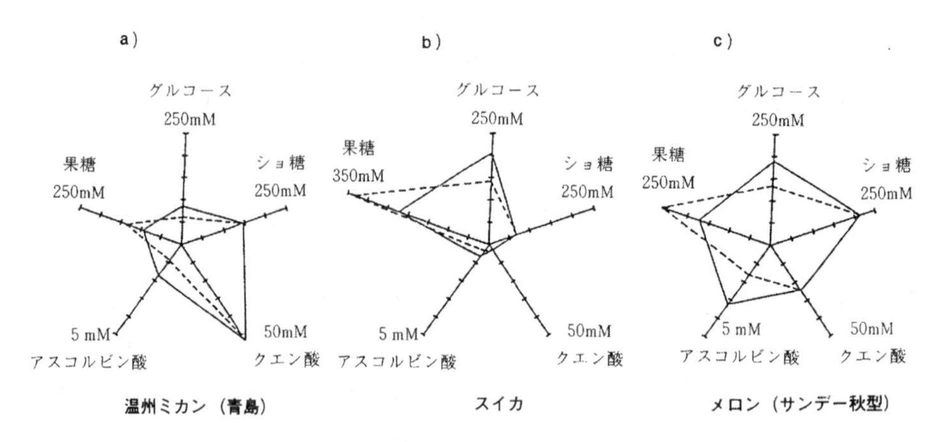

図1 典型的な果物の果汁の成分
——：味覚成分含有量，----：味覚換算した成分量

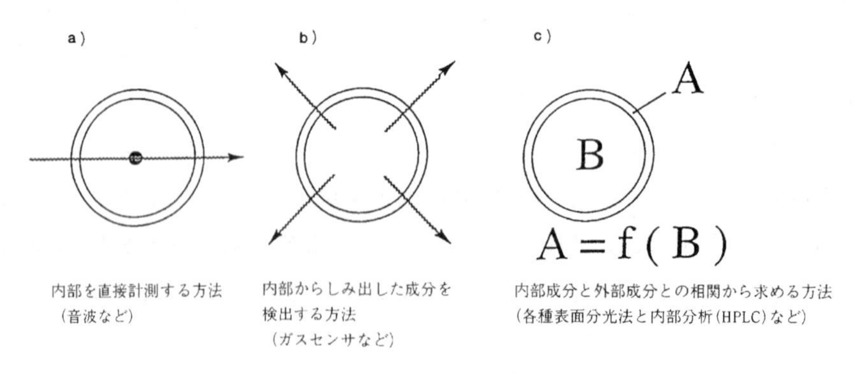

図2 非破壊計測法の概念

計測分析する方法（例えば，音波等の利用など），b）内部からしみ出てくる情報を外部で計測する方法（ガスセンサなどを用いて，物質内部から発生する揮発性ガスを検知する方法など），さらにc）内部成分と外部成分の相関性を利用して外部成分の非破壊的計測結果から内部成分を推定する方法などである。この方法は，内部と外部が連続的に繋がっていないような場合には有効な方法になると考えられる。それぞれのカテゴリーに対して，例えば，音波や超音波，ニオイセンサおよび各種表面分析法の利用などが可能である。

3　実験方法

本章では上記のc）のカテゴリーの適用の可能性を検証するため，果物として熊本県産のミカンおよびメロンを取り上げて，ラマン分光法を適用した実験結果について述べる。果物は成育過程で定期的に採取し，成育状態を追跡した。その果物の内容成分の中から糖および酸について液体クロマトグラフィーを用いて分析を行った。果皮成分の計測には非破壊的なラマン分光法を用いた。同様に近赤外分光法を用いた計測では，得られた近赤外シグナルを単純で見易いピークにするためもあって，シグナルの二次微分スペクトルを用いた。ミカンの果汁に含まれる糖や酸の分析は，ミカン果汁をしぼった後，約10分間遠心分離（＞4000rpm）にかけた上澄液をセルロースアセテートフィルターで濾過した溶液について，液体クロマトグラフィーによって分析した。糖の分析にはShodex Ionpak KS801（またはYamamura YMC PA-03）カラムを，また，酸の分析にはMitsubishi Gel SCA-02カラムを用いた。糖および酸の分析には，それぞれJASCO-830屈折率検出器およびJASCO-875紫外検出器を用い，溶離液はそれぞれ純水および0.1％リン酸水溶液とした。ラマン散乱測定にはJASCO NR-1100型分光器を用い，励起光にはアルゴンレーザー（514.5nm）を用いた。近赤外分光法はShimadzu UV-3100を用いて大型試料室内で積分球による近赤外反射スペクトルを測定した。

4　ミカンの味覚センシング

例えば熊本県産の温州ミカンには，糖としてグルコース，ショ糖，果糖などが，また酸としてクエン酸やアスコルビン酸（ビタミンC）が含まれている（図1参照）。ここで糖の味覚としての甘さを同じ濃度で比較した場合，ショ糖を1.0とすると果糖は1.5倍，グルコースは0.7倍程度と考えられている[4]。一方，酸味は，クエン酸を1.0とすればアスコルビン酸は0.5と評価されている[4]。したがって，これらの係数をその濃度に掛けることによって，甘さや酸味のおおよその尺度として全糖量や全酸量を評価することができる。

さて，ミカンはこの全糖と酸の比から人間が感じる「味覚」をおおよそ表現できると考えられる。ミカンの場合，含有アスコルビン酸の絶対量が少ないので（図1），全酸量はほぼクエン酸量と考えてよい。温州ミカンでは，全糖量はその成長過程で次第に増加し，一方，酸量は減少していくので収穫時期には「全糖/酸」の比が大きくなり，ミカンは「甘く」なっていく。興味深いことに，この「全糖/酸」比が図2のc）のカテゴリーを利用した果皮のラマン分光シグナルの強度とよい対応を示すことが，ミカンの木の様々な場所から採取した多数のミカンについての数年にわたる繰り返し実験により確認されている。果皮のラマン測定の場所による測定結果に対する相関性の善し悪しの依存性も有るが，一般に，果物が育っていく成長点近辺での測定が良い相関性を示す。すなわち，ミカンの果皮に存在するカロチノイド系物質（黄色の色素，図3）に基づく1155あるいは1525cm^{-1}のラマンシグナル強度が「全糖/酸」の比とよい対応を示す（図4）。しかも，収穫期を過ぎるとラマン強度は再び低下することが認められた。カロチノイドに基づくミカンの色は，成長過程で緑から黄色へと変化することは周知の事実である。この色の変化は成熟度と何らかの関係を持っていると考えるのが妥当であり，おそらくラマン分光測定はそれを定量的に評価したものと考えられる。この方法はミカンに含まれる糖や酸の量を一義的に正確に評価できるものではないが，味覚および熟度いずれの計測にも利用できるので，甘味によるクラス分けや食品工業におけるスクリーニングなどには新しい品質評価法として充分利用できると

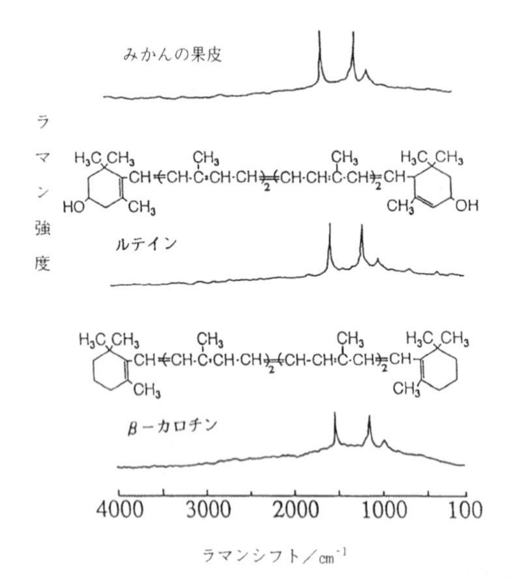

図3　温州ミカンの果皮のラマンスペクトルとカロチノイド系化合物のラマンスペクトル

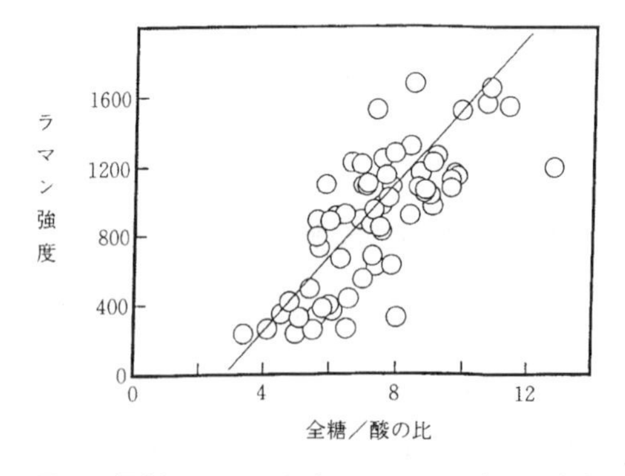

図4　温州ミカンの果皮のラマンシグナル強度と味覚の尺度としての全糖/酸の比との関係

考えられる。

5　メロンの味覚評価

メロンについては，糖および酸いずれの量も成長に伴って増加し，その「味覚」の表現はミカンに比べて複雑になる。メロンの成長過程における成分の変化の特徴は，その主要な糖であるショ糖の量が収穫期（交配日から約55日）の20日程前から急速に増加することである。果糖，ブドウ糖およびショ糖の濃度からミカンの場合と同様に計算した全糖量は，交配後25日程度で200mM程度となり，その後の25日程で600-800mM程度までに急速に増加する。一方，クエン酸濃度も成熟につれて20-30mM程度まで増加するが，45日目以降はほぼ一定となる。メロンの成長過程において，果実および果皮の分析結果から果実の成分の変動と対応した変化が果皮においても認められた。メロンの場合，ミカンとは異なり，果皮と果実が連続的につながっていることから，この対応性は理解し易い。そこで，ラマンおよび近赤外反射分光法などを用いて，果皮成分から非破壊的に糖や酸を直接分析することを種々試みた。ラマン分光法による果皮からの非破壊的に得られるシグナルの中からは，現時点では未だ対象とする糖や酸を直接かつ選択的に評価できるようなシグナルや結果は得られていない。

そこで，ミカンの場合と同様に図2の非破壊計測法のc）のカテゴリーに従って果皮のラマン測定シグナルと内部成分との相関性を検討した。メロンの果皮からもカロチノイド色素に基づくラマンシグナルが得られるが，メロンの果皮の特定位置（例えば，メロンの果実が繋がっているアンテナと呼ばれる蔓の根元：図5）から得られたラマン強度は，ショ糖の量と直接的な関係を示すわけではないが，全糖量やクエン酸濃度には良好な正の相関が得られ，ラマンシグナル強度によるカロチノイド色素の量は成熟の程度の尺度になり得る。しかし，メロンの「微妙な味覚」（メロンにはコハク酸や旨味に関する成分などによる独特の味覚がある）によっての表現にはなお研究の進展が必要である。

興味深いことに，筆者らの一連の研究の中でメロン果皮の近赤外反射スペクトルの二次微分スペクトル（図6）のピーク強度比の中に糖濃度や酸濃度と正または負の相関を示すものが見出されている。例えば，近赤外反射二次微分スペクトルの1158nmのピーク強度に対する1412nmのそれの比（I（1412nm)/I（1158nm)）は，メロンの果肉中の全糖濃度やクエン酸濃度と良い逆相関を示す。例えば熊本産メロンで

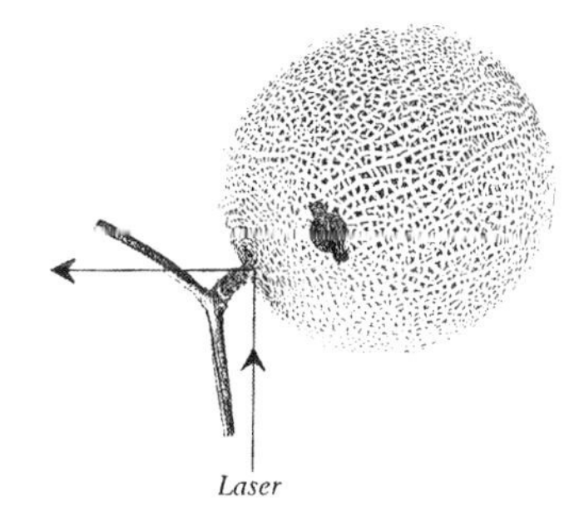

図5　ラマン分光法によるメロン果皮のカロチノイド分析の際の検査部位の例

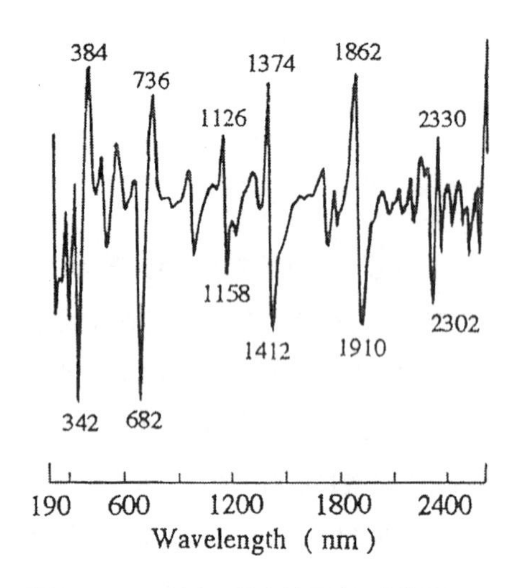

図6　メロン果皮の近赤外反射二次微分スペクトルの例

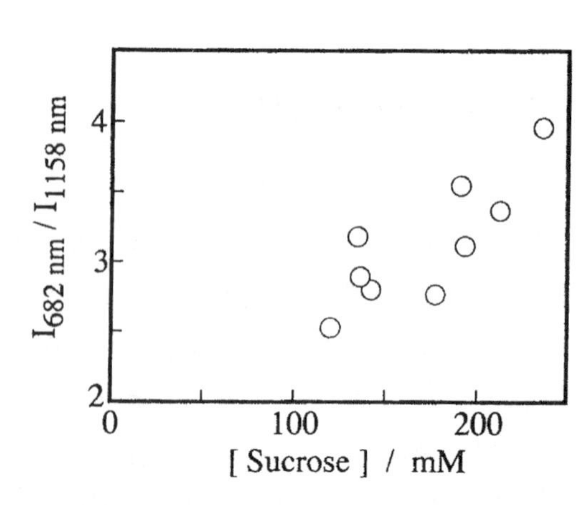

図7　メロンの近赤外反射二次微分スペクトルのI (682nm)/I (1158nm) 比と果肉中のショ糖濃度の例

は，一般に，全糖濃度が約550mM程度が食べごろであることから，上記の近赤外強度比が約1.1以下になった時が食べ頃であることが示された（全糖濃度200mM程度において近赤外二次微分スペクトル強度比が約2.5程度あったものが，400mM程度において約1.5程度となり，550-600mMで1.1以下となる)。また，I (682nm)/I (1158nm) 比はショ糖濃度と正の相関を示す（図7)。これらの近赤外シグナルの帰属については学術的に充分明らかではなく今後さらに議論を要するが，実用的にはラマン強度との対応性ともあわせて充分利用できるものであり極めて興味深い。以上のことから，ラマン分光法や近赤外分光法は，単独で，また必要に応じて組み合わせることによって果物の成育状態や熟度の評価に利用できる可能性がある。また，例えば，静岡県産メロンと熊本県産のそれは，これまでの研究で，特定の化学物質に基づくシグナルによってラマン分光，近赤外分光，ニオイセンサ情報などから非破壊的に明確に識別が可能となっている。

6　今後の課題と展望

メロンの場合，周知の通り特有の香りがある。また代謝過程で生じる二酸化炭素の排出も果実の成熟とともに増加する。これらは成熟度と関連していることが想定でき，メロンの熟度の評価に利用できる可能性がある。さらに，成熟につれて果皮が幾分柔らかくなることで益々果実からの揮発性成分の放出が促される。これらを検出することで新しい「味覚」や「成熟度」あるいは「食べ頃」の指標を創り出すことにも期待が持てる。本章では，スイカについては論じなかったが，図１からスイカの成分はほぼ糖のみと考えてもよく，したがって，その「味覚」表現は他の果物よりシンプルで，古くから用いられているポンポンと叩いた時のその響きから味を評価する「音を聞く」方法には充分根拠があることがわかる。

今後，これらの研究結果を基礎として，さらにデータを蓄積することによって果物の成育過程に関する新しい知見の蓄積が可能になるばかりか，種々の手法を用いた新しい非破壊計測法が発展していくものと考えられる。さらに，揮発性ガスの発生は，それを検知する化学センサやインディケーターとの組み合わせで，簡易な「食べ頃」や「鮮度」を表示するマーカーの作製への展開なども期待できる。

謝辞

本研究は，基本的には㈶熊本テクノポリス財団電子応用機械技術研究所（電応研）との共同研究として平成２～４年度に行われたものである。筆者を研究代表者として，電応研の大友篤研究員（当時：現九州東海大教授），故上村幹夫電応研所長の他，研究協力者として，熊本県農業研究センターの大久保かおる，末永善久，榊英夫研究員（当時）諸氏および筆者の研究室の学生であった平川好宏，木場英治，内田靖隆君らの努力に基づくものである。

文　　献

1）例えば，尾崎幸洋，河田　聡編，「近赤外分光法」日本分光学会測定法シリーズ 32，学会出版センター（1996）；岩元睦夫，河野澄夫，魚住　純，「近赤外分光法入門」(1994)
2）I. Taniguchi, Y. Yoneyama, K. Masuda, Y. Hirakawa, and M. Uemura, “New Approach for Non-Destructive Sensing of Fruit Taste”, *Sensors & Actuators B: Chemical*, 13/14, 447-450 (1993)；Technical Digest for the 4th International Symposium on Chemical Sensors,pp.514-517 (1992)
3）谷口　功，大友　篤，上村幹夫，「柑橘類果実の非破壊味覚検査装置」日本国特許出願，平3-31854
4）例えば，有吉安男，甘味の化学，化学総説 No.14「味とにおいの化学」日本化学会編 pp.85-128 (1976)

第9章　ハイパースペクトルカメラを用いた生鮮食品の鮮度評価
～葉もの野菜を中心とする鮮度の測定原理と応用～

佐鳥　新*

1　はじめに——葉もの野菜の鮮度とは

野菜の鮮度の定義について農学の研究者にヒアリングをしてみたところ，どうやら鮮度に関する厳密な定義というものは存在しないようである。一般的には，①ビタミンCの含有量，②糖質の含有量，③呼吸量，を鮮度の指標に使っているようである。最初の2つの指標は，収穫後の野菜は，刈り取られた株の中に含まれるビタミンCや糖質を消費することになるので，その減少量を測定すれば鮮度との相関が見出されるだろうという考え方に基づいている。3番目の指標は，植物の生命活動が低下してくると呼吸量が減少することが根拠である。しかしながら，植物が死に到る直前では過呼吸となるため，逆に呼吸量が増加するといわれており，この方法では実は正確なところは判別できないというのが研究者及び農業従事者らの本音のようである。

以上のことから，結論として，野菜の鮮度に関する一般的な定義は存在しないのである。そこで，本章では，衛星リモートセンシングの分野に於いて農作物の作柄評価の指標として用いられている正規化植生指数を導入し，これに基づいた新しい鮮度の指標を定義し，その有効性について幾つかの具体事例を紹介しながら説明する。また予備知識として分光学の初歩とハイパースペクトル技術について解説する。葉もの野菜以外の鮮度測定の事例や農業・食品分野でハイパースペクトル技術を応用した幾つかの事例を紹介する。

2　ハイパースペクトル技術——ハイパースペクトルカメラ

ハイパースペクトル技術とは，分光器と画像を組み合わせたデータを扱う技術であり，画像の各ピクセルで成分分析されたデータを2次元画像として視覚的に表現することができる。ハイパースペクトルとして撮影されたデータはx軸，y軸の他に，波長方向（λ軸）の3次元データとなる。このデータをハイパースペクトルデータ（HSD）と呼ぶことにする（図1，2）[3]。

---

* Shin Satori　北海道工業大学　創生工学部　電気デジタルシステム工学科　教授

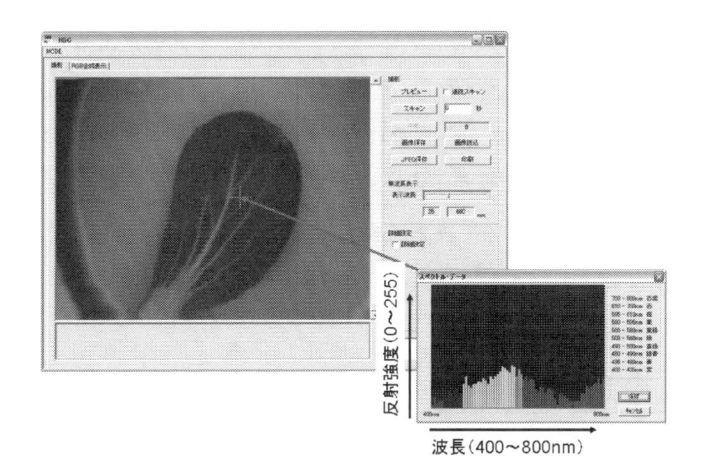

図1　ハイパースペクトルのイメージ

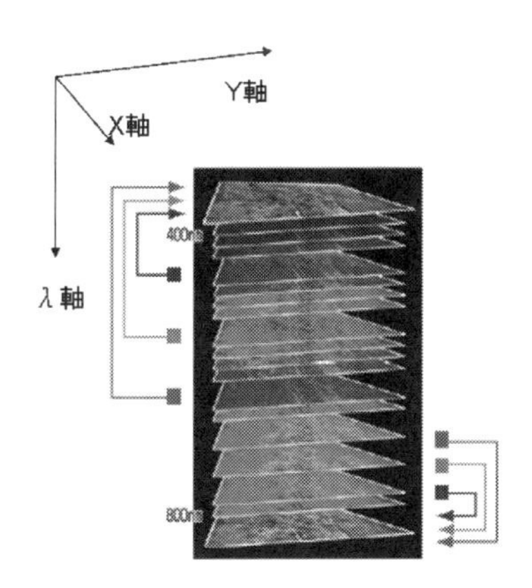

図2　ハイパースペクトルデータ（HSD）

HSDのもっとも簡単な使い方としては，撮影したスペクトル画像から3枚のスペクトルを抽出し，それぞれをRGBに対応させることにより，着目している対象物を見やすくすることができる。またスペクトル情報から得られる特性指数（たとえば正規化植生指数など）に対応させ，その強度を色に対応づけると，特性変化や分布を視覚的に表現することが可能となる。HSDの可視化はマクロな特徴を得る手段として特に重要な意味を持つ。

ハイパースペクトルセンサーは，グレーティング，プリズムなど連続的に波長を選択できる部品を用いて分光することにより，連続的で波長分解能の高い画像データを得ている。航空機リモートセンシング以外の用途としてハイパースペクトルセンサー単体でも幾つか販売されている。例えば，フィンランドのSpecim社のImSpector（380～2400nm帯のラインセンサー，代理店はJFEテクノリサーチ）を，㈱アルゴがHyper-Specシリーズの各種ハイパースペクトルイメージャーを，国産品では宇宙産業創造プロジェクトにおいて北海道工業大学 佐鳥研究室と北海道衛星㈱（北海道工業大学の大学発ベンチャー）が開発したHSC1701（発売元はエバ・ジャパン㈱[5]，東京都港区高輪）などがある。それぞれのハイパースペクトルセンサーの特徴を表1にまとめる。本節の最後に，筆者等が宇宙技術のスピンオフとして開発したHSC1701の概観，撮影方法を図3に，基本仕様について表2に示す。

表1　各種ハイパースペクトルセンサーの比較

		HSC1701	液晶チューナブルフィルター	スペクトルラインセンサー	ハイパースペクトルイメージャ
原理		時間毎に1ラインの全スペクトルを撮影	時間毎に各波長に対応した2次元画像を撮影	時間毎に1ラインの全スペクトルを撮影	時間毎に1ラインの全スペクトルを撮影
光学ステージスキャン機構		本体内蔵	必要なし	用意する必要あり	用意する必要あり
波長分解能		高	低	高	高
波長帯域		可視・近赤外	可視・近赤外	紫外・可視・近赤外・中間赤外	紫外・可視・近赤外・中間赤外・熱赤外
撮影条件	静止物体撮影	○	○	○	○
	顕微鏡撮影	○	○	○	○
	望遠鏡撮影	○	○	○	○
	ラインセンサ	○	×	○	○
	リモートセンシング	○	×	○	○
	露光撮影	○	×	×	×
	範囲指定撮影	○	×	×	×
	遠隔操作	○	×	×	×
ハイパースペクトル技術のコンサルティング		○	×	×	×

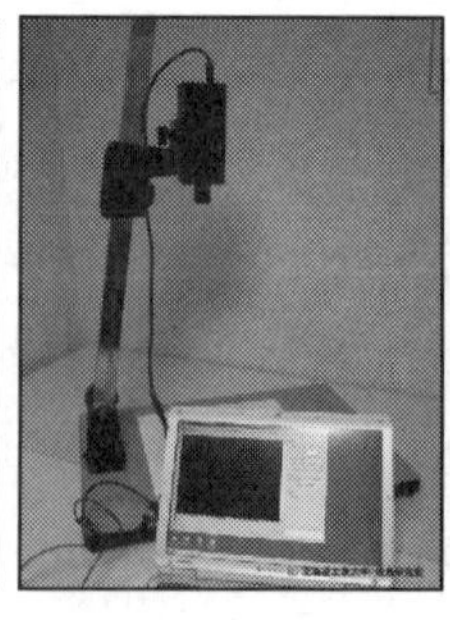

図3　ハイパースペクトルカメラ HSC1701[5]
左：HSC1701の外観，中央・右：スペクトル画像撮影時の機器配置

表2　HSC1701の基本仕様[5)]

撮影時間	16秒
撮影画面の大きさ	640×480ピクセル
測定波長	400～800nm（カスタム＝350～1050nm）
分光法	透過型回折格子
バンド数	81バンド
バンド幅	5nm
サイズ（H×D×W）	57mm×140mm×60mm（対物レンズ，突起物除く）
重量	本体：530g，PCカード・ケーブル：100g
撮影速度	30フレーム/s
データ記憶装置	接続HDDの容量による
消費電力	2.5W（5V，0.5A）
インターフェース	USB，ビデオキャプチャーカード

3　正規化植生指数と生鮮野菜の新たな鮮度の定義

1960年代からリモートセンシングの分野において植物の反射やスペクトルに関する研究が始まり，植物の活性度は光合成を行う能力，すなわち，葉緑素の中に含まれるクロロフィルによる光吸収能力と強い相関があることが知られている[1)]。植物が枯れていく時のスペクトル変化には規則性があり，数値化することができる。葉の光吸収の主な原因は，光合成と水の吸収である。光合成で使用する波長帯はクロロフィルの吸収帯であり，可視域の青（430～450nm）と赤（650～660nm）付近に存在する。

一般に，緑葉の分光反射率は500nmから550nmを極大値とした600nmの間と（人間が緑色と認識するスペクトル帯），680nmから高くなり750～800nmの近赤外域で安定となる特性を示す。樹葉の場合には，特に秋の紅葉・黄葉する変化は，クロロフィル量の激減が主たる原因であることが知られている。つまり，クロロフィルの減少により光合成能力が落ち，分光スペクトル特性の立ち上がり位置は図4に示すように短波長側にシフトする。これをブルーシフト（Blue Shift）という。

健全葉は乾燥や病害虫などのストレスを受けると感受性の強い可視域の680～750nmで変化が起きることも知られている。クロロフィルの吸収により可視赤色域の反射率が低くなる680nmから750nmの反射部分は反射率が急激に高く変化するので，樹木を含む光合成をする植物の植生の解析に重要であることから，レッドエッジ（Red Edge）と呼ばれる[1)]。

このような1960年代からのリモートセンシングの研究成果を踏まえるならば，収穫後の葉もの野菜のスペクトル変化を植物の終盤期と同一視することは，ごく自然のアナロジーといえる。筆者の研究室の過去の卒業論文及び修士論文の研究成果[9)]はこの仮説を支持している。また，農業リモートセンシングの研究によれば，このスペクトル変化を定量化する指標として正規化植生指数（NDVI：Normalized Differential Vegetation Index）が提案されており，NDVIを計測することによって，コメのタンパク含有量や野菜の収穫時期などを予測できることが知られている。正規化植生指数の定義を図5に示す。以上の考察により，「正規化植生指数の1次関数で表現される数値」を「葉もの野菜の鮮度」と定義する。

正規化植生指数はクロロフィルによる光吸収量と関係があることから，光合成能力を表す指標と考えられている。筆者の研究室では，ホウレン草の細胞をハイパースペクトルカメラで撮影することにより，クロロフィルによる光吸収スペクトルを計測し，農業リモートセンシングの主張を細胞レベルで検証した。図6はホウレン草の細胞の分光反射強度スペクトルと，NDVIの階調

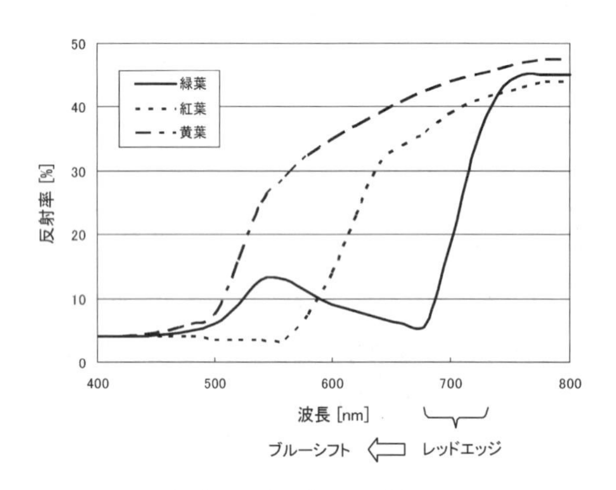

図4　緑葉，紅葉，黄葉の反射スペクトル

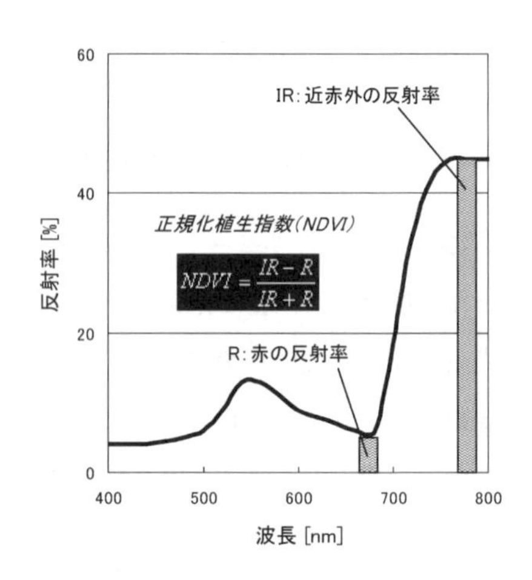

図5　正規化植生指数の定義

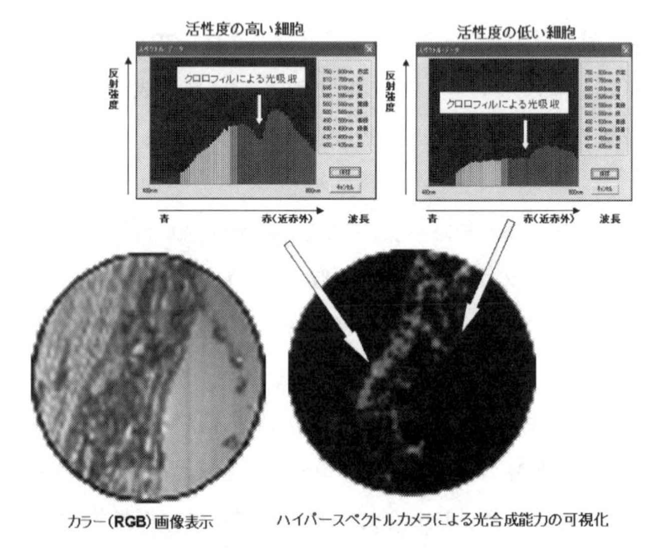

図6　植物の細胞レベルでの光合成能力の可視化

表示である。右下図の明るい部分は光合成能力の高い細胞であることを示している。

4　葉もの野菜の鮮度計測の原理

葉もの野菜の鮮度の劣化に伴う分光反射スペクトルの変化を図7に示す。この実験では劣化を加速するために野菜（ホウレン草）の葉に強いハロゲン光を照射した。常温の部屋に保存した場合には数日を要する実験となる。

葉もの野菜の場合には時間の経過に伴ってクロロフィルによる光吸収が減少し，680nm付近の反射率が上昇すると共に，700～800nmの近赤外反射率が徐々に低下する傾向を示す。この変化に伴って，NDVIは時間の経過と共に減少する。680nm付近の反射率が上昇することにより，葉の緑色に対する赤色の比率が大きくなることから，見た目の色は徐々に黄色く変化することになる。NDVIの時間変化を詳細に調べてみると，上下に変動しながらも平均的に減少していくのだが，ある臨界点（$=NDVI_{min}$）から急激に減少するという傾向を示す。$NDVI_{min}$以下では植物としての生命活動を停止することになる。植物としてとりうるNDVIの最大値を$NDVI_{max}$とすると，葉もの野菜の鮮度は次式で表現できる。

$$\text{鮮度値} = \frac{NDVI - NDVI_{min}}{NDVI_{max} - NDVI_{min}} \times 100 \qquad [HS] \tag{1}$$

我々は鮮度の単位を［HS］と命名した。なお，$NDVI_{max}$と$NDVI_{min}$は野菜の種類に依存し，個別に決める必要がある。

図7のスペクトル変化に伴う鮮度値を20階調に可視化したものを図8に示す。図の上段は鮮

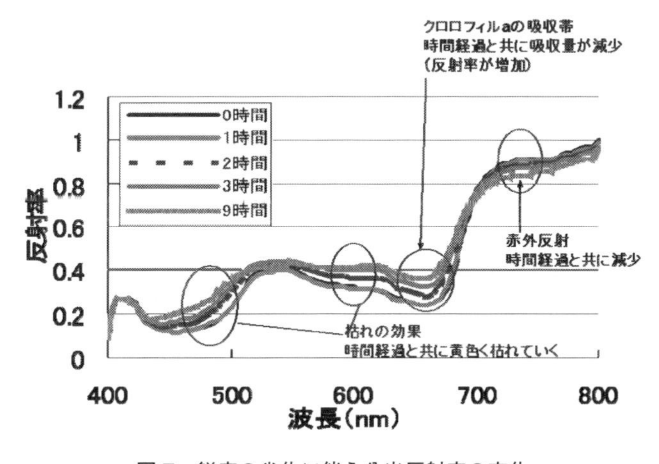

図7　鮮度の劣化に伴う分光反射率の変化

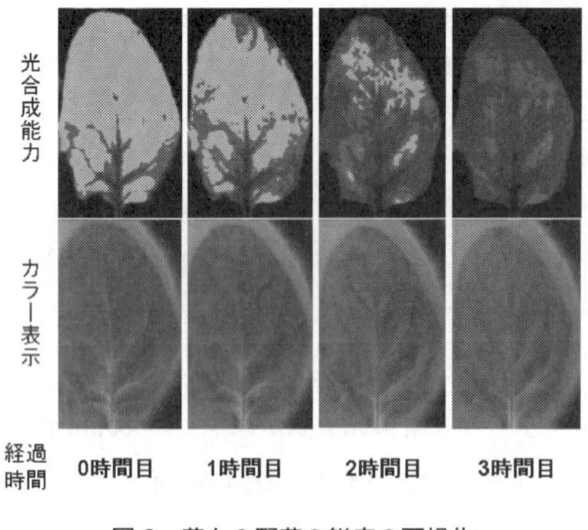

図８　葉もの野菜の鮮度の可視化

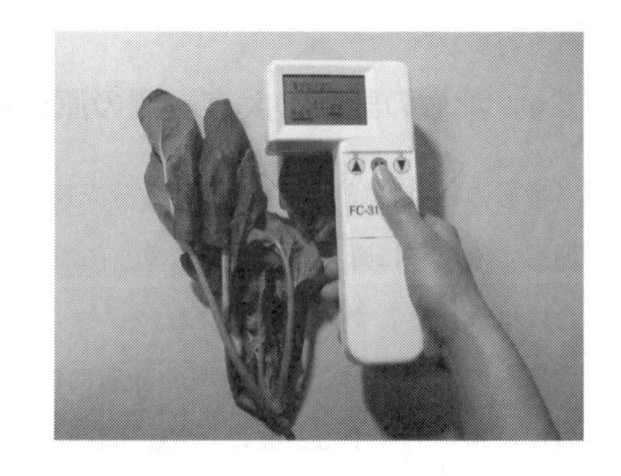

図９　葉もの野菜の鮮度の簡易計測器「鮮度アシスト FC3117-11A」

度値の可視化画像で，明るい部分ほど鮮度値が高くなるように表示している。下段はその RBG 画像（写真）である。この図は，鮮度の劣化は葉の全面に対して均一に起こるのではなく，茎の部分から葉の先端部に進行し，かつ，まだらに進行している様子を示している。したがって，葉もの野菜の鮮度を計測する場合には，葉の先端部の直径 15mm 程度の領域での平均値を計測する必要がある。

以上の原理を応用し，分光反射スペクトルの計測部を波長の異なる LED に置き換えた鮮度の簡易計測装置『鮮度アシスト FC3117-11A』（図 9）を開発した。（発売元：エバ・ジャパン㈱）

鮮度アシストを用いて葉もの野菜に含まれるビタミン C との相関を調べた事例を紹介する。ビタミン C の計測は破壊検査であることから，ひとつの株に含まれる葉を 1 枚ずつ取り出して計測し，同時に鮮度アシストの示す鮮度値をプロットする必要があった。図 10 はその計測結果である。植物の正規化植生指数（又は鮮度値）とビタミン C 含有量の間には相関があるという傾向が見出された。尚，鮮度アシストやハイパースペクトルカメラによる鮮度の計測は非破壊計測であることを付け加えておきたい。

本節の最後に，水分含有量は鮮度とは無関係であるという面白い事例を紹介する（図 11）。

5　肉の鮮度の指標

食肉の主要な色素はミオグロビン（Mb）であることが知られている。ミオグロビンは血液の赤さの成分であるヘモグロビン（Hb）とは異なる色素タンパク質で，筋肉自体の赤さの色素であり，筋肉内において酸素貯蔵体として機能している。食肉の色は，ミオグロビンの含有量とそ

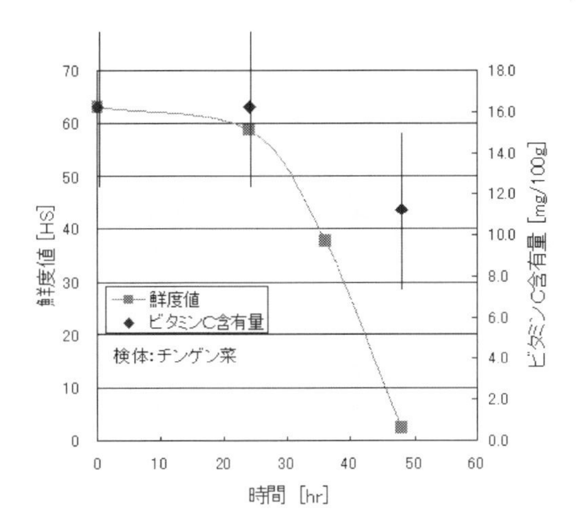

図10　葉もの野菜の鮮度値とビタミンC含有量との関係

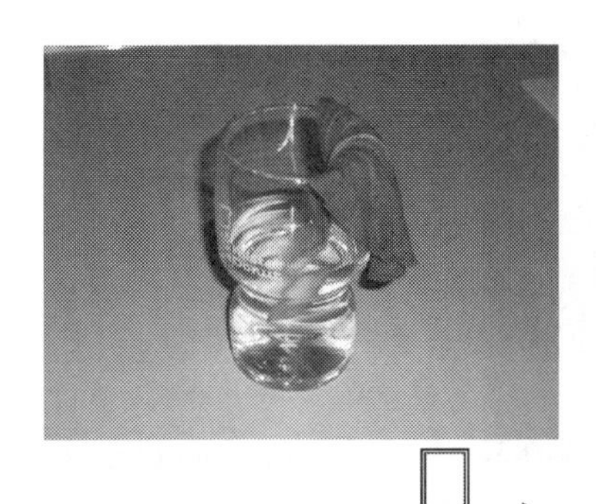

図11　葉もの野菜の鮮度と水分量は無関係であるという事例

の誘導形態への変性による分光反射率の影響を受けて変化する。図12はミオグロビンの3種類の誘導形態（還元型Mb，酸素型Mb，メト型Mb）による分光反射スペクトルである[2)]。

新鮮な肉の内部にあるミオグロビンは還元型（RMb）と呼ばれる。食肉を切断すると表層部においてRMbは酸素と結合し酸素型（O2Mb）と呼ばれる誘導形態に変性する。酸素化によりO2Mbが形成された後，自動酸化によってメト型（MMb）を形成し，食肉は褐色に変色することになる。この褐色化は時間経過と共に進行し，肉の古さの経験的な判断と一致するといわれている。尚，豚肉は牛肉に比べてミオグロビンの含有量が少ないことが知られている。

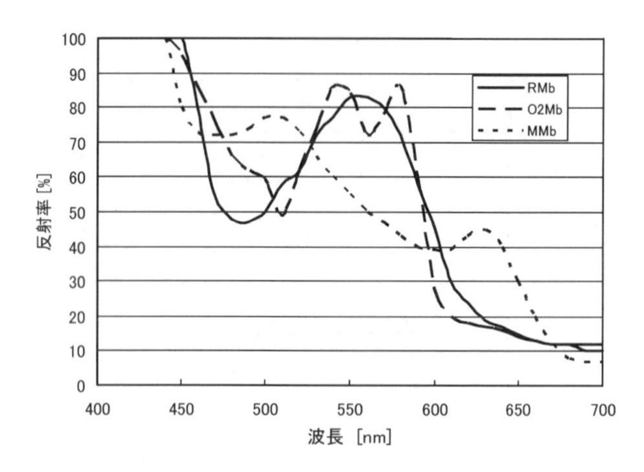

図12　ミオグロビンとその誘導形態の分光反射率

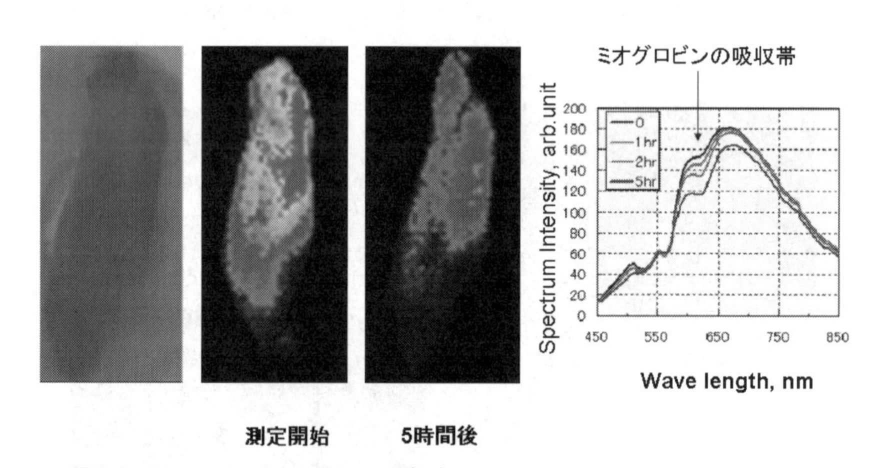

図13　ミオグロビンの変性に伴う反射スペクトルの可視化

ミオグロビンによるスペクトルの変化は魚肉についても同様に見られることから，魚肉の鮮度とミオグロビン含有量との関係を調べている研究者もいる。ハイパースペクトルカメラにより魚肉（マグロ）に含まれるミオグロビンの変性を捉えて可視化した事例を図13に示す。魚肉の反射強度スペクトルの経時変化を見ると600nm付近に酸素型ミオグロビンからメト型ミオグロビンへの変性に伴う光吸収の増加が現れている。

尚，前述の鮮度アシストでも肉や魚肉のスペクトル変化は計測できる[7]のだが，肉の場合には食中毒に対するリスクが野菜よりも格段に大きいことから我々は製品化する際には対象外とした。このように，研究開発上で計測可能であることと，製品化に付随して発生する製造責任に対する経営判断が必要であることを付け加えておきたい。

6　ハイパースペクトル技術で等級化が可能な幾つかの事例[4)]

ハイパースペクトルカメラで生鮮食材の反射スペクトルの経時変化を計測すると，非常に多くの食材に対して規則的な変化が現れることが経験的に分かっている。表3の左側は正規化植生指数の変化から鮮度を数値化した葉もの野菜，右はそれ以外の生鮮食材である。

面白い事例として卵の鮮度を紹介する。通常の卵の鮮度の計測では，まず殻を割って平坦な皿の上に中味を置き，卵白の高さと重量からハウユニット（HU）値を計測して鮮度を等級化している。ハイパースペクトル技術によって卵の殻の反射スペクトルを計測すると鮮度に依存したスペクトル変化が見られる。この数値とハウユニット値との間には相関があることが過去の実験で分かっている[6)]。したがって，ハイパースペクトル技術を用いれば，非破壊的に卵の鮮度を計測できる可能性が高いといえる。尚，加工食品の場合には生鮮食品ほど明瞭なスペクトル変化は現れにくいことを付記しておく。

ハイパースペクトル技術は多くのポテンシャルを秘めた技術である。特に食材の鮮度計測には適している。農業分野では，収穫直前のコメのタンパク含有量や麦の乾燥状態の等級化，メロンや野菜の収穫適期予測[8, 11, 12)]などに利用できることが分かっている。花きの開花時期とNDVIとの相関があるという報告[10)]もある。将来展望として，植物工場で植物の成長のモニタリングへの応用や，生鮮食品の包装ライン装置への応用などが期待できるだろう。他分野への応用事例についてはハイパースペクトル応用学会HPの「ハイパースペクトル研究報告書」[4)]やエバ・ジャパンのHP[5)]に掲載されている事例集を参考にして頂きたい。

表3　反射スペクトルの変化から鮮度の等級化が可能な食材

葉もの野菜	その他の生鮮食材
・チンゲン菜	・豚肉
・小松菜	・キングサーモン
・ホウレン草	・牛肉
・大葉	・卵（白）
・サニーレタス	・卵（ヨード卵）
・シロナ	・キャベツ（※条件による）
・サラダ菜	・イチゴ
・サンチュ	・トマト
・レタス	・ニンジン
・リーフレタス	・ピーマン
・ルッコラ	・バナナ
	・なす

文　献

1) 加藤正人編著,「改定 森林リモートセンシング ― 基礎から応用まで ―」, J-FIC (出版)
2) 泉本勝利,「食肉の色調現象の特徴とそのバックグラウンド」, http://www.agr.okayama-u.ac.jp/amqs/iz/mj9707/mj9707.html
3) 佐鳥新,「ハイパースペクトル技術とは何か」, 第1回ハイパースペクトル応用学会講演会特別講演, 2010年1月15日, http://www.hssts.org/society_1streport.html
4) ハイパースペクトル応用学会編,「ハイパースペクトル研究報告書」, http://hssts.org/japanese/
5) エバ・ジャパン株式会社 HP, http://www.ebajapan.jp/
6) 卵の鮮度と HU との関連：エバ・ジャパンの研究者との佐鳥研究室との予備実験による。
7) 川端秀也,「ハイパースペクトルカメラによる肉・魚の鮮度評価」, 北海道工業大学　電気電子工学科 2007年度 卒業論文
8) 木口諒, 三浦大輔,「ハイパースペクトル技術を用いたレタスの出荷時期予測の基礎研究」, 2007年度 北海道工業大学　電気電子工学科 卒業論文
9) 上野宗一郎,「ハイパースペクトル技術のスピンオフに関する研究」, 2007年度 北海道工業大学　応用電子工学専攻 修士論文
10) 金森佳一, 坂野俊明,「ハイパースペクトルカメラによる花の開花時期の特定」, 北海道工業大学　電気電子工学科 2007年度 卒業論文
11) 宮川豊, 近藤伺郎,「ハイパースペクトルカメラによる野菜の病気判別と農薬の影響調査」, 2008年度 北海道工業大学　電気電子工学科 卒業論文
12) 大山雄大, 佐藤琢磨,「ハイパースペクトルカメラを用いた作物の収穫適期予想」, 2008年度 北海道工業大学　電気電子工学科 卒業論文

第10章　ハイパースペクトル画像による深谷ネギの甘さのモニタリング[1,2]

～ネギの品質判定の手法：その測定原理と応用～

後藤真太郎*

1　研究目的

近年，航空機ハイパースペクトルの農学分野への導入は目覚しく，様々な事象の究明の有力なツールとするための研究が始まっている[1]。埼玉県深谷地区において，高品質のネギは「深谷ネギ」というブランドで，特有の食味があるため大都市の高級デパートを中心に高値で出荷されている。したがって，より品質の高い「深谷ネギ」を広域的に生産することは対象農家にとって重要な意味を持つ。

本報告では，埼玉県深谷市北部における深谷ネギの甘さについて広域的なモニタリング手法を開発し評価することを目的とする。このため，2004年2月28日に深谷市新戒地区上空からハイパースペクトルセンサーAISA Eagle搭載航空機により，ネギ圃場群，その他野菜圃場のハイパースペクトル画像の撮影を行い，ハイパースペクトルデータからネギ圃場分布図を作成し調査対象地周辺のグランドトゥルース結果から作成したネギ圃場分布図と比較検証を行った。さらに，ネギの糖度測定，地上スペクトル観測を行い，ネギの品目同定および糖度推定の精度の評価を行った。

2　手法の説明

本報告では，AISA Eagleセンサによるハイパースペクトル画像とグランドトゥルースによりネギの圃場抽出を行い，デジタル土壌図を作成する。ネギ圃場抽出結果の精度評価後，土壌統ごとに圃場分布の面積集計を行い，ネギ圃場の立地環境を土壌条件から分析を行う。

図1に手法の説明につきフローチャートに示す。

*　Shintaro Goto　立正大学　地球環境科学部　環境システム学科　教授

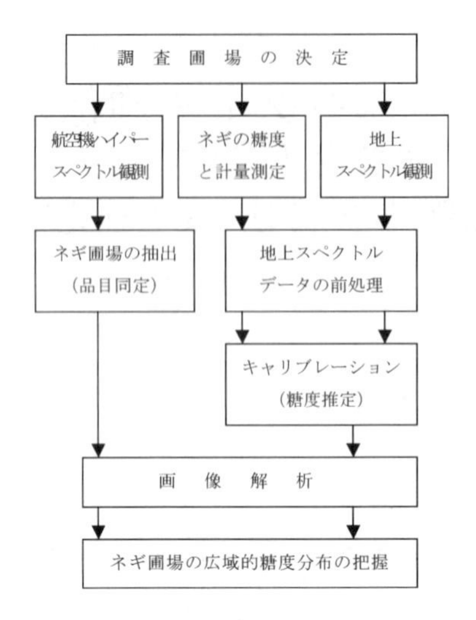

図１　研究のフロー

3　対象地域

埼玉県のねぎ生産高は全国１位である（2007年）。産地は，冬ねぎと夏ねぎの２つの産地になっており，冬ねぎ産地は県北部利根川右岸の深谷市周辺であり，「深谷ねぎ」と呼ばれ全国でも有名なねぎの１つである。夏ねぎ産地は県南東部の越谷市，吉川町周辺地域であり，この地域は首都圏向けの近郊農業として発展してきた。

冬ねぎの産地は県北地域の中でも北部の利根川沿いの低地と南部の櫛引台地を代表とする洪積台地に分けられる。作付面積，生産量だけで双方を比べると均衡しているが，「深谷ねぎ」の特徴である繊維のきめが細かく，甘みのあるねぎは沖積土壌の広がる利根川・小山川流域で栽培されている。しかし，土壌の軟らかさの点で，北部にひろがる沖積土壌は粘質が高く，硬いため，栽培に体力が必要とされ，南部に農家が移っていった時期があった。最近では，全ての地域で機械化がかなり進み，その点での較差は緩和されてきているようである（図2，3)。

本研究では埼玉県深谷市北部の利根川と小山川に挟まれた新戒地区，中瀬地区を対象地域とする。当地域は，深谷ネギ産地として質，量ともに最も優れた地域である。同地域から春収穫のネギ圃場13ヶ所，品目同定のためにブロッコリー圃場1ヶ所，キャベツ圃場2ヶ所を選定し，2004年2月28日11時19分～11時37分に図2で示した範囲内をハイパースペクトルセンサーAISA Eagle搭載航空機により撮影した。また，図4は，5万分の1土壌図「高崎・深谷」図幅（埼玉県，1984）について幾何補正をした上，デジタイズ後，行対象地域を拡大したものである。図幅内の不明とされている斜線エリアは河川であり，北の河川は利根川，中央の細い河川は小山川である。図幅内に分布する土壌のうち褐色低地土壌，細粒褐色低地土壌は主として利根川，小山川の自然

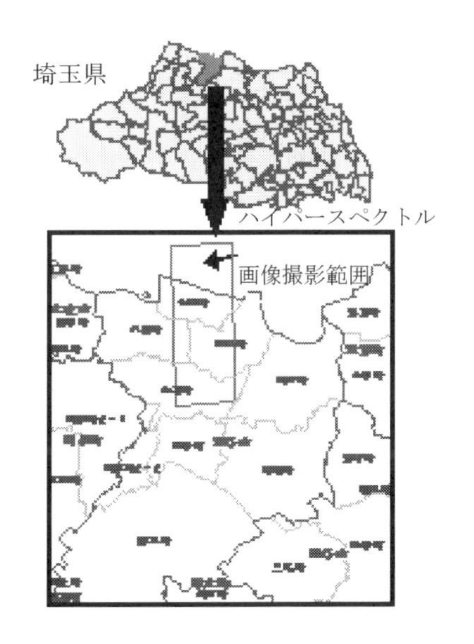

図2　航空機ハイパースペクトル画像撮影エリア

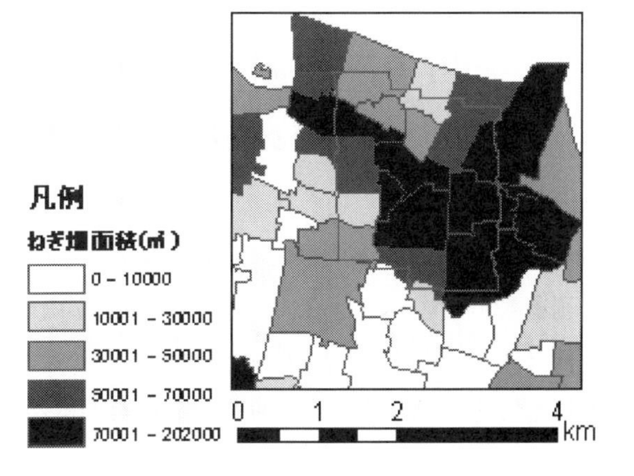

図3　集落別ネギ圃場面積
（2000年世界農林業センサス農家調査一覧表より作成）

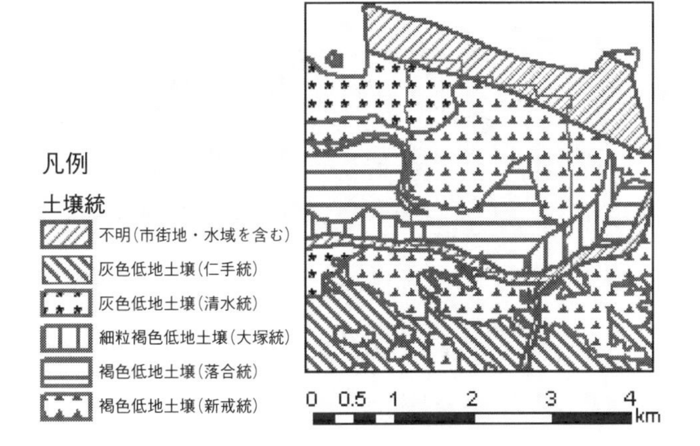

図4　深谷市新戒・中瀬地区周辺の土壌図

堤防に分布し，灰色低地土壌は氾濫原に分布している。

4　ハイパースペクトル画像によるネギ圃場抽出

4.1　グランドトゥルース

2004年2月24日，25日に野外分光測定器を用いて，野菜の地上スペクトル観測を行った。調

表 1　FieldSpec によるグランドトゥルースの観測スペック

観測日時	2004 年 2 月 24 日 09 時 47 分～15 時 44 分 2004 年 2 月 25 日 14 時 22 分～16 時 16 分
観測場所	深谷市新戒地区・中瀬地区ネギ 13 ブロッコリー1 キャベツ 3
観測機器	FieldSpecPro VNIR
観測波長領域	350nm～1050nm
サンプリング間隔	3 nm

査圃場は，深谷市新戒地区内において調査協力の承諾が得られた一般の農家 11 軒の所有するネギ圃場 13，ブロッコリー1，キャベツ 3，計 17 圃場である。

観測日の天候は，前日に日本付近を低気圧が通過したため，北西の風は強いものの，晴れで，日射の状況は良好であった。日時，場所，観測機器のスペックを表 1 に示す。観測方法としては，野外分光測定器により，圃場ごとに 4 角を近似的に北東，北西，南東，南西とし，圃場の中央を加えた 5 地点の観測地点ごとに，畝底の土壌 20cm 直上と，各地点の野菜と周囲の土壌を含む範囲を栽培地点として，畝底より 170cm の高さの野菜の中心の直上より真下にセンサを向けて測定した。図 5 にセンサーと対象物の位置関係を示した。ただし，観測に伴い作物を傷めると判断

図 5　AISA Eagle 搭載航空機撮影

した圃場については，その地点の観測は差し控えた。また，ネギ圃場抽出の教師データ取得のために，調査地点周辺の土地被覆についても調査を行った。

4.2　ハイパースペクトル画像

2004年2月28日に研究地域上空からAISA Eagleセンサ（Spectral Imaging社製）搭載航空機により撮影したハイパースペクトル画像の一部を図6，また，撮影データスペックを表2に示す。

4.3　ハイパースペクトル画像を用いたネギ圃場の抽出

ハイパースペクトル画像より，ネギの圃場を抽出するために，土地被覆分類を行った。分類の手法としては，地形図を参照の上，「水面」，「草地」，「土」，「川石」，「樹木」については一括して「その他」，また，「アスファルト」（道路），「住宅（瓦）」（温室含む）についてはそれぞれを独立させて教師データとした。ネギ以外の野菜については，現地調査で確認した「キャベツ」，「ブロッコリー」等の野菜の圃場を教師データとした。ネギについては現地で栽培が確認できた非観測ネギ圃場数地点を教師データとし，再配列の際には最短距離法を用いた。

その結果，撮影時に未収穫のネギ圃場12箇所のうち，ネギ圃場として分類された圃場が11箇

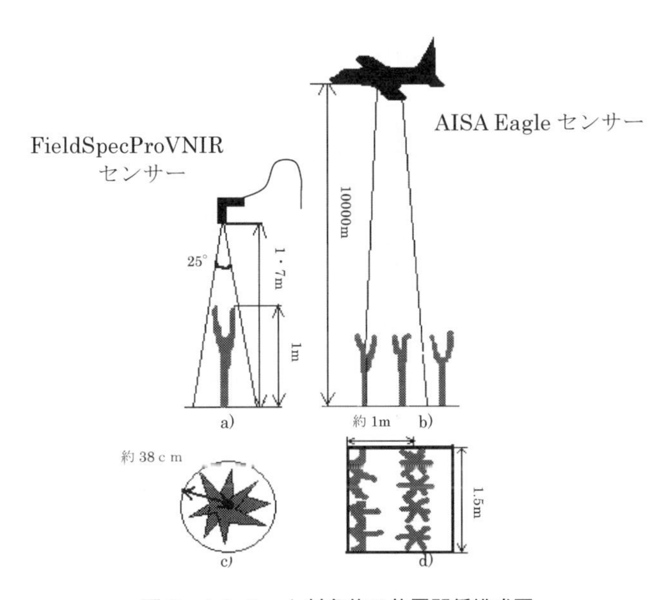

図6　センサーと対象物の位置関係模式図

a）FieldSpecProVNIRセンサーとネギの位置関係

b）AISA Eagleセンサーとネギの位置関係（ネギの高さは表3の実測値より近似）

c）圃場の畝底を底辺とするFieldSpecProVNIRセンサーターゲット範囲（1.7tan12.5°≒0.38）

d）AISA Eagleセンサーターゲット範囲（畝間の長さは表3の実測値より近似）

表２　撮影データスペック

撮影日時	2004年2月28日 11時19分～11時37分
撮影エリア	埼玉県深谷市，群馬県新田郡 尾島町，佐波郡境町の一部
センサー	AISA EAGLE
観測波長領域	390nm～994nm
バンド数	68
サンプリング間隔	8.38nm～9.12nm
空間解像度	1.5m
データタイプ	Unsigned 16bit
フォーマット	ERDAS　Imagine（.img）
幾何補正	ERDAS　Imagine polynominal model 使用
リサンプリング方法	Nearest Neighbor

所であった。一般的に深谷ネギのような長ネギは，軟白部を長くするため，農家が根部分に定期的に土を被せ，畝を深める。また，ネギの形状が上向きに葉が細く伸びているため，太陽光の反射は小さく，上から見て背景となる土壌の面積が他の野菜と比較して大きい。よって，図７のグラフで見られるように他の野菜と比較して，ネギ圃場の反射スペクトルは小さく，背景土壌の単調なスペクトルの作用が，他の野菜の圃場よりも大きくなり，他の野菜の圃場が混在する地域の中からネギの圃場をハイパースペクトル画像から画像分類で抽出することを可能とさせていると考えられる。

図８は以上のようにして作成したネギ圃場分布図である。土壌図をオーバレイさせた結果，深谷市新戒地区・中瀬地区のネギ圃場は 表３のような土壌統構成で分布していることがわかった。

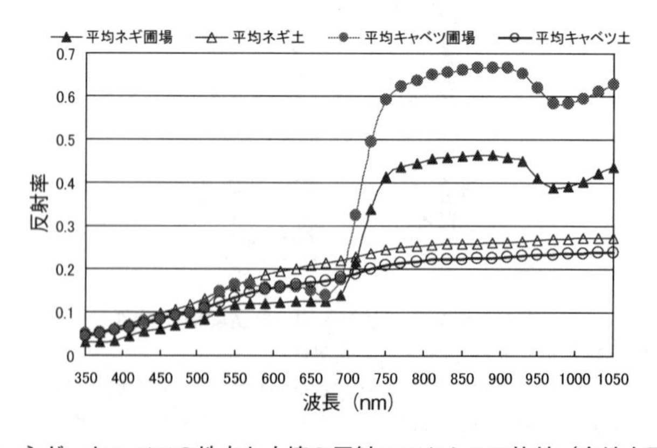

図７　ネギ・キャベツの地点と土壌の反射スペクトルの比較（全地点平均）

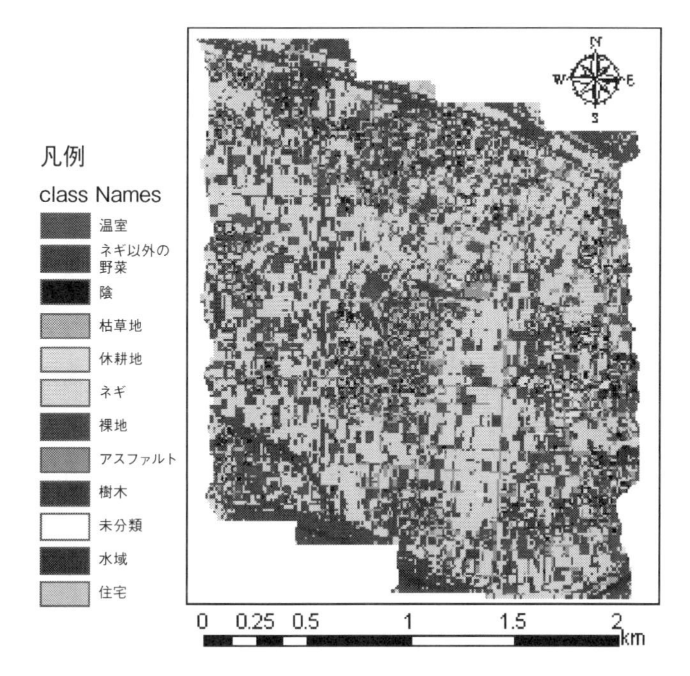

図８　教師付き分類による深谷市新戒・中瀬地区周辺の土地被覆分類結果

表３　深谷市新戒・中瀬地区における集落を除く各土壌統面積に占めるネギ圃場面積の割合

土壌群	土壌統	ネギ圃場の割合
灰色低地土壌	灰色低地土壌（仁手統）	3.2%
	灰色低地土壌（清水統）	7.6%
灰色低地土壌 計		7.5%
褐色低地土壌	褐色低地土壌（新戒統）	9.9%
	褐色低地土壌（落合統）	11.6%
褐色低地土壌 計		10.6%
細粒褐色低地土壌	細粒褐色低地土壌（大塚統）	4.1%
細粒褐色低地土壌 計		4.1%
総計		9.9%

5　ハイパースペクトルデータを用いたネギの糖度推定

5.1　グランドトゥルースデータを用いたネギの糖度推定

デジタル糖度計を用いて，ネギの糖度を測定した。各圃場で採取したネギを，葉身分岐部を除き，葉身部全体と，葉鞘部全体に分け，それぞれの搾汁を行い，水で湿したガーゼで濾過した搾汁液の糖度を測定した。測定機器はデジタル糖度計を使用し，その他の計量については，ノギス，鉄尺，デジタル重量計を使用して測定した。なお，糖度については埼玉県農林総合研究センター園芸研究所にて中畝氏の協力を得て測定したものである。

各栽培地点（土壌を含む）におけるネギの地上スペクトルデータおよび，ネギの糖度測定値を用いて糖度を推定するためのキャリブレーションを行った。前処理として，第一に1 nmのデータ間隔を持つ地上スペクトルデータを，8～9 nmのデータ間隔のAISA EAGLEセンサーと等間隔になるように補正する。さらにそれらの処理を加えた反射率を吸光度に変換し，植物スペクトルと土壌スペクトルとを分離するためにShah *et al.*[3]の方法によりスペクトルの低次の微分処理を行い，波長域394nm～990nmの範囲で68点の二次微分吸光度に変換する。以上のような前処理を施したネギの地上スペクトルデータのうちサンプルが最も多い「龍翔」と呼ばれる品種(以下「龍翔」) 25サンプルにおいて，SPSS12.0を使用し，各サンプルの葉鞘部糖度と二次微分吸光度スペクトルから，68バンド分のステップワイズ回帰分析により検量線を(1)式のように導出した。

$$Y = 43632.29X + 11.65 \tag{1}$$

(3.187) (19.544) 〈$n=25$, $R2=0.340$〉 ( ) 内はt値

ここに，Y：糖度推定値，X：葉鞘部520.65nm付近の二次微分吸光度。

また，二次微分吸光度$X(\lambda)$は式(2)で定義される。

$$X(\lambda) = d^2A(\lambda)/d\lambda^2 \tag{2}$$

ここに，$A(\lambda) = \ln(1/r)$：波長λのスペクトルの吸光度，r：反射率，λ：波長。

(1)式は，ネギ25サンプルを糖度の高さ別に5グループに分けた後，1グループにつきランダムに1つずつ計5サンプルを採択することにより，糖度の高低に偏りの起きないように5等分割し，検量線作成のためのステップワイズ回帰分析を20サンプルで行い，残りの5サンプルで検量線の精度評価というサイクルを5回繰り返し，最適な説明変数の数を調整する交差確認法[4]により導出したものである。一般に，交差確認法では，検量線作成用試料を10等分割することが多いが，本研究では全体のサンプル数が少ないため5等分割とした。その結果，68バンド中520.65nm付近のスペクトル，1変数の式となった。(1)式から，糖度は520.65nm付近の二次微分吸光度に対して正の相関関係があることが分かる。ところで，(1)式中Xの値の近似値である波長領域520.65nm付近はグリーンエッジと呼ばれ，クロロフィルによる吸光が見られる波長帯である事が知られている[5]。二次微分吸光度の波長方向に対する変化率であり，Xの係数が正の値であれば下に凸であり，負の値であれば上に凸であることから，(1)式より糖度の高いネギ龍翔はクロロフィルによる吸光度が小さく，緑色の鮮やかな葉身部より褪せた緑色の葉身部のネギにおける糖度が高いと推測される。

5.2　ハイパースペクトル画像を用いたネギの糖度推定

ハイパースペクトル画像内において，5.1で得られた検量線(1)式を用いて，ハイパースペクトル画像が持つ520.65nm付近の反射率データの前後2バンドの反射率データをそれぞれ吸光度に変換し，それらを用いた2次の差分のバンド間演算を行った。さらにネギ圃場の広域的糖度分布の把握についての可能性を評価するために，「龍翔」葉鞘部の糖度推定値と，地上観測時にサンプリングした各地点におけるネギの糖度の実測値との比較を行った。「龍翔」の圃場のうち図6に示す「地点3」「地点4-1」「地点4-2」「地点6」圃場について，(1)式に520.65nm付近の二次微分吸光度であるピクセル値を代入して得たネギの糖度推定値と地上観測による実測値との比較を表4に示す。

表4から，全ての圃場において葉鞘糖度の推定値が実測値に比べて低く出力されていることがわかる。その原因を説明するために，各圃場の地上観測と航空機観測による吸光度スペクトルを図9に示す。地上観測吸光度と航空機観測吸光度とのスペクトルの波形で大きく異なるのは，390nm～550nm区間と680nm～750nm区間において地上観測吸光度の変化率が大きく，航空機観測吸光度の変化率が小さい点である。同一範囲，同一データを観測したにもかかわらず双方に違いが見られる原因として，観測に使用したセンサーの捉えた対象物である土壌とネギを含んだミクセル内の物質構成比の違いによるものと考えられる。図6に示すように，地上観測のFieldSpec ProVNIRセンサーの測定位置が畝底からの高さが170cmであるのに対し，航空機搭載AISA Eagleセンサーは畝底から1000m上空より観測するため視野角が非常に小さくネギの直下を照射可能であるため，航空機観測のハイパースペクトルデータは土壌のスペクトルの影響をより大きく受ける。この問題に対応するためにはコンボリューションとして測定されるハイパースペクトルセンサーのピクセル値で表される対象を精査する必要がある。

表4　ハイパースペクトル画像から推定される「龍翔」の糖度と地上観測時の実測糖度との比較

圃場	葉鞘中央糖度計測値	葉身糖度計測値	$\overline{DN}_{HYP}$ 注1)	$\overline{DN}_{FIE}$ 注2)	中央 DN_{FIE} 注3)	葉鞘糖度推定値
ネギ3東	8.1	5.6	−132.930	−32.353	−68.93	6.0
ネギ4-1	9.3	6.6	−122.174	−21.062	0.59	6.5
ネギ4-2	11.7	6.4	−123.045	−33.580	−37.52	6.4
ネギ6	7.4	5.6	−135.654	−61.162	−39.27	5.9

注1)　ハイパースペクトル画像における520.65nm付近の二次微分吸光度圃場内平均値×1,000,000
注2)　地上観測による520.65nm付近の二次微分吸光度圃場内平均値×1,000,000
注3)　圃場中央における地上観測による520.65nm付近の二次微分吸光度×1,000,000

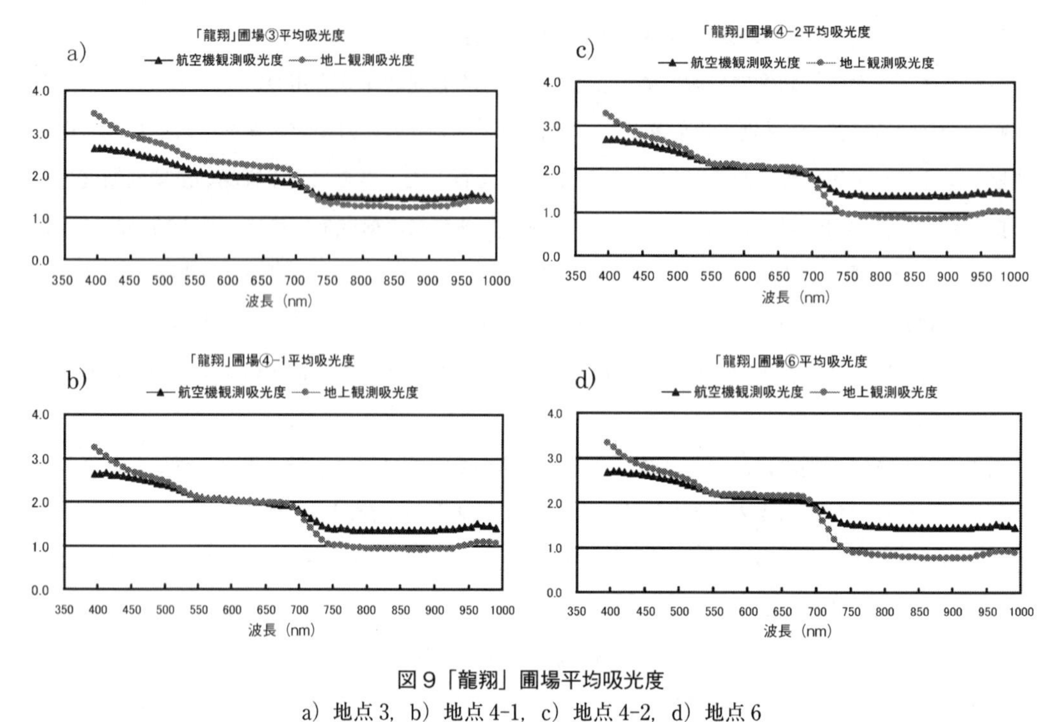

図９「龍翔」圃場平均吸光度
a）地点 3，b）地点 4-1，c）地点 4-2，d）地点 6

6　まとめ

本報告では，広域的な深谷ネギの甘さのモニタリング手法を開発するために，ネギの葉身部のスペクトルと葉鞘部の糖度との関係について分析を行った。その結果，ネギの葉身部の520.65nm 近傍の二次微分吸光度と葉鞘部の糖度との間に正の相関関係があることがわかった。このことは葉身部が枯れはじめてから，葉鞘部の糖度が高まることを意味している。さらに，精度の良い方法を開発するためには，ミクセルについての問題以外にも，ネギの糖度の分析方法，検体のサンプリング方法など，見直す余地は多くあると思われる。

なお，本報告は，文部科学省オープンリサーチセンター整備事業内の「ジオインフォマチックスの地域利用および環境教育への適用に関する研究」（代表 後藤真太郎）により実施した。ここに記して謝意を表する。

文　　献

1) 奥之山正，後藤真太郎 他，ハイパースペクトルデータによる深谷ネギの甘さのモニタリング，立正大学大学院地球環境科学研究科紀要，第4号，pp.91-100 (2004)

2) 奥之山正，後藤真太郎 他，ハイパースペクトルデータにより作成したネギ圃場分布図と土壌分布の関係評価，日本写真測量学会平成17年度年次学術講演会発表論文集，pp.169-172 (2005)

3) Tanvir H Demetriades-Shah, Michel D. Steven, Jeremy A. Clark, High resolution derivative spectra in remote sensing, Remote sens environ, pp.55-64 (1990)

4) 岩本睦夫，河野澄夫，魚住純，近赤外分光法入門，幸書房，pp.92-93 (1994)

5) Anatoly A Gitelson, Mark N Merzlyak Non-destructive assessment of chlorophyll, carotinoid and anthocyanin content in higher plant leaves, Principles and algorithms, Proc. of the workshop "Remote sensing for Agriculture and the Environment," Organization for Economic Cooperation and Development (OECD), kiffisia, Greece, pp.17-20 (2002)

第Ⅱ編
サンプリング検査法の技術

〈遺伝子増幅法技術と品種同定検査法〉

第1章　リアルタイムPCR法を用いた農産物検査における新規アプリケーション
～Universal ProbeLibraryとHigh Resolution Melting法～

小林五月*

1　はじめに

リアルタイムPCR法が登場して20年以上たち，様々な分野で活用されるようになり農産物，特に植物の世界でもなくてはならない技術として利用されるようになった。しかし，その原理やデータの解析方法は意外に難しく直感的に理解できない。また実験系の構築についても煩雑であり初心者にはとっつきづらい部分が数多くある。特にPCRという技術の根幹であるプライマーやプローブの設計は，その配列特異性は勿論のこと，多くの観点からの事前検証が必要であり，それを怠ると再現性や信頼性の高いデータが得られない。但し，これらの検証には多くの周辺知識が必要であると同時に経験の積重ねも重要な要素となり時間，費用もかかりリアルタイムPCR法導入のハードルとなっていることも確かである。

一方で，「リアルタイムPCR法」=「定量的PCR法」と考えがちであるが，最近では，リアルタイムPCR装置を用いたHigh Resolution Melting法（以下HRM法）という「未知変異の解析」，「反復配列の解析」技術が新たに考案された。これは次世代型シークエンサーやアレイによるゲノム解析がまだ高価であることから，少しでも目的遺伝子領域を絞って解析したいというニーズから生まれたもので，リアルタイムPCR装置の新たな使用方法として注目を集めている。

本稿では，簡単にリアルタイムPCR実験を構築するためのツールとしてロシュ・ダイアグノスティックス株式会社（以下ロシュ社）のUniversal ProbeLibrary（以下UPL）という製品・手法の紹介と，High Resolution Melting（HRM）法を用いたぶどうのマイクロサテライト解析について紹介する。

* Satsuki Kobayashi　ロシュ・ダイアグノスティックス㈱　AS事業部　RAマーケティンググループ　マネジャー

2 Universal ProbeLibrary（UPL）

2.1 UPLとは

UPLは，*in silico*で様々な生物種の遺伝子に含まれる共通配列から選択された配列の異なる165種類の加水分解プローブ群と，ロシュ社のウェブサイトのUniversal ProbeLibraryデザインセンターにて無料でアクセスできるProbeFinderソフトウェア（www.universalprobelibrary.com）から構成されている（図1）。ProbeFinderソフトウェアでは，定量したい遺伝子の生物種，配列情報（mRNA配列）を入力すると自動的に定量的PCRに適した加水分解プローブ（上記165種の中から選択される）とプライマー配列を表示する。表示されたプライマーを合成し，加水分解プローブ（図2）をロシュ社から購入するだけで簡単かつ最速で次の日からリアルタイムPCRが行える。UPLで使用されるプローブはFAMと呼ばれる蛍光色素とダーククエンチャー（消光物質）が標識された，通常のヌクレオチドとLocked Nucleic Acid（以下LNA）（図3）と

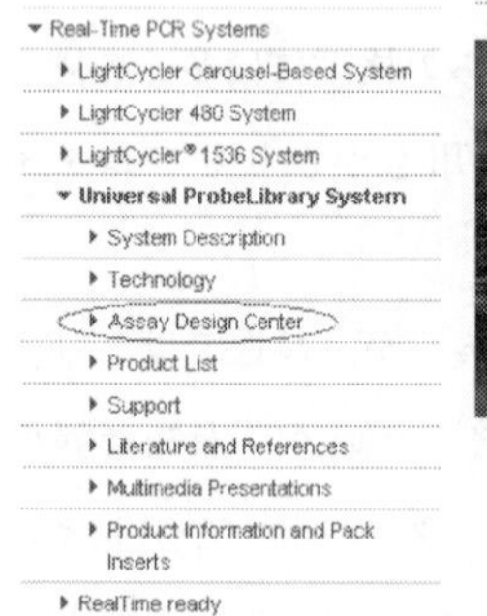

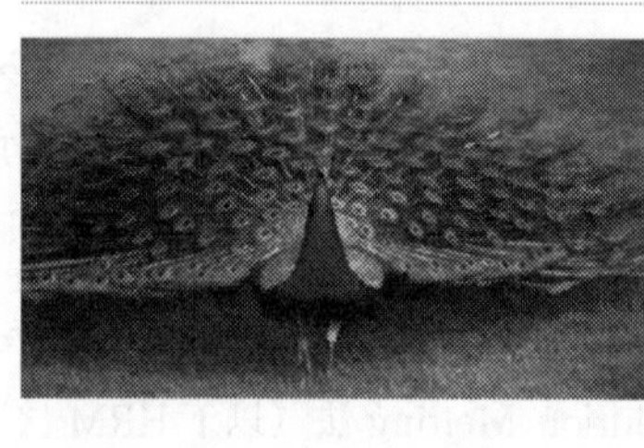

図1　ロシュ社UPLウェブサイトフロント画面
楕円部分をクリックすることによりProbeFinderソフトウェアサイトへ訪問できる。

図2　UPL
各チューブにプローブが分注されている。写真はヒト用90本セット。No.1～165は単品でも購入可能である。

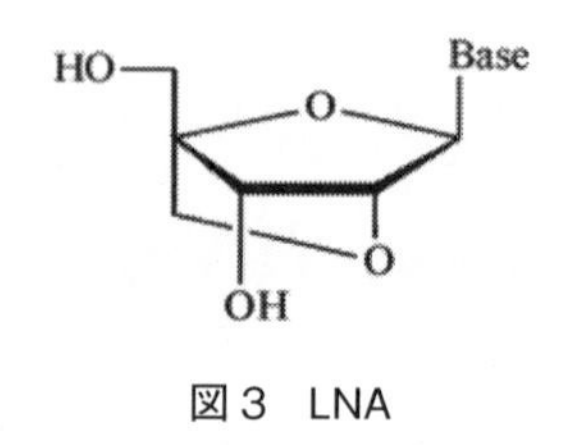

図3　LNA

呼ばれる修飾されたヌクレオチドの混合物からなる8～9塩基の加水分解プローブである。本プローブは，cDNA配列が明らかになっている生物種に対して，8～9塩基の配列で頻出する配列を検索し，プローブとして相応しい配列を注意深く選択したものの集合体である。したがって，ヒトの場合，それぞれのプローブは7,000以上の転写産物にハイブリダイズすることができ，逆に各転写産物については平均19種類の異なるプローブ結合部位を持つこととなる。LNAは通常のヌクレオチドと違い8～9塩基と短いプローブであっても高いT_m値（溶液中で温度をゆっくり上昇させて二本鎖のDNAを観察した時，その半分量が一本鎖DNAに融解する温度。T_m値は測定条件（溶液の塩濃度等）によりその値は異なるが基本的には接着力，ハイブリダイズ力の指標となる）をプローブに与えることができるため，このようなプローブの集合体を作成することが可能となっている。なお，プローブの特異性は当然ながら通常の長さ（15～30塩基）のプローブと比較すると確率論的には低くなるが，PCR自体はプライマーの特異性に依存することが原則である上，目的のPCR産物が生成され，そのPCR産物の内部にプローブがハイブリダイズし，ポリメラーゼのヌクレアーゼ活性により加水分解され生じる蛍光量がリアルタイムPCR装置の検出器の閾値を越えなければ検出できない。従って「目的のPCR産物」が増幅されない限り蛍光は検出されず，例え目的外の部位にプローブがハイブリダイズして，更にプローブが加水分解されても系自体に影響を与えるような蛍光は生じず問題とはならない。

2.2　UPLの特長

遺伝子特異的なプライマー・プローブセットは他社からも販売されているが，膨大な種類のmRNAに対応することは経済的側面からも非常に困難である。しかし，遺伝子が生物種を問わずA，T，G，Cから構成されている限り，UPLはその名が示すとおり，ユニバーサル（普遍的）である。これは，自分が測定したいと考えている遺伝子に特化したプライマー・プローブセットが販売されていなくても，適切なプライマー・プローブセットが提供される可能性があることを示している。ちなみにUPLの各種遺伝子へのカバー率はおよそ95％であり，ヒトやマウスでは99％以上の転写産物について定量可能である。これは，多彩な生物種に対応していることも意味しており，シロイヌナズナ，コメ，トウモロコシなどの植物，ショウジョウバエ，酵母等，遺伝子配列が知られている生物種はProbeFinderソフトウェア上で選択できる生物種となっている。また例え選択できなくても近隣種を選択してデザインさせることも可能である。選択できる生物種については，プライマーのBLAST（http://blast.ncbi.nlm.nih.gov/Blast.cgi）による特異性チェックや，NetPrimer（http://www.premierbiosoft.com/netprimer/netprlaunch/netprlaunch.html）に代表されるようなプライマーの二次構造や相補性検索も自動的に行ってくれる。なおProbeFinderソフトウェアは，Primer3（http://frodo.wi.mit.edu/primer3/）と呼ばれるプライマー・プローブデザインソフトウェアが基礎となっている。したがって本ソフトウェアは，表示されたプライマー・プローブの組合わせが適切かどうかを *in silico* PCR にて確認しており，使用が簡単であるばかりでなく，信頼性の高い適切な系を与えてくれる。また一つの遺伝子に対し，多くの場合複数の選択肢（プライマー・プローブセット）を与えてくれたり，イントロンスパニングアッセイと呼ばれるゲノム DNA を誤測定してしまうような問題を防ぐ系を与えてくれたりなど豊かな応用性も備えている。

2.3 まとめ

一口にリアルタイム PCR 法を使用した農産物検査と言っても，害虫の存在有無（防疫）から，各種農産物の品種改良，原産地の特定，遺伝子組換え農産物の検査にいたるまで様々なものがあり，その都度目的に適切かつ良好なリアルタイム PCR の系を構築することは非常に煩雑かつ時間，コストを要する。UPL はロシュ社が一度に大量に合成するため，プローブ価格も安価であり，ProbeFinder ソフトウェアにより迅速にアッセイ系の構築が可能であるため，プライマーのみを各人が合成すれば次の日から安定したリアルタイム PCR が行える。プローブ法の良さを理解しながらその高ランニングコスト故に他の蛍光フォーマット（例：SYBR® Green I 法）等を採用せざるを得なかった研究者には朗報である。その特殊性から農産物検査にリアルタイム PCR を導入することを諦めていた研究者もまず一度ロシュ社の ProbeFinder ソフトウェアを含む UPL のウェブサイトを訪問することをお勧めする。

3 High Resolution Melting（HRM）法

3.1 HRM とは

HRM 法は SYBR® Green I（以下 SYBR G）と似た DNA に結合する色素を使用して，高解像度で融解曲線分析を行う方法である。リアルタイム PCR でよく用いられる SYBR G は二本鎖 DNA に不飽和で結合するために二本鎖 DNA が融解する際，SNP のような 1 塩基置換による微妙な融解状態の変動を蛍光強度の差異として検出することができない。したがって，SYBR G は PCR 産物の T_m 値測定に代表されるような目的の PCR 産物と副次的な PCR 産物（例：プライマーダイマー）の区別といった PCR 産物のチェックを行う目的にのみ使用されている。このような不飽和型の蛍光色素に対して，飽和型の蛍光色素として開発されたのが，ResoLight（ロシュ社製）である。本蛍光色素は二本鎖 DNA に飽和して結合するために 1 塩基置換等による微妙な融解温度の差異を検出することが可能である。但し，HRM を用いた変異の有無の判定はいずれにせよ微妙な蛍光強度の変動を測定する為，通常の融解曲線分析法では困難であり融解曲線

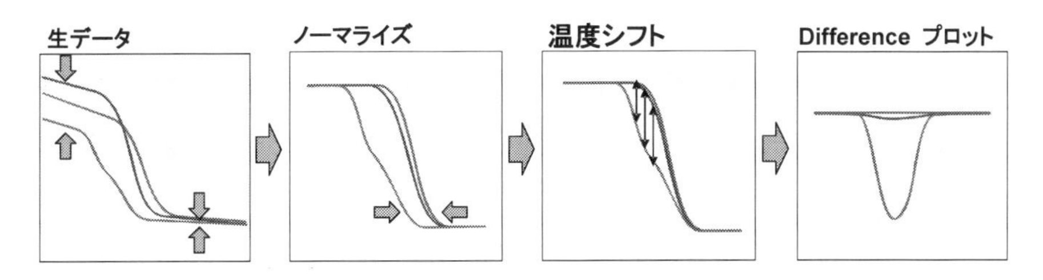

図4　HRMのジェノタイピング解析方法

図5　LightCycler® 480

に対して2種類の補正を加えることが必要になる。図4に示すようにまず，生データにおいて縦軸（蛍光強度）方向に各曲線の上下のプラトー部分をそろえるノーマライズという処理を行う。次に，横軸（温度）方向に温度シフトを行いウェル間での温度ムラについて補正を加える。この温度ムラはリアルタイムPCR装置の反応管間の温度ムラを補正することに相当し，ロシュ社のLightCycler® 480（図5）のように温度均質性の高い装置（反応管間の温度ムラがほとんど無い）でないとこのムラがデータ解析に大きく影響し目的を達成できなくなるため，HRMは専用解析ソフトウェアさえあればどのようなリアルタイムPCR装置でも行えるという方法論でないので注意を要する。この後，通常の変化率を求めるタイプの解析アルゴリズムでは変動解析が困難である為，1つの線に対してその差分をプロットするDifferenceプロットを行った後にタイピング等の解析を行う。HRMは通常のジェノタイピングのようにどの塩基がどの塩基に置換したかについては検出することが困難であるが，プライマーではさまれた部分に何か未知の変異や配列の欠損，増幅等の有無を判定することが可能である。したがって，シークエンスを行う前に本法を用いれば，シークエンスを行うべきかどうかや，行うべき領域を限定するなど実験量の軽減，コスト軽減が可能となる。

3.2　ぶどうのマイクロサテライト解析[1,2]

近年，ブドウの栽培において，接木の穂木とその台木の品種の認証が重要視されている。まず，ワインを作る際にブドウの品種が重要であることはおわかりいただけると思う。そのような特定の品種はワインを作るのには良いが，害虫に弱いといった弱点を持っていたりするため，接木によりワイン醸造にも適しており，害虫にも強い品種を作成することが一般的になっている。しかし，穂木と台木について，どのような品種が使用されたかの同定はワイン自体からでは困難であり，ブランド保持が難しくなってきている。そこで，分子生物学的手法の登場となるわけだが，形態学的に分類することが困難であると同様にお互いにブドウであることには違いないため，台木や穂木の品種を遺伝子検査により分類することもその遺伝子の相同性が非常に高いことから困難である。次にニュージーランドで，これら品種の同定にHRM法を用い成功した例について述べる[3)]。

ニュージーランド国内で使用されている多くの台木は（例：5C，SO4，5BB，125AA，420A Mgt）同じ系統由来で，これらはみな，Vitis berlandieri と Vitis riparia という品種の交雑種である。このように遺伝的に制限のある品種を使用していることは他国でも珍しいことではない。これらの台木や穂木の品種の同定は，そのDNAの反復配列を解析するマイクロサテライト解析によって容易に同定することが可能であるが，既存の方法論（ポリアクリルアミドゲルの銀染色や，シークエンサーによる蛍光読取り）は非常に煩雑で高コストである。そこで，HRM法を使用してマイクロサテライトの増幅産物の融解曲線を比較することにより各種ブドウのマイクロサテライトを同定できるかどうか検討した。実際の手順を図6に示す。

その結果，図7に示すように各検体について初期テンプレート量（葉より抽出したゲノムDNA量）をそろえること，初期テンプレート量をそろえるという行為自体が検体の希釈につながり，阻害物質（例：多糖類の混入）が結果的に希釈されたこと，すべてのマイクロサテライトが同じプログラムで増幅するようにタッチダウンPCR（初期サイクルでは高めのアニーリング温度を設定し，サイクル毎にアニーリング温度を徐々に下げていくようなPCR温度条件を採用した方法）のプログラムを採用したことにより，明瞭かつ再現性の高い測定が可能となった。また，既存法では判別がつきにくかった台木の品種について2bpの違い（CTの繰返し1回分）も判別可能であった（図8）。

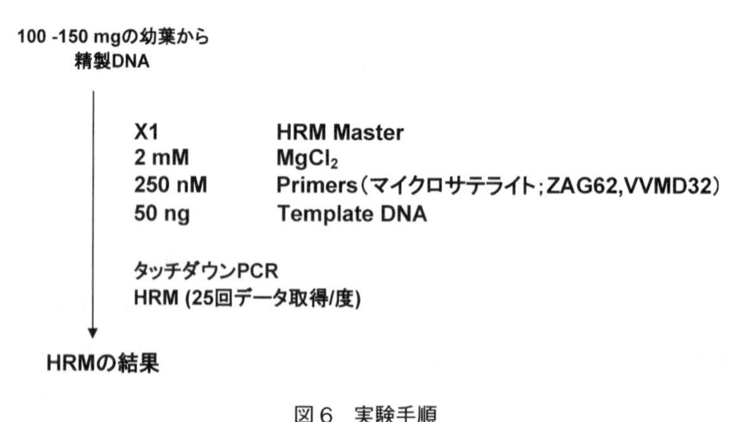

図6　実験手順

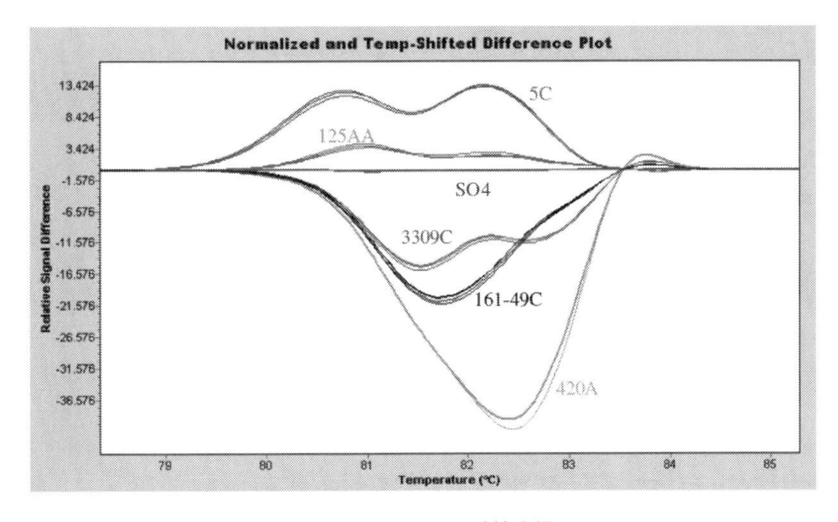

図7　HRM による系統分類
5C，SO4，125AA，3309C，161-49C，420A のすべてが分類可能であった。

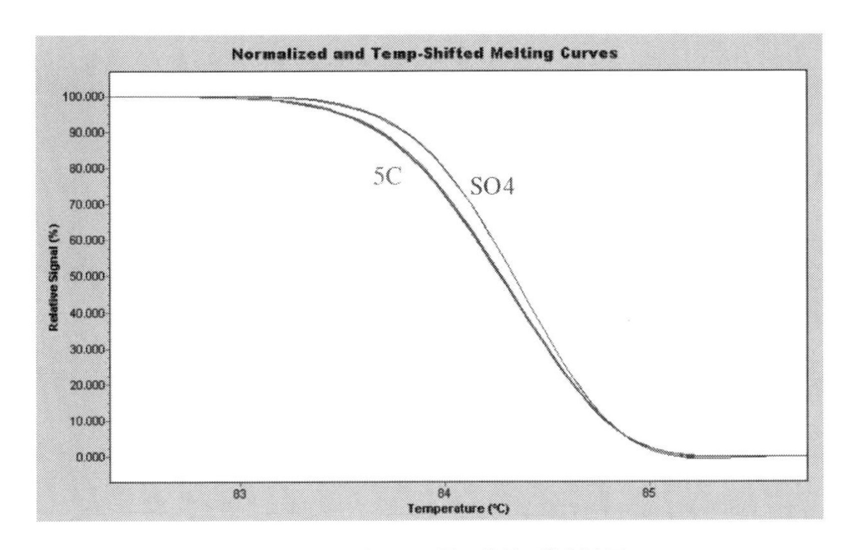

図8　CT リピート1回の差異の識別結果

3.3　まとめ

反応チューブの蓋の開閉をせずに迅速に反応が行え，高い分解能をもたらす HRM 法は，マイクロサテライト比較でブドウをはじめその他の作物（例：オリーブの品種（データ非掲載））の認証を大規模かつ迅速に行える方法論として非常に有用である。

文　　献

1) J. F. Mackay *et al., BIOCHEMICA.*, **111**, 5 (2008)
2) J. F. Mackay *et al., Plant Methods.*, **4**, 8 (2008)
3) de Andres MT *et al., Am. J.Enol. Vitic.*, **58**, 75 (2007)

第2章　LAMP法（Loop-Mediated Isothermal Amplification）を用いたカンピロバクターの高感度迅速検出

百田隆祥*

1　はじめに

カンピロバクターは1970年代に下痢患者から検出され，ヒトに対する下痢原性が証明された[1)]。特に1978年に米国において水系感染により約3千人が感染した事例が発生し[2)]，世界的に注目されるようになった。日本では，1982年に *Campylobacter jejuni* と *C. coli* が食中毒原因菌に指定され[3)]，また2003年に改正された感染症法においても，定点把握の五類感染症である感染性胃腸炎の原因菌の一つとなった。カンピロバクター属でヒトの下痢症から分離される菌種は日本の場合 *C. jejuni* がその大部分であり，*C. coli* は少ないとされている[4)]。食肉，特に鶏肉がこの菌で高率に汚染されていると言われ，食中毒の原因食品となる事例が多く見られる。近年，本菌による食中毒の発生件数が増えていることから，注意が必要な食中毒の1つである。

現在，食品を対象としたカンピロバクターの検査法は培養法が用いられているが，増菌から分離，同定するには約一週間の日数を必要とすることから，迅速性を図る目的でPCR（Polymerase Chain Reaction）法などの遺伝子増幅法も行われている[5~11)]。我々は迅速検査法の確立を目的に栄研化学独自の遺伝子増幅法であるLAMP法（Loop-Mediated Isothermal Amplification[12)]）を用い，*C. jejuni* と *C. coli* のいずれも検出できる試薬を開発し，2006年に発売した。本項ではLAMP法の特徴をまず説明し，LAMP法を応用したLoopampカンピロバクター検出試薬キットの基本性能およびキットを用いた食材からのカンピロバクターの検出について示す。

2　LAMP法

LAMP法は栄研化学が独自に開発した迅速，簡易，精確な遺伝子増幅法である。代表的な遺伝子増幅法であるPCR法は増幅したい遺伝子領域の両端に2つのプライマーを用意し，「2本鎖DNAの変性→プライマーのアニーリング→DNA鎖の伸長」の3ステップの繰り返しによって

*　Takayoshi Momoda　栄研化学㈱　生物化学研究所　研究員

行われる。一方のLAMP法は認識するプライマー領域が6領域とPCR法よりも多く，より特異性が高く，かつ等温で濁度の上昇により遺伝子の増幅が確認され判定できる（図1）。LAMP法の反応機構は紙面の都合上，栄研化学が運営するEiken GENOME SITE（http://loopamp.eiken.co.jp）を参照されたい。

LAMP法は以下の特徴を持つ。

① 一定温度で増幅する

LAMP法は62～65℃付近の一定温度で反応を行うため，サーマルサイクラーのような高価な装置は必要とせず，簡易で安価な装置で試験が可能である。

② 高い特異性

LAMP法では6つの領域，4つの基本プライマーを使用，4つの基本プライマーが目的遺伝子にアニーリングして初めて増幅反応が進むため，増幅の特異性は極めて高い。この特異性を利用して一塩基の違いを区別することも可能で，例えばヒト遺伝子の一塩基多型（SNPs）タイピング検査が可能である[13)]。

③ 迅速で感度が高い

LAMP法は標的遺伝子を効率よく増幅し，一時間以内に検出が可能である。感度も数コピー程度から増幅でき，PCR法やnested PCR法と同等かそれ以上である。さらにループプライマーを用いることで，より効率の高い増幅反応が可能となる[14)]。

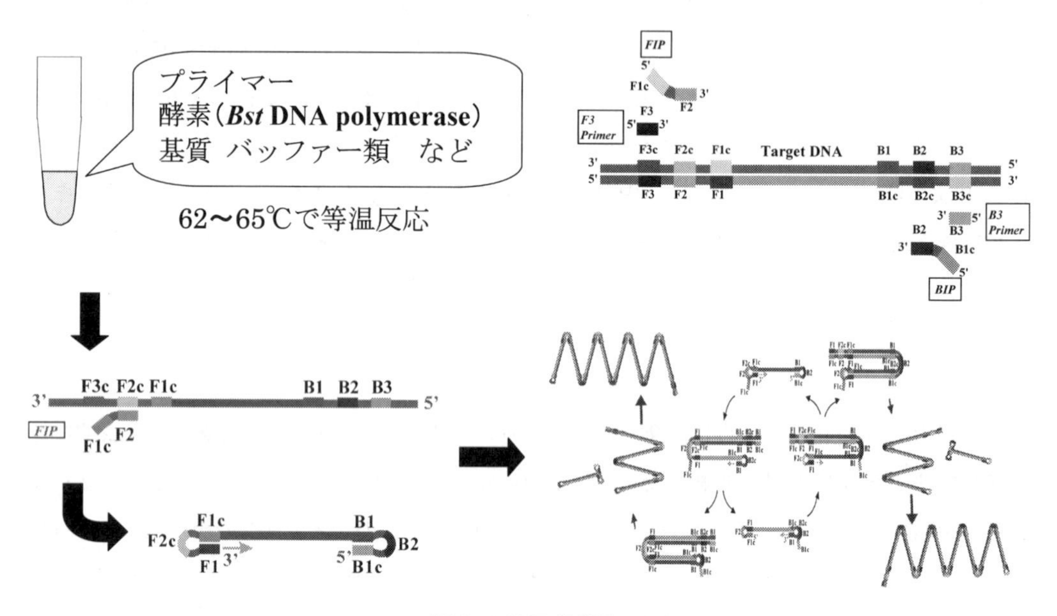

図1 LAMP法概略

④　RNAの1ステップ増幅が可能

標的遺伝子がRNAの場合，通常は逆転写酵素でRNAからcDNAを合成した後に増幅反応を行うが，LAMP法の場合はDNA増幅酵素と逆転写酵素を同時に添加することで増幅が可能である[15,16]。

⑤　簡易検出が可能

LAMP法は原理的に配列を確認しながら増幅を行っているために特異性が極めて高く，結果を増幅の有無で判定することが可能である。また，増幅産物の量が通常の遺伝子増幅法と比較して格段に多いため，DNAが伸長合成する際に生成する副産物のピロリン酸マグネシウムの白濁を標識に肉眼や簡易な測定器で判定することが可能である[17~20]。

3　Loopampカンピロバクター検出試薬キット

栄研化学はLAMP法の原理を用いたLoopampカンピロバクター検出試薬キットを製造・販売している。キットの試薬構成はLAMP反応に係る試薬群と，食材培養液からDNA抽出を行う抽出試薬に分けられる。

LAMP反応に係る試薬群は基質やその他反応に必要なbufferである2×Reaction mix.（RM），鎖置換型酵素である*Bst* DNA Polymerase，希釈調製用のDistilled Water（DW），プライマーミックス（PM）からなり，ユーザーはこの4種類の試薬を混合してLAMP試薬を調製する。一方，抽出試薬はアルカリ性の試薬であるExtraction Solution for Food（EX F）および中和処理を行う1MのTris-HCl pH7.0（Tris）からなる。

LAMP反応を行うには，全量を20μL/assayとしたLAMP試薬に，検体からDNAを抽出し加熱処理したサンプルを5μL添加し，全量を25μLとして65℃の等温条件下で60分間反応させる。先程説明した試薬類以外にもキットの中にはPositive Control（PC）が含まれており，検体の代わりとしてLAMP試薬に添加し，試薬が正常に調合され，測定信頼性があるかどうかを確認できるようになっている。

測定の特異性を決定付けるプライマーミックス（PM）は，カンピロバクター食中毒においてその起因菌の殆どを占める*C. jejuni*および*C. coli*を特異的に検出するために設計されている。*C. jejuni*検出プライマーは，標的遺伝子として酸化還元酵素関連遺伝子であるOxidoreductase gene[21]を，*C. coli*検出プライマーは，標的遺伝子としてアミノ酸合成酵素関連遺伝子であるAspartate kinase gene[22]をそれぞれ選択して設計を行っている。Loopampカンピロバクター検出試薬キットは，*C. jejuni*検出プライマーと*C. coli*検出プライマーを混合し，1つのプライマーミックスとして提供されている。つまり，検体が*C. jejuni*と*C. coli*に同時に汚染されているか，もしくはそれぞれ一方に汚染された場合に検出できるようになっている。

4 Loopampカンピロバクター検出試薬キットの基本性能

4.1 検出感度

*C. jejuni*および*C. coli*それぞれの発育コロニーを滅菌生理食塩水に懸濁し，分光光度計を用いてMcFarland No.1に調整し，TEを用いて希釈を行い，95℃・5分間加熱処理をした後に検体として用いた。LAMP法の対照としてPCR法を用い，*C. jejuni*検出PCR法としてWintersらが1997年に発表したnested PCR Set[23]を，*C. coli*検出にはLintonらが1997年に発表したPCR Set[22]を用いた。

*C. jejuni*の生菌を鋳型として用いた感度試験の結果を図2に示す。60,000cfu/testから6cfu/testの鋳型量で確認したところLAMP法は6cfu/testまで検出され，対照となったnested PCR法と同等の成績を示した。*C. coli*の結果は図3に示す。*C. jejuni*の感度試験と同様に60,000cfu/testから6cfu/testまで調整し試験したところ，LAMP法は6cfu/testまで検出されたのに対し，PCR法は600cfu/testまでしか検出されず，LAMP法とPCR法で100倍の感度差が生じた。

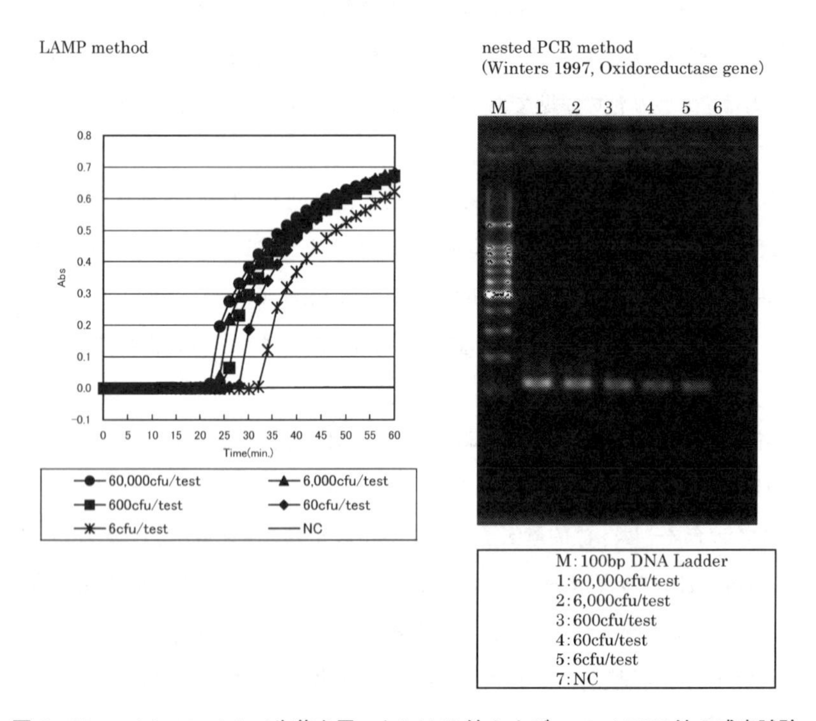

図2 *Campylobacter jejuni*生菌を用いたLAMP法およびnested PCR法の感度試験

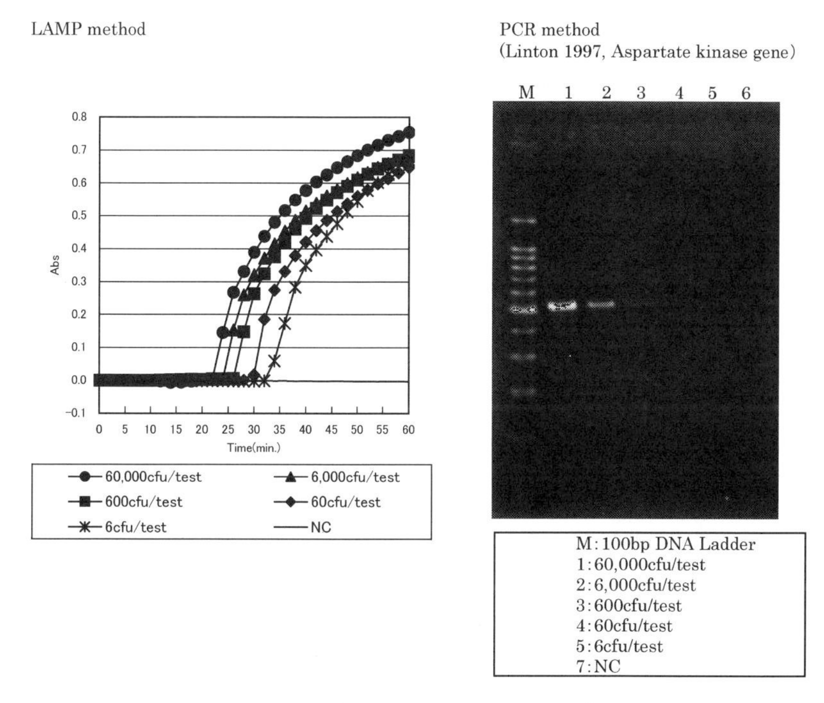

図3　*Campylobacter coli* 生菌を用いたLAMP法およびPCR法の感度試験

4.2 特異性

キットの特異性を確認するため，*C. jejuni* を計37株，*C. coli* を計4株用い，試験を行った。一方，*C. jejuni*，*C. coli* 以外のカンピロバクター属を検出しないことを確認するために，*C. jejuni*，*C. coli* を除くカンピロバクター属10菌種10株を特異性確認用試験株として用いた。さらに特異性確認の目的で，カンピロバクター属以外の菌株36菌種38株を用いた。

60cfu/testで試験した結果，*C. jejuni* 37株および *C. coli* 4株全ての株でLAMP反応が認められた。一方，*C. jejuni*，*C. coli* 以外のカンピロバクター属10菌種10株は60,000cfu/testの高濃度で試験したが全てLAMP反応は認められなかった（表1）。

カンピロバクター属以外の36菌種38株を用いた特異性試験は，検体として市販DNA抽出キットで処理したGenomic DNAを用い，鋳型量として過剰量と思われる10ng/testになるよう添加した。しかし試験した全ての株でLAMP反応が認められなかった（表2）。

5 食材からのカンピロバクターの検出

培養を主体とする従来法は，食材からカンピロバクターを検出するのに約一週間を必要とする。つまり食材25gを100mLのプレストン培地を用いて42℃・微好気条件下で24時間増菌培

表1　カンピロバクター属菌を用いたLAMP法の特異性

No.	Name	LAMP
	C. jejuni　　37株	+
	C. coli　　4株	+
EKN7506	*C. concisus*	−
EKN7507	*C. fetus* subsp. *fetus*	−
EKN7508	*C. fetus* subsp. *venerealis*	−
EKN7510	*C. helveticus*	−
EKN7511	*C. hyointestinalis* subsp. *hyointestinalis*	−
EKN7514	*C. lari*	−
EKN7515	*C. mucosalis*	−
EKN7517	*C. sputorum* subsp. *bubulus*	−
EKN7519	*C. sputorum* subsp. *sputorum*	−
EKN7520	*C. upsaliensis*	−

EKN：社内保管株

表2　非カンピロバクター属菌を用いたLAMP法の特異性

No.	Name	LAMP	No.	Name	LAMP
EKN61	*Achromobacter xylosoxidans*	−	EKN183	*Morganella morganii*	−
EKN5264	*Aeromonas hydrophila*	−	EKN436	*Proteus mirabilis*	−
EKN7504	*Arcobacter cryaerophilus*	−	EKN184	*Proteus vulgaris*	−
EKN33	*Citrobacter freundii*	−	EKN182	*Providencia alcalifaciens*	−
EKN640	*Edwardsiella tarda*	−	EKN441	*Providencia rettgeri*	−
EKN566	*Enterobacter aerogenes*	−	EKN82	*Providencia stuartii*	−
EKN5261	*Enterobacter cloacae*	−	EKN1376	*Pseudomonas aeruginosa*	−
EKN677	*Escherichia coli*	−	EKN2553	*Pseudomonas fluorescens*	−
EKN2002	*Haemophilus influenzae*	−	EKN5785	*Salmonella* Enteritidis	−
EKN416	*Hafnia alvei*	−	EKN5784	*Salmonella* Typhimurium	−
EKN2662	*Helicobacter pylori*	−	EKN6035	*Salmonella* Virchow	−
EKN406	*Klebsiella oxytoca*	−	EKN420	*Serratia marcescens*	−
EKN407	*Klebsiella pneumoniae*	−	EKN492	*Shigella boydii*	−
EKN3684	*Legionella bozemanii*	−	EKN484	*Shigella dysenteriae*	−
EKN3686	*Legionella dumoffii*	−	EKN6533	*Shigella flexneri*	−
EKN3687	*Legionella gormanii*	−	EKN495	*Shigella sonnei*	−
EKN3689	*Legionella longbeachae*	−	EKN313	*Vibrio cholerae*	−
EKN3685	*Legionella micdadei*	−	EKN5204	*Vibrio parahaemolyticus*	−
EKN3677	*Legionella pneumophila*	−	EKN539	*Yersinia enterocolitica*	−

EKN：社内保管株

養し，その培養液をスキロー寒天培地やCCDA培地などの選択分離培地に接種して42℃・微好気条件下で2日間培養後，分離株を同定する方法である。一方，Loopampカンピロバクター検出試薬キットを用いれば，プレストン培地の増菌培養液を簡易抽出（図4）で処理した検体を測定することでカンピロバクターの有無を確認でき，約一週間を必要とする検査が僅か2日間で可能となる。

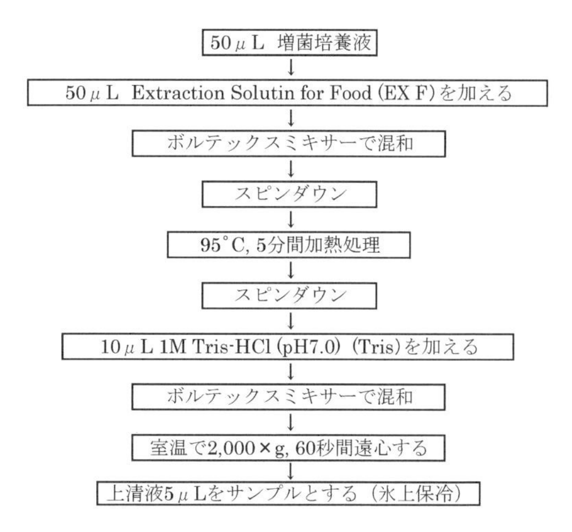

図4　増菌培養液からの簡易抽出法

食材のLAMP反応への影響を確認する目的で，培養法でカンピロバクター陰性であると確認したものだけを食材培養液として試験に供し，培養菌体を接種して添加回収試験を行った。カンピロバクター食中毒の原因食材の多くが鶏肉であることから，鶏モモ肉，鶏皮および鶏砂肝の鶏肉，および他の食肉として豚の挽肉，牛の挽肉を，加工食品である鶏のからあげ，および二次汚染を想定したカット野菜を用いて試験を行い，試薬に対する影響を確認したが殆ど遅延なしに検出され，これらの食材のLAMP反応への影響は確認されなかった（データ未掲載）。

6　LAMP法と培養法の比較

食材からのカンピロバクターの検出の評価として，市販鶏肉134検体を用いたLAMP法と培養法の比較試験を行った（表3）[24]。LAMP法では34検体（25.4%）が陽性であり，培養法では25検体（18.7%）が陽性であった。両試験法において，共に陽性の検体が24検体（17.9%），陰性が99検体（73.9%）あり，計123検体で両法の結果が一致し，一致率は91.8%と高い結果であった。

LAMP法陽性で培養法陰性は10検体（7.5%）あったが，LAMP法に関しては電気泳動で増

表3　市販鶏肉を用いたLAMP法と培養法の比較　（文献24より引用）

Methods		LAMP		Total
		Positive	Negative	
Culture	Positive	24（17.9）*	1　(0.7)	25　(18.7)
	Negative	10　(7.5)	99（73.9）	109　(81.3)
Total		34（25.4）	100（74.6）	134（100.0）

*：No. of samples（%）

幅産物を解析したところ特異的な反応があり，さらに抽出検体を用いて前述のPCR法で試験したところ*C. jejuni*特異的なバンドが検出され，偽陽性ではないことが確認された。また10検体のうち追試可能な培養前の5検体をLAMP法で測定したところ陰性であった。これらよりLAMP法の結果は死菌に由来した偽陽性ではなく，検体中に存在する増殖可能な*C. jejuni*あるいは*C. coli*に由来する陽性と考えられた。

一方，LAMP法陰性で培養法陽性は1検体（0.7%）あったが，培養法からの分離株をLAMP法で測定したところ増幅が認められ（*C. jejuni*と同定），また培養液に培養菌体を接種して添加回収試験を行ったところLAMP反応の阻害は認めなかったことより，この1検体に関しては培養液の抽出検体中の鋳型量がLAMP法の検出限界以下であったことが推察された。LAMP法と培養法は検出原理が異なることから全てが一致する成績が得られることは難しいが，一致率91.8%と高い相関性を示し，培養法と遜色ない結果であった。

7 おわりに

Loopampカンピロバクター検出試薬キットは高い感度と特異性を示し，僅か24時間培養した増菌培養液から検出が可能であり，食材培養液の影響も殆どみられず，さらに市販鶏肉を用いた培養法との比較試験も一致率91.8%と高い相関性を示した。

以上の結果より，Loopampカンピロバクター検出試薬キットは食材検査を対象としたカンピロバクターの迅速検出に有用であり，食の安全に寄与する製品であると考えられる。

文　献

1) J. P. Butzler *et al., J. Pediat.*, **82** (3), 493 (1973)
2) R. L. Vogt *et al., Ann. Intern. Med.*, **96** (3), 292 (1982)
3) 厚生省環境衛生局食品衛生課，環食第59号（1982）
4) 大西健児，日本臨牀，61巻増刊号2，413 (2003)
5) D. K. Winters *et al., Lett Appl Microbiol.*, **27** (3), 163 (1998)
6) R. Itoh *et al., J Vet Med Sci.*, **57** (1), 125 (1995)
7) P. Wolffs *et al., Appl Environ Microbiol.*, **71** (10), 5759 (2005)
8) P. S. Lübeck *et al., Appl Environ Microbiol.*, **69** (9), 5664 (2003)
9) G. Wang *et al., J. Clin. Microbiol.*, **40** (12), 4744 (2002)
10) M. H. Josefsen *et al., Appl. Environ. Microbiol.*, **70** (6), 3588 (2004)

11）　A. D. Sails *et al., Appl. Environ. Microbiol.,* **69** (3), 1383 (2003)
12）　T. Notomi *et al., Nucleic Acids Research,* **28** (12), e63 (2000)
13）　M. Iwasaki *et al., Genome Letters,* **2**, 119 (2003)
14）　K. Nagamine *et al., Clin. Chem.,* **47** (9), 1742 (2001)
15）　H. T. C. Thai *et al., J.clin. Microbiol.,* **42**, 1956 (2003)
16）　S. Fukuda *et al., J. clin. Microbiol.,* **44**, 1376 (2006)
17）　Y. Mori *et al., Biochem. Biophys. Res. Commun.,* **289** (1), 150 (2001)
18）　富田憲弘ほか，第73回日本生化学会大会発表抄録集，p.1094 (2000)
19）　森安義ほか，第23回 日本分子生物学会年会プログラム・講演要旨集，p.379 (2000)
20）　富田憲弘ほか，第26回 日本分子生物学会年会プログラム・講演要旨集，p.777 (2003)
21）　R. -F. Wang *et al., J. Rapid Methods Autom. Microbiol.,* **1**, 101 (1992)
22）　D. Linton *et al., J. Clin. Microbiol.,* **35** (10), 2568 (1997)
23）　D. K. Winters *et al., Mol. Cell. Probes.,* **11** (4), 267 (1997)
24）　古畑勝則ほか，日食微誌，**23** (4), 237 (2006)

第3章　FRIP法による水産物の簡易判別

後藤雅宏*1，北岡桃子*2

1　はじめに

市場に流通・販売されている水産物の中には，分類学上は異なる種でありながら形態は類似しているものが多数存在し，特に，切り身やすり身に加工されると区別がつきにくい。そのため，現在，その水産物の属・種を表す「名称」を含めた幾つかの項目についての食品表示が義務化されており[1)]，消費者にとっては購入の際の重要な情報源となっている。近年は，遺伝子解析技術の発展により，加工食品でも遺伝子を検査することで品種の同定が可能となった。同じゲノム配列中の1ヶ所の塩基が恒久的に他の塩基に置換している場合を一塩基変異（Single nucleotide polymorphism；SNP）と呼び，遺伝子のDNA配列が解読されてデータベース化されると，異なる種の間に出現するSNPの存在が明らかとなってきた。それとともに，SNPをマーカーとして品種判別を行うための技術が開発されてきた。SNPマーカーの使用方法としては，1つのSNPを1つの品種に対応させてそのSNP型を検査に使用する方法と，ゲノム中に分散する複数のSNPsをパターンとして品種と対応させて使用する方法がある。前者は，品種の多様性が少ない生物の品種判別に適しており，後者は，品種改良を重ねて多くの栽培品種が存在するような生物の品種判別や，また個体の識別などに適している。魚介類は畜産動物や農作物に比べて交配や品種改良の歴史が浅く，養殖されているものも遺伝子レベルでは野生種と変わらないものが多い。品種の多様性も農作物に比べれば少ない方であり，1つのSNPを1つの品種と対応させて検査した例が多く報告されている[2~4)]。また，遺伝子検査の対象として，ミトコンドリアDNAの配列中のSNPを用いている。

本稿では，ミトコンドリアDNA中のSNPを利用した迅速・簡易な品種判別技術である，蛍光リボヌクレアーゼプロテクション（Fluorogenic Ribonuclease Protection；FRIP）法について解説し，魚介類の品種判別例を紹介する。

＊1　Masahiro Goto　九州大学　大学院工学研究院　応用化学部門　教授
＊2　Momoko Kitaoka　九州大学　大学院工学研究院　応用化学部門　博士研究員

2　蛍光リボヌクレアーゼプロテクション法について

蛍光リボヌクレアーゼプロテクション（FRIP）法は，ゲノム中の既知配列に含まれる SNP の型を迅速・簡易に調べるための手法として開発された。本手法は，図1に示すように大きく4つのステップからなっている：① PCR による，抽出 DNA からのマーカー配列を含む DNA 断片の増幅，② Run-off 転写による，マーカー配列を含む一本鎖 RNA の増幅，③蛍光プローブおよび消光プローブと一本鎖 RNA とのハイブリダイゼーション，④一本鎖 RNA を特異的に切断するリボヌクレアーゼによるミスマッチ塩基の切断である。

〈Step 1　PCR 増幅〉

PCR 増幅を行う際，得たいターゲット配列の上流側にアニーリングするプライマーの 5' 側に，RNA ポリメラーゼが結合して転写開始できるようなプロモーター配列を有したプライマーを用いる。その結果，増幅された PCR 断片は，ターゲット配列の上流側にプロモーター配列を含んでいる。DNA 配列にも依存するものの，増幅される DNA 断片が 100bp 程度になるようにプライマーを設計することが，転写効率およびハイブリダイゼーション効率の両方を向上させたい場合には推奨される。

〈Step 2　Run-off 転写〉

Step 1で得られた DNA 断片を鋳型とし，RNA ポリメラーゼを用いて一本鎖の RNA を調製する。T7 RNA ポリメラーゼを用いると，プロモーター配列の下流の配列と同じ配列を持つ RNA を，5' から 3' 方向に合成する。1回の反応で，1分子あたりの DNA 鋳型から，およそ 200

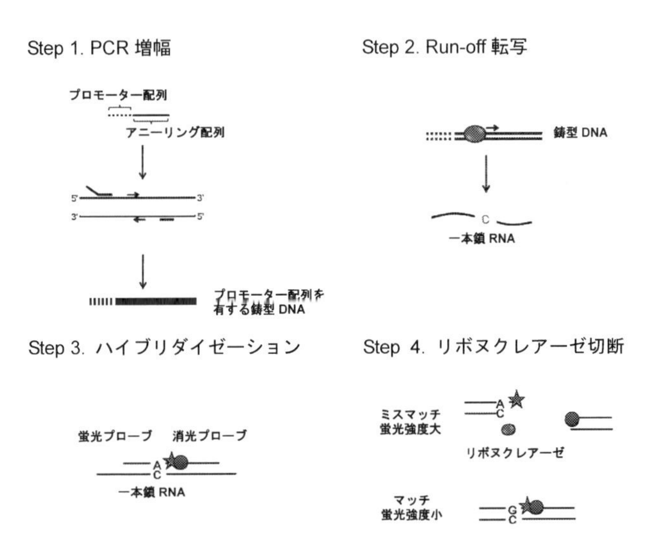

図1　蛍光リボヌクレアーゼプロテクション法の操作手順

分子の一本鎖 RNA を得ることができる。得られた RNA 配列中には SNP 塩基が含まれている。

〈Step 3　ハイブリダイゼーション〉

蛍光プローブと消光プローブの DNA 配列を設計する際，両者がターゲット核酸とハイブリダイゼーションしたときに蛍光色素と消光色素が隣接するように設計する。すると RNA とのハイブリダイゼーション操作後，一旦，FRET（Fluorescence resonance energy transfer）が生じ，蛍光強度の減少として観察される。これは，ターゲットとなる RNA がマッチまたはミスマッチのどちらであったとしても，実際に増幅されて溶液中に存在することの確認としても利用できる。

〈Step 4　酵素によるミスマッチ RNA 塩基の切断〉

ハイブリダイゼーション後の溶液にリボヌクレアーゼ A を添加すると，ミスマッチ RNA 塩基のみが切断されるため，ミスマッチ塩基を含む溶液からは強い蛍光シグナルが観察される。蛍光プローブとターゲット核酸の塩基配列がマッチしている場合には，蛍光は消光されたままとなる。そのため，蛍光の強度から SNP 塩基が目的の型であるかどうかを知ることができる。

FRIP 法は，基本技術として蛍光標識オリゴ DNA プローブとターゲット配列との間のハイブリダイゼーション技術を利用しており，形成される二本鎖中にミスマッチがあるかないかで SNP を見分けている。ミスマッチの有無は，プローブに標識した蛍光の消光により検出する。また，二本鎖間のミスマッチ塩基を認識して切断する酵素「リボヌクレアーゼ A」が，マッチ — ミスマッチ間の蛍光シグナル差を最大にするために重要な役割を果たしている。そのため，FRIP 法を行う際にはハイブリダイゼーション効率とリボヌクレアーゼの切断効率が最も重要視される。

3　魚介類の品種判別について

3.1　ウナギ（*Anguilla* 属）の品種判別

Anguilla 属の中でも，現在国内に流通するのは，ほぼ *A. japonica* および *A. anguilla* の 2 種である。*A. japonica* は国内にのみ生息しており，*A. anguilla* は欧州で捕獲された稚魚が養殖に適した地で養殖されて日本へ輸入される[5]。ミトコンドリア DNA のシトクロム *b* をコードする領域中に出現する SNP を用いて[6]，市販のウナギ蒲焼きから抽出した DNA から原料の品種判別を行うと，SNP 型に応じてミスマッチ塩基が切断され，溶液中に蛍光が観測された（図 2）。蛍光強度に閾値を設け，それ以上か以下かで SNP の有無を識別することが可能である[7]。

```
A. anguilla    1   GGRCTTTACT ACGGCTCATA CCTTTACATA GAAACATGAA
A. japonica        GGACTTTACT ACGGCTCATA CCTTTACAAA GAAACATGAA

A. anguilla   41   ACATTGGAGT TGTATTATTC CTATTAGTAA TAATAACAGA
A. japonica        ACATCGGAGT CGTACTATTC CTATTAGTAA TAATAACTGA

A. anguilla   81   TATGTGCTTC CATGAGGR
A. japonica        TATGTACTCC CATGAGGA
```

蛍光プローブのハイブリダイゼーション位置
消光プローブのハイブリダイゼーション位置

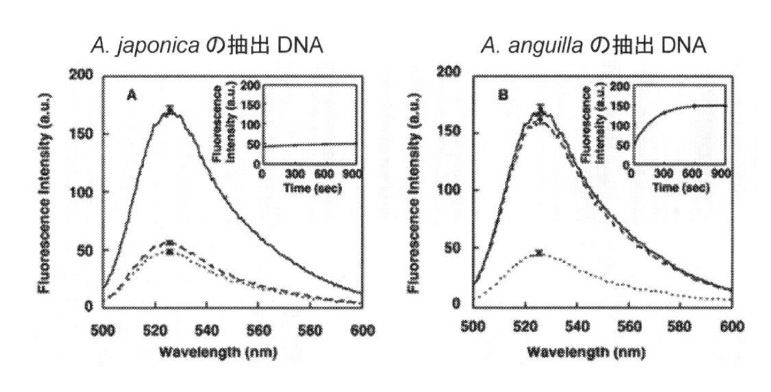

図2　ウナギの DNA 配列および品種判別例
実線は蛍光プローブ溶液，点線は RNA と蛍光プローブのハイブリダイゼーション後，破線はリボヌクレアーゼ A 処理後の溶液の蛍光スペクトル。インセットはリボヌクレアーゼ A 添加後の蛍光強度の時間変化。

3.2　マグロ（*Thunnus* 属）の品種判別

国内で主に流通する *Thunnus* 属の中でも，太平洋産クロマグロ（*T. orientalis*），大西洋産クロマグロ（*T. thynnus*），ミナミマグロ（*T. maccoyii*），キハダマグロ（*T. albacares*），メバチマグロ（*T. obesus*），ビンナガマグロ（*T. alalunga*）の FRIP 法による品種判別を試みた結果が図3である。ウナギの例では，簡易的に蛍光強度に閾値を設けたが，蛍光色素自体の退色により蛍光プローブの蛍光強度は経時的に低下していくという問題点を有する。それを克服する方法として，ハイブリダイゼーション前の蛍光プローブ溶液の蛍光強度値を基準とし，蛍光が消光された割合を求める手法がある。図3では，消光されたときの割合を消光率としたとき，蛍光プローブとターゲット配列がマッチしていたかミスマッチであったかによって，消光率の割合に明確な差が得られており，品種判別に利用できている[7]。

4　二色の蛍光プローブを用いた同時判別について

FRIP 法では，蛍光プローブとターゲット核酸間のハイブリダイゼーションにより SNP の有無を検出しており，プローブに修飾する蛍光色素の波長を選べば，複数個所の SNP を一度の操

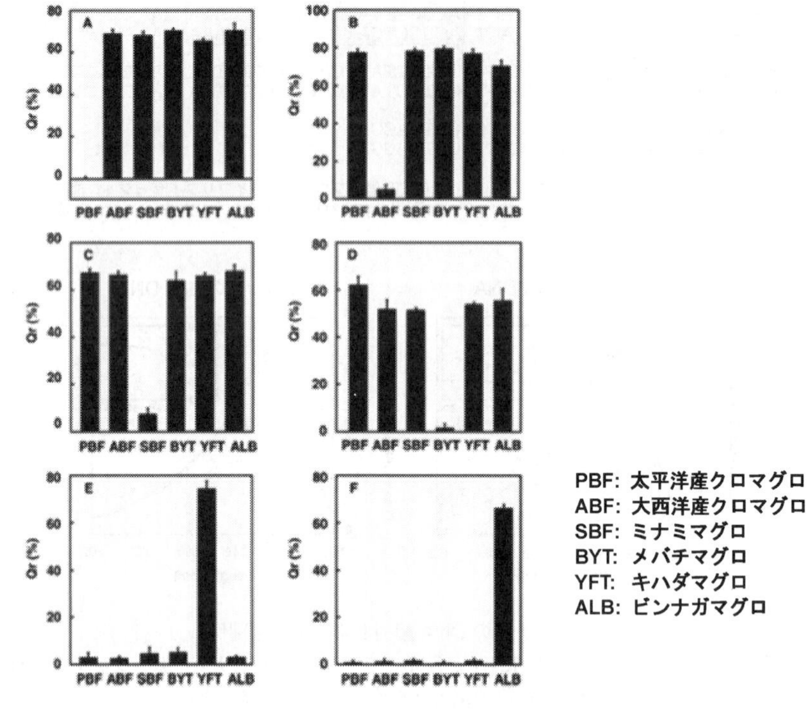

図３　各マグロの品種判別用に設計されたプローブを用いてマグロの品種判別を行った例
消光率（Q_r）は，Q_r（%）$=(F_0-F)/F_0$ 式より算出した。
F_0：蛍光プローブ溶液の蛍光強度
F：リボヌクレアーゼ処理後の蛍光強度

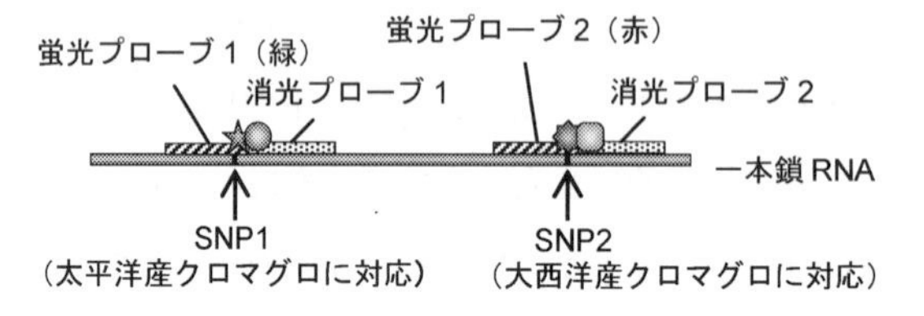

図４　２ヶ所の SNP の同時検出用プローブの設計

作で同時判別可能である（図４)。実際に，２本の蛍光プローブにそれぞれ緑色の蛍光色素（FITC；蛍光極大 525nm）と赤色の蛍光色素（TAMRA；蛍光極大 580nm）を標識し，それぞれが太平洋産クロマグロと大西洋産クロマグロに対応するようにDNA 配列を設計すると，１つの溶液中で同時に判別ができるようになった[8]。FITC を標識した蛍光プローブは太平洋産クロマグロのマーカーとなる SNP を含む配列とハイブリダイゼーションし，検査する試料が太平洋産クロマグロであった場合には，リボヌクレアーゼによりミスマッチ塩基が切断される。そこで，反応液の蛍光スペクトルを測定すると，525nm に極大を持つ蛍光が観察される。一方，

TAMRA を標識した蛍光プローブは大西洋産クロマグロのマーカーとなる SNP を含む配列とハイブリダイゼーションし，検査する試料が大西洋産クロマグロであった場合にはミスマッチ塩基が切断されて 580nm に極大を持つ蛍光が観察される。どちらの蛍光がどのくらい強いかによって，検査を行う魚肉がどの品種のマグロであるかを判別可能である。

5　加熱加工食品の原料判別について

缶詰やレトルト，調理済み食品などの加熱処理された食品中ではタンパク質の変性やゲノム DNA の断片化が進行し，検査はより困難になる。そのため，DNA 中のできるだけ短い領域（300bp 以下）を PCR 増幅して検出する手法が有用である[9,10]。FRIP 法では，100bp 前後の DNA 領域を増幅することで，最も効率よくプローブとターゲットのハイブリダイゼーションが生じ，SNP を検出しやすいという特徴を持つ。したがって，FRIP 法は加熱加工食品中の原料の品種判別に適している。これまでにも，ウナギの蒲焼きやマグロの缶詰原料の品種を，FRIP 法を用いて判別可能であることが示されている[7]。

6　食品中混合原料の定量的検出について

缶詰などの加工食品の中には複数の原料を混合して用いる場合がある。異なる品種の原料を混合して用いた食品の分析にも，FRIP 法を用いることができる場合がある。理論的に，PCR の指数関数増幅領域においては，増幅された DNA 断片中に含まれる SNP 塩基の存在比は，鋳型となる DNA の配列中における SNP 塩基の存在比を反映していると考えられる。SNP 塩基の存在比は Run-off 転写後も保存されていると考えられ，実際に FRIP 法で分析を行った結果，食品原料の混合割合に応じた蛍光強度が得られている[7,11]。検査時には，蛍光プローブとターゲット核酸とのハイブリダイゼーション反応においては，配列・温度等の条件によってはマッチ配列とのハイブリダイゼーションが選択的に生じる場合があることに留意し，温度条件を常に一定に制御する必要がある[12]。

7　目視による品種判別

ある魚肉の塊が目的の魚種であるかどうかを知りたいといった場合，検出に機器を使用しない目視での判別が，非常に簡易である。FRIP 法では，ハイブリダイゼーション時およびリボヌクレアーゼ処理時の反応液量を小さくし，蛍光プローブの濃度を上げることで，蛍光を目視で判別

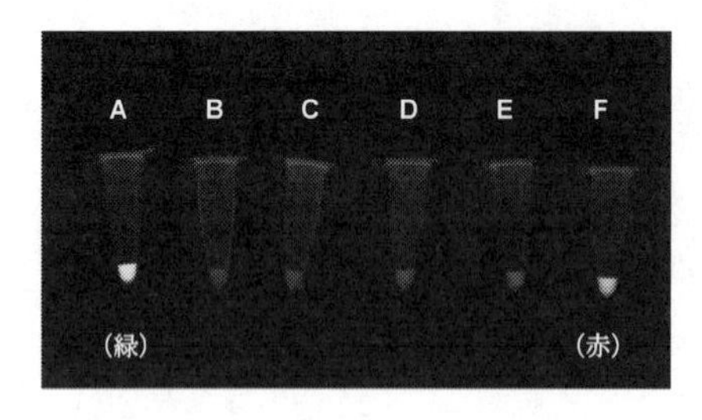

A: 太平洋産クロマグロ
B: ミナミマグロ
C: メバチマグロ
D: キハダマグロ
E: ビンナガマグロ
F: 大西洋産クロマグロ

図5　2ヶ所のSNPを利用したクロマグロの同時判別例

することも可能である。図5は，太平洋産クロマグロおよび大西洋産クロマグロを検出するための蛍光プローブを同一反応液中に溶解させ，魚肉から抽出した全DNAをSNP判別を行った結果である[8)]。手順は通常のFRIP法と同様であるが，ハイブリダイゼーション反応液の総量だけを通常の1mLから20μLに減少させている。実際の試験を行う場合には，蛍光プローブのみを溶解させた溶液をコントロール液として用意し，蛍光の退色が起きていないかどうかを確認するとともに，酵素切断後に蛍光プローブと同様の強さの蛍光シグナルが得られているかを確認することが望ましい。

図5では，写真を撮影するために反応液をUV照射装置上に並べ，サンプルチューブの下から312nmのUV光を照射している。しかし，蛍光観察にはUV光を放出するLEDペン型ライトや懐中電灯を用いることも可能であり，簡易判別法としての可能性に期待が持たれる。

8　おわりに

SNPを利用した魚介類の品種判別手法としては，制限酵素断片長（Restriction fragment length polymorphism；RFLP）法や一本鎖高次構造多型（Single strand conformation polymorphism；SSCP）法などの電気泳動を使用する方法が，安価で簡易な設備で実施可能であることから使用されているが，再現性を得るためには高度な技術が必要である。そのため，判定精度や安全性，またコストの面から品種を判別したい場合には専門機関への分析の依頼が多い。今後は，さらに判別技術の改良が進むことで，生産・加工・販売の現場にて簡易に判別可能な技術開発が望まれる。

文　　献

1) “生鮮食品品質表示基準”，“加工食品品質表示基準”，農林水産省告示第514号，平成12年3月31日
2) A. K. Lockley, R. G. Bardsley, *Trends Food Sci. Technol.*, **11**, 67-77 (2000)
3) I. Lopez, M. A. Pardo, *J. Agric. Food Chem.*, **53**, 4554-4560 (2005)
4) H. Rehbein *et al.*, *J. Sci. Food Agric.*, **74**, 35-41 (1997)
5) M. Takagi *et al.*, *Fish. Sci.*, **61**, 884-885 (1995)
6) T. Wakao *et al.*, *Nippon Suisan Gakkaishi*, **65**, 391-399 (1999)
7) M. Kitaoka *et al.*, *J. Agric. Food Chem.*, **56**, 6246-6251 (2008)
8) 北岡桃子 ほか，二色の蛍光を用いたFRIP法による太平洋産および大西洋産クロマグロの簡易判別，日本食品科学工学会誌，**55**, 164-169 (2008)
9) I. M. Mackie *et al.*, *Trends Food Sci. Technol.*, **10**, 9-14 (1999)
10) W. F. Lin *et al.*, *Food Control*, **18**, 1050-1057 (2007)
11) M. Kitaoka *et al.*, *Anal. Biochem.*, **389**, 6-11 (2009)
12) P. S. Bernard *et al.*, *Anal. Biochem.*, **273**, 221-228 (1999)

第4章　DNA分析による米の産地判別

大坪研一[*1]，中村澄子[*2]

1　はじめに

改正JAS法の施行にともない，米の品種，産地，産年の包装での表示が義務づけられ，内容物と表示との異同を科学的に確認する技術の開発が必要とされている。これまでに，米の品種についてはDNA判別による技術が開発されているが，産地については元素同位対比による遠隔地間の識別が可能になった以外は実用的な判別技術が開発されていない。同一品種の米でも産地によって食味や価格が異なっており，DNA解析によって産地の判別が可能であるかどうかを検討する必要がある。本研究では，DNA解析を中心に米の産地間差異の検討を行い，PCR法や理化学的フィンガープリント等を用いる産地判別技術を開発することを目的とした[1,2)]。

2　研究方法

2.1　理化学的フィンガープリント

試料は新潟県産，茨城県産（2産地），愛知県産の4種類の産地の異なるコシヒカリを用いた。アミロース含量はJulianoの比色法によって測定した。蛋白質含量はケルダール法によって測定した。糊化特性は，精米粉末3.5gを試料とし，ニューポートサイエンティフィック社製ラピッドビスコアナライザーを使用して最高粘度，最低粘度等を測定した。米飯物性は，精米10gを電気釜を用いてカップ炊飯し，その3粒を試料として全研製テクスチュロメーターを使用し，硬さ，粘り，付着と硬さの比率を測定した。

2.2　同一品種の原種同士のDNA塩基配列の相違に基づくPCR法

全国の異なる33産地のコシヒカリ原種あるいは原々種を収集した。これらの精米試料粉末からCTAB法によって鋳型DNAを抽出・精製し，約400種類の市販ランダムプライマーを用い，RAPD法PCRにおいて試料間の差異の出現するプライマーを検索した。識別性の現れた増幅

＊1　Ken' ichi Ohtsubo　新潟大学　農学部　教授
＊2　Sumiko Nakamura　新潟大学　農学部　特任准教授

DNAを電気泳動ゲルから切り出し，ガラスビーズ法によってDNAを回収し，その塩基配列を決定してSTS化プライマーを設計した。

2.3　同一品種の同質遺伝子系統のDNA塩基配列の相違に基づくPCR法

いもち病抵抗性の同質遺伝子系統のコシヒカリBLは8種類を新潟県農業総合研究所から，ササニシキBLは7種類を宮城県古川農業試験場から分譲を受けた。これらの試料米精米粉末からCTAB法によってDNAを抽出・精製し，当研究室で開発済みの各種STS化プライマーおよび市販ランダムプライマーを用いてPCRを行い，一般コシヒカリあるいは一般ササニシキおよびBL系統間の識別性について検討した。有望な識別バンドからDNAを切り出してシークエンスし，その塩基配列に基づいてSTS化プライマーを設計した。

2.4　開発したDNAマーカーのマッピング

作成したDNAマーカーの座乗染色体およびその位置と標的遺伝子との関係を明らかにするために，特異的に増幅されるDNA断片の塩基配列を決定し，DNAデータバンクDDBJ（DNA Data Bank of Japan，http://www.ddbj.nig.ac.jp/Welcom-j.html）にアクセスし，塩基配列の相同性検索を行った。その結果に基づいてIRGSP（International Rice Genome Sequencing Project，http://rgp.dna.affrc.go.jp/cgi-bin/statusdb/irgsp-status.cgi）を利用して，座乗染色体およびその位置を決定し，Webサイト：Gramene（イネマイクロサテライト国際コンソーシアム，http://www.gramene.org/db/cmap/map-details?）を利用し，標的遺伝子との関係について検討を行った。

3　研究結果

3.1　理化学的フィンガープリント

4種類の産地の異なるコシヒカリについて，アミロース含量，蛋白質含量，糊化特性おび米飯物性の測定結果を表1に示す。アミロース含量は16.8～19.7%，蛋白質含量は5.0～6.2%，糊化

表1　異なる産地のコシヒカリの理化学特性測定結果

	産地	成分分析		糊化特性		米飯物性		
No		アミロース	蛋白質	最高粘度	最低粘度	硬さ	粘り	付着／硬さ
1	新潟	17.0	0.1	344RVU	122RVU	2.54kgf	0.62kgf	0.086
2	茨城A	19.7	5.5	368	136	4.73	1.43	0.080
3	茨城B	17.0	5.4	380	145	2.47	0.64	0.086
4	愛知	16.8	6.2	395	147	2.31	0.54	0.078

最高粘度は344～395RVU，同最低粘度は122～147RVU，米飯の硬さは2.31～4.73kgf，米飯の粘りは0.54～1.43kgf，米飯の付着／硬さは0.078～0.086，の範囲であった。表1に示すように，同一県内で異なる産地の試料間の相違が県産の異なる試料間の相違を上回っていた。

3.2 同一品種の原種同士のDNA塩基配列の相違に基づくPCR法

開発したDNAマーカーを使用し，産地ごとのコシヒカリ30点について，PCRを行った結果を図1に示す。また，32産地の原種に関するPCRの結果の一覧を表2に示す。これらの結果から，PCRによるコシヒカリの原種同士の識別が可能になった。

3.3 同一品種の同質遺伝子系統のDNA塩基配列の相違に基づくPCR法

図2に示すように，稲のいもち病性抵抗性を導入した同質遺伝子系統が全国で育成されつつある。本研究では，RAPD-STSプライマーを用いて検討した結果，図3および表3に示すように，識別が可能となった。これらのDNAマーカーを用いて，公表遺伝子型と照合した結果，表4に示すように，いもち病抵抗性とよく一致していた。

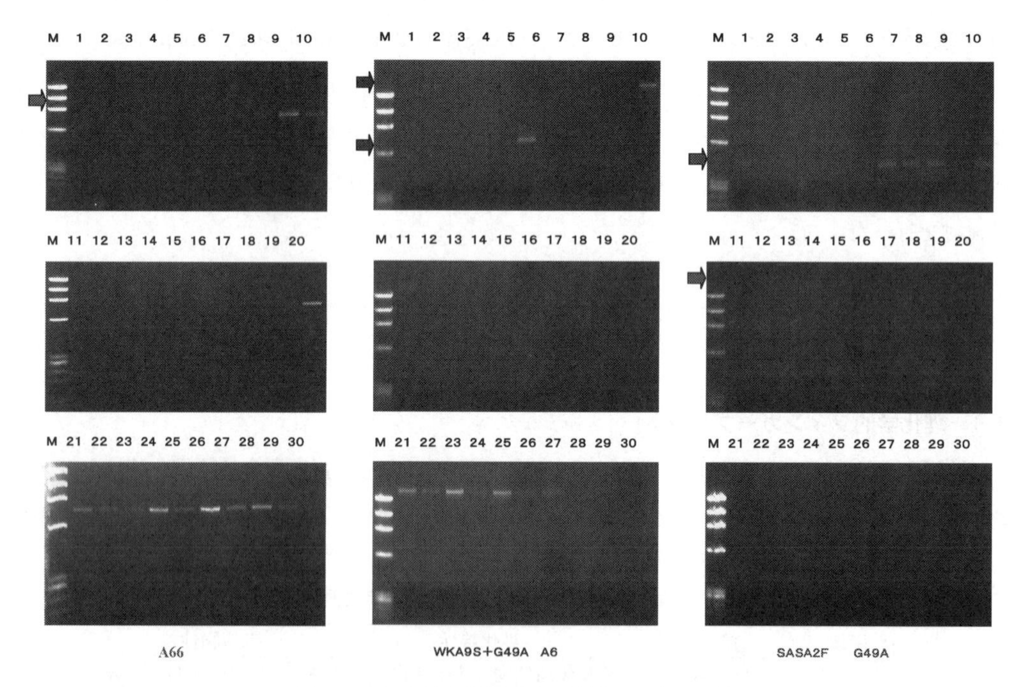

図1 コシヒカリの原種同士の識別マーカーの例
(M：DNA分子量マーカー，1～30各原種の産地)

3.4　開発したDNAマーカーの座乗染色体およびその位置

開発したDNAマーカーと既報の標的いもち病抵抗性遺伝子との位置関係の検討結果を図4に示す[2)]。開発したマーカーaは，第11染色体上の34.8cMの位置に存在することが示され，既報のいもち病抵抗性遺伝子*Pia*と同じ染色体の同じ位置に存在していることが明らかになった。マーカーbは，第9染色体の31.3cMから33.0cMの位置に存在し，既報のいもち病抵抗性遺伝子*Pii*と一致していた。さらに，マーカーcは第12染色体上の62.2cMに位置することが示され，いもち病抵抗性遺伝子*Pita-2*と同じ染色体の近い位置に座乗していることが示された。

表2　異なる産地のコシヒカリ原種同士のPCR結果

産地／プライマー	a	b	c	d	e	f	g	h	i	j
1	−	+	+	−	+	+	+	−	±	+
2	+	+	+	−	+	−	+	−	±	+
3	−	+	+	−	+	+	−	−	±	+
4	+	+	+	−	+	+	−	−	±	+
5	+	±	+	−	+	−	−	−	−	+
6	−	+	−	−	−	+	−	−	−	+
7	+	+	+	−	+	+	−	−	−	+
8	−	−	±	−	+	+	−	+	+	+
9	+	−	+	−	−	−	−	+	+	−
10	+	−	+	−	+	+	+	+	+	−
11	−	+	+	+	−	−	−	−	−	+
12	−	−	+	+	−	−	−	−	−	+
13	+	±	±	±	+	−	−	−	−	+
14	−	±	+	±	+	+	−	−	−	+
15	−	+	+	+	+	+	+	−	−	+
16	+	+	+	−	+	+	+	−	+	+
17	+	+	±	+	−	−	−	−	+	+
18	−	−	±	−	−	−	+	−	±	+
19	±	−	±	+	+	+	+	−	−	+
20	+	−	+	−	+	+	−	−	−	±
21	+	−	+	−	−	+	+	−	−	+
22	+	±	+	+	−	+	−	−	−	+
23	−	+	±	+	+	+	+	−	+	+
24	−	+	+	+	+	+	−	+	+	+
25	−	+	+	+	+	+	−	+	−	+
26	−	+	+	+	+	−	+	+	+	±
27	−	+	±	+	+	+	+	+	+	±
28	−	+	±	−	+	−	−	−	+	±
29	+	−	−	−	+	−	−	−	+	±
30	−	−	−	−	+	+	−	−	+	−
31	+	+	−	+	+	+	−	+	−	+
32	−	+	−	−	+	+	−	+	−	+

(注) 1～32：産地番号，a～j：プライマーの種類

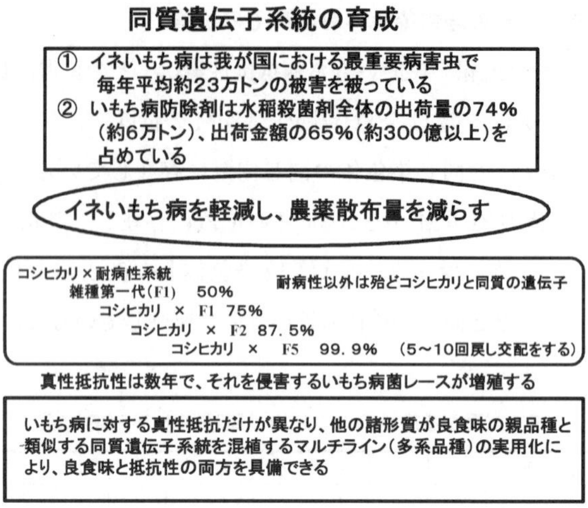

同質遺伝子系統の育成
① イネいもち病は我が国における最重要病害虫で
毎年平均約23万トンの被害を被っている
② いもち病防除剤は水稲殺菌剤全体の出荷量の74%
(約6万トン)、出荷金額の65%(約300億以上)を
占めている
イネいもち病を軽減し、農薬散布量を減らす
コシヒカリ×耐病性系統
雑種第一代(F1) 50%
コシヒカリ × F1 75%
コシヒカリ × F2 87.5%
コシヒカリ × F5 99.9% (5~10回戻し交配をする)
耐病性以外は殆どコシヒカリと同質の遺伝子
真性抵抗性は数年で、それを侵害するいもち病菌レースが増殖する
いもち病に対する真性抵抗だけが異なり、他の諸形質が良食味の親品種と
類似する同質遺伝子系統を混植するマルチライン(多系品種)の実用化に
より、良食味と抵抗性の両方を具備できる

図２　同質遺伝子系統の育成方法とマルチライン化

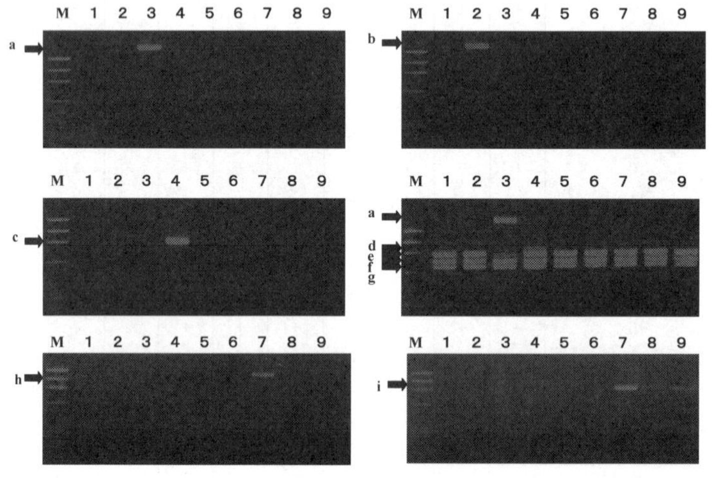

M 1 2 3 4 5 6 7 8 9
a
b
c
d
e
f
g
h
i
1: 新潟コシヒカリ標準 2:BL1号 3:BL2号 4:BL3号 5:BL4号 6:BL5−2号 7:BL6−2号 8:BL7号 9:BL8号

図３　PCR による新潟コシヒカリ（罹病性）と BL 同質遺伝子系統の識別例

4　考察

理化学的フィンガープリントの場合，同一県内で異なる産地の試料間の相違が県産間の相違を上回っており，食味評価や利用適性の推定のためには有用であるが，産地判別には不適当と考察した。

同一品種の原種同士の DNA 塩基配列の相違に基づく PCR 法では，コシヒカリの 32 産地の原種同士の差異を識別できる DNA マーカーを開発することにより，原理的に産地の識別の可能性

表3　各種の BL 同質遺伝子系統の識別結果のまとめ

試料名／プライマー	遺伝子型	a	b	c	d	e	f	g	h	i	j	k
		1500bps	1613bps	870bps	860bps	400bps	270bps	870bps	310bps	870bps	970bps	320bps
標準コシヒカリ		−	−	−	−	−	−	−	−	+	−	−
新潟 BL コシヒカリ 1 号	*Pia*	+	−	−	−	−	+	−	−	+	−	+
新潟 BL コシヒカリ 2 号	*Pii*	−	+	−	−	−	+	−	−	+	−	+
新潟 BL コシヒカリ 3 号	*Pita-2*	−	−	+	+	+	−	−	−	+	−	−
新潟 BL コシヒカリ 4 号	*Piz*	−	−	−	−	−	+	−	+	+	−	+
新潟 BL コシヒカリ 5 号	*Pik*	−	−	−	−	−	+	−	−	+	−	+
新潟 BL コシヒカリ 6 号	*Pik-m*	−	−	−	−	−	−	+	−	−	−	−
新潟 BL コシヒカリ 7 号	*Pizt*	−	−	−	−	−	−	−	+	+	−	−
新潟 BL コシヒカリ 8 号	*Pib*	−	−	−	−	−	−	−	+	+	+	−
ササニシキ BL8 号	*Pii,Pia*	+	+	−	−	−	−	−	−	+	−	−
ササニシキ BL1 号	*Pik,Pia*	+	−	−	−	−	−	−	−	−	−	−
ササニシキ BL2 号	*Pik-m,Pia*	+	−	−	−	−	−	+	−	−	−	−
ササニシキ BL3 号	*Piz,Pia*	+	−	−	−	−	+	−	−	+	−	−
ササニシキ BL6 号	*Pita,Pia*	+	−	−	+	+	−	−	−	+	−	−
ササニシキ BL5 号	*Pita-2,Pia*	+	−	+	+	+	−	−	−	+	−	−
ササニシキ BL4 号	*Piz-t,Pia*	+	−	−	−	−	−	−	−	+	−	−
ササニシキ BL7 号	*Pib,Pia*	+	−	−	−	−	−	−	−	+	−	−
日本晴関東 BL1 号	*Piz*	−	−	−	−	−	+	−	+	+	+	+
日本晴関東 BL2 号	*Pii*	−	+	−	−	−	−	−	−	+	−	−
日本晴関東 BL3 号	*Piz-t*	−	−	−	−	−	−	−	+	+	+	+
日本晴関東 BL4 号	*Pita-2*	+	−	+	+	−	−	−	−	+	−	−
日本晴関東 BL5 号	*Pik*	−	−	−	−	−	−	−	±	−	−	−
日本晴関東 BL6 号	*Pib*	−	−	−	−	−	−	−	+	+	+	−
コシヒカリ富山 BL1 号	*Piz-t*	−	−	−	−	−	−	−	+	+	−	+
コシヒカリ富山 BL2 号	*Pita-2,Pii*	−	+	+	+	+	−	−	−	+	−	−
コシヒカリ富山 BL3 号	*Pib*	−	−	−	−	−	−	−	−	+	−	−
コシヒカリ富山 BL4 号	*Pik-p*	−	−	−	−	−	−	−	−	−	−	−
コシヒカリ富山 BL5 号	*Pik-m*	−	−	−	−	−	−	+	−	−	−	−

が示された。しかし，原種同士の差異はきわめて微妙であり，キット等による実用化にはかなりの困難が伴うと考えられた。

同一品種の同質遺伝子系統の DNA 塩基配列の相違に基づく PCR 法の場合，いもち病抵抗性に着目した DNA マーカーを開発することにより，原種同士の識別よりも明瞭な識別が可能であり，判別用キットの開発等，産地判別の実用化の可能性があると考えられた[1,2]。

全国で，ひとめぼれ，日本晴，あいちのかおり等の主要品種の BL 系統が育成されつつあるので，本研究で用いた産地判別は，今後，他の品種にも適用の可能性が考えられる。

また，BL の配合割合を，地域や産年で変えれば，県産のみならず，「魚沼地域」や「平成 17 年産」などの判別も可能となる技術である。

表4　本研究で開発した各種のDNAマーカーと各品種公表遺伝子型との関係

試料名／プライマー	遺伝子型	a	b	c	d	e	f	g	h	i	j
		1500bps	1613bps	870bps	860bps	400bps	270bps	870bps	310bps	870bps	970bps
ひとめぼれ	*Pii*	−	+	−	−	−	−	+	+	+	+
まなむすめ	*Pii*	−	−	−	−	−	−	−	+	+	−
キヌヒカリ	*Pii*	−	±	−	−	−	−	−	−	+	+
ななつぼし	*Pii*	+	+	−	−	−	−	+	−	+	−
こいむすび	*Pii*	−	+	−	−	−	−	−	+	+	−
たきたて	*Pii*	+	+	−	−	−	−	−	+	+	−
ゆめさんさ	*Pii*	−	+	−	−	−	−	−	+	+	−
かけはし	*Pii*	−	+	−	−	−	−	−	+	+	−
たかねみのり	*Pii*	−	±	−	−	−	−	−	+	+	−
月の光	*Pii*	−	+	−	−	−	−	−	−	+	−
ササニシキ	*Pia*	+	−	−	−	−	−	+	+	+	−
ゆきひかり	*Pia*	+	−	−	−	−	−	−	−	+	−
彩	*Pia*	+	−	−	−	−	−	−	+	+	−
ヤマビコ	*Pia*	+	−	−	−	−	−	−	−	+	−
こがねもち	*Pia*	+	−	−	−	−	−	−	−	+	−
アキヒカリ	*Pia*	+	−	−	−	−	−	−	+	+	−
キヨニシキ	*Pia*	+	−	−	−	−	−	−	+	+	−
あきたこまち	*Pia,Pii*	+	+	−	−	−	±	+	+	±	−
ミネアサヒ	*Pia,Pii*	+	+	−	−	−	+	−	+	+	+
ヒノヒカリ	*Pia,Pii*	+	±	−	−	−	−	−	−	+	+
つがるロマン	*Pia,Pii*	+	+	−	−	−	−	−	+	+	−
はなぶさ	*Pia,Pii*	+	−	−	−	−	−	−	−	−	−
ゆめあかり	*Pia,Pii*	+	−	−	−	−	−	−	+	+	−
ちゅらひかり	*Pia,Pii*	+	+	−	−	−	±	−	+	+	−
はえぬき	*Pia,Pii*	+	−	−	−	−	±	−	+	+	−
ハナエチゼン	*Piz*	−	−	−	−	−	+	−	+	+	−
日本晴	*Pik-s,Pia*	−	−	−	−	−	−	−	−	−	−
きらら397	*Pii,Pik*	−	±	−	−	−	−	±	−	−	−
あきほ	*Pii,Pia,Pik*	+	+	−	−	−	−	−	−	−	−
ほしのゆめ	*Pii,Pia,Pik*	+	+	−	−	−	±	+	+	−	−
ゆきまる	*Pii,Pia,Pik*	+	+	−	−	−	−	−	−	−	−
ほしたろう	*Pii,Pia,Pik*	+	+	−	−	−	−	+	−	−	−
マンゲツモチ	*Pik*	−	−	−	−	−	−	−	+	±	−
新潟早生	*Piz*	−	−	−	−	−	+	−	+	+	−
ナツヒカリ	*Piz*	−	−	−	−	−	+	−	+	+	−
ヤマヒカリ	*Pita-2*	−	−	+	±	−	−	−	−	−	−
レイホウ	*Pita-2*	±	−	+	±	−	−	−	−	+	−
サイワイモチ	*Pita-2*	+	−	+	+	+	−	−	±	+	±
おくのむらさき	*Pib*	+	−	−	−	−	−	−	+	+	+
ふくひびき	*Pib*	±	−	−	−	±	−	−	+	+	−

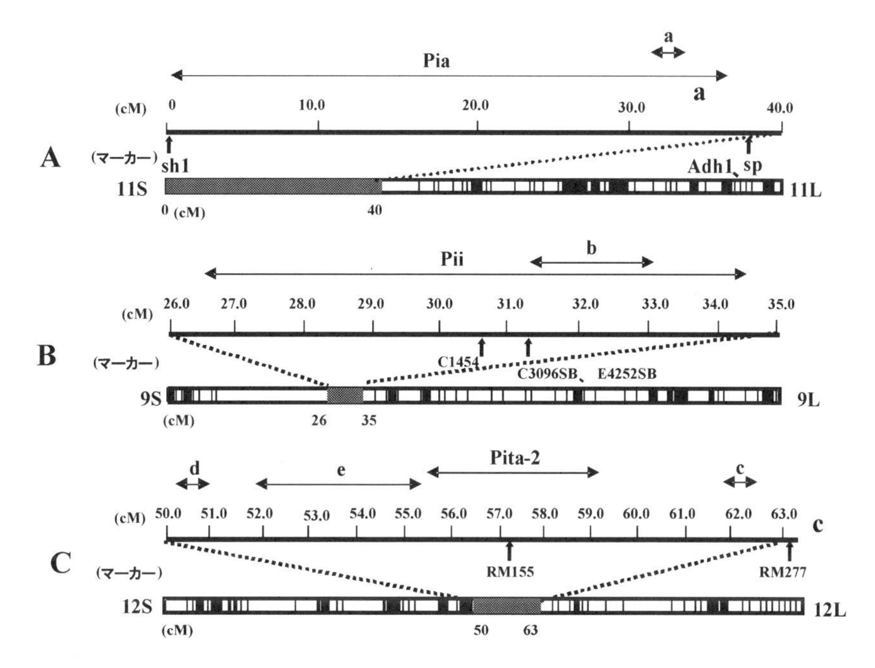

図4　開発したDNAマーカーの座乗染色体および位置と標的遺伝子との位置関係
A：第11染色体上の拡大図（*Pia*遺伝子とDNAマーカーaとの位置関係を示す）
B：第9染色体上の拡大図（*Pii*遺伝子とDNAマーカーbとの位置関係を示す）
C：第12染色体上の拡大図（*Pita-2*遺伝子とDNAマーカーc，d，eとの位置関係を示す）

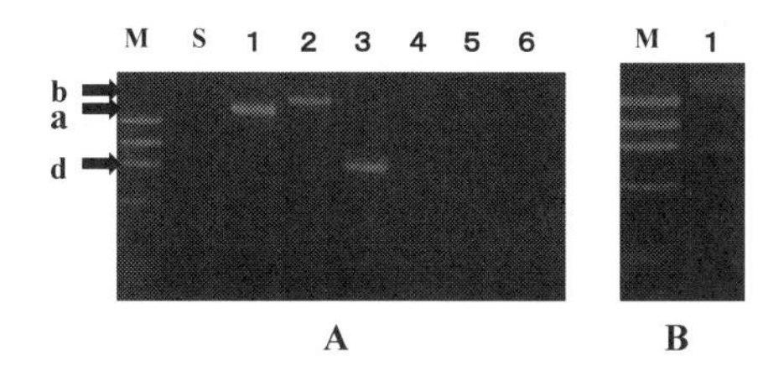

図5　コシヒカリ新潟BL品種および「平成17年産新潟コシヒカリ」のマルチプレックスPCR結果
A　M：DNA分子量マーカー（和光純薬工業 Marker 4）
S：従来の新潟コシヒカリ
1：コシヒカリ新潟BL1号
2：コシヒカリ新潟BL2号
3：コシヒカリ新潟BL3号
4：コシヒカリ新潟BL4号
5：コシヒカリ新潟BL5号
6：コシヒカリ新潟BL6号
B　M：DNA分子量マーカー
1：平成17年産新潟コシヒカリ
矢印は各プライマーを示す

5 今後の課題

理化学的フィンガープリントは，今回の産地判別には不適当であったが，対象とする米試料の食味評価や利用適性の推定には有用な手段である。

同一品種の原種同士のDNA塩基配列の相違に基づくPCR法は原理的な識別可能性が明らかにされた。

同一品種の同質遺伝子系統のDNA塩基配列の相違に基づくPCR法は明瞭な識別性が認められたので，平成17年度から，BLに全面作付け転換を行う新潟県産コシヒカリを対象に，実用的な判別キットを開発し，新潟県産のコシヒカリの識別に実際に役立てられている。

6 要約

米の産地判別技術の開発に取り組んだ。①理化学的フィンガープリントは産地判別には不適当であった。②同一品種の原種同士のDNA塩基配列の相違に基づくPCR法では，コシヒカリの32産地の原種同士の差異を識別できるDNAマーカーを開発することにより，原理的に産地の識別の可能性が示されたが，原種同士の差異はきわめて微妙であり，キット等による実用化にはかなりの困難が伴うと考えられた。③同一品種の同質遺伝子系統のDNA塩基配列の相違に基づくPCR法の場合，いもち病抵抗性に着目したDNAマーカーを開発することにより，原種同士の識別よりも明瞭な識別が可能であり，コシヒカリとササニシキの同質遺伝子系統を識別することが可能になった。平成17年，判別用キットが開発され，本技術が実用化されて新潟県産コシヒカリの判別に用いられている[1]。

文　献

1) 大坪研一・中村澄子・星　豊一・松井崇晃・石崎和彦（2004）稲の同質遺伝子系統識別方法及び当該識別技術を利用した米の産地識別方法，特開2004-141079，公開日：2004年5月20日（日本特許第4072610号，2008年2月1日）
2) 中村澄子・鈴木啓太郎・伴　義之・西川恒夫・徳永圀男・大坪研一（2006）いもち病抵抗性に関する同質遺伝子系統「コシヒカリ新潟BL」のDNAマーカーによる品種判別，育種学研究，8 (3), 79-87.

第5章　小麦の品種識別技術
～植物体および加工食品からのDNA抽出と品種識別法～

藤田由美子[*1]，村上恭子[*2]

1　はじめに

日本における小麦の年間消費量は約600万トンに及ぶが，自給率は14%程度に留まり，そのほとんどが輸入で賄われている状況にある。しかし，国産小麦は消費者の地元産志向の高まりから需要が増加しており，各地で地域独自の品種が開発，利用されている。現在，国内において栽培される品種は40近くあるが，香川県の育成品種「さぬきの夢2000」に代表されるように，地域特産小麦としてブランド化したものも存在する。

小麦は製粉し，さらに多様な工程を経て食品へと加工され市場に流通する。食品になった状態では外観から小麦品種を同定することは不可能であり，原材料品種の不正表示の問題が発生している。加工時の作業性を良くしたり，コストを低下させることを目的に，輸入小麦を混ぜたにも関わらず，それらを使った商品を国産あるいは特定品種名を記載して「100%使用」と表示するケースが散見される。こうした問題に対処するため，小麦の加工食品における表示を科学的に証明する技術が求められるようになった。

気候や栽培環境の影響を受けないDNAを指標とした品種識別技術は，コシヒカリをはじめとする米の品種判別においてその有用性が実証され，イチゴやイグサ等の様々な農産物でも広く利用されている。小麦の品種識別技術についても，近年，DNAを利用したものが報告されている[1,2]。それらはいくつかの都道府県において県内および周辺地域での主要品種のみを対象に開発され，原種・原原種の純度維持や混種の確認を目的としているために市場流通品種を網羅しておらず，植物体での利用を想定したものである。そこで著者らは，食品になった状態でも適用できる小麦の品種識別技術の開発を試みたので紹介する。

＊1　Yumiko Fujita　㈱農業・食品産業技術総合研究機構　近畿中国四国農業研究センター　品種識別・産地判別研究チーム　研究員

＊2　Kyoko Murakami　香川県農業試験場　野菜・花き部門　主任研究員

2 加工食品から抽出したDNAと断片化の程度

加工食品からのDNA抽出法は，これまでにダイズやトウモロコシの遺伝子組換え体の検出や米の品種判別のために検討された例がある[3,4]。それらの方法を利用し，市販の小麦加工食品からDNAを抽出すると，図1に示すように加熱や加工によって短く断片化した状態であることが確認できる[5]。粉砕のみの小麦粉では一本のまとまったバンドが認められ，高分子DNAであることが分かるが，その他の食品では低分子の領域に白くぼやけた状態のDNAが検出される。また，小麦を特異的に検出できるよう設計した増幅長の異なる5組のマーカー（92，288，489，968，1498bp）を使用してPCR反応を行うと，すべての食品において増幅産物が見られるが（図2），再現性よく増幅できる長さは食品によって異なることが分かる。これは食品によって断片化の程度が異なるためであり，92bpおよび288bpのマーカーではすべての食品のDNAで安定的に増幅産物が得られていた。したがって，一般的な小麦加

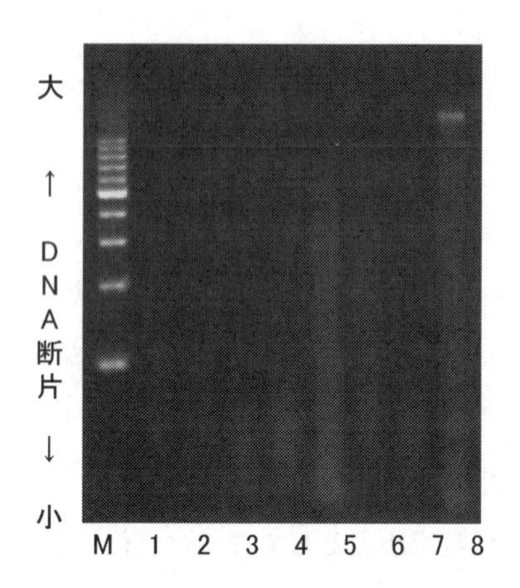

図1　加工食品から抽出したDNAのアガロースゲル電気泳動図
M；サイズマーカー，1. クッキー（A）
2. クッキー（B），3. クラッカー，
4. パン，5. 半生うどん（加熱前），
6. 半生うどん（加熱後），7. パイ，
8. 小麦粉

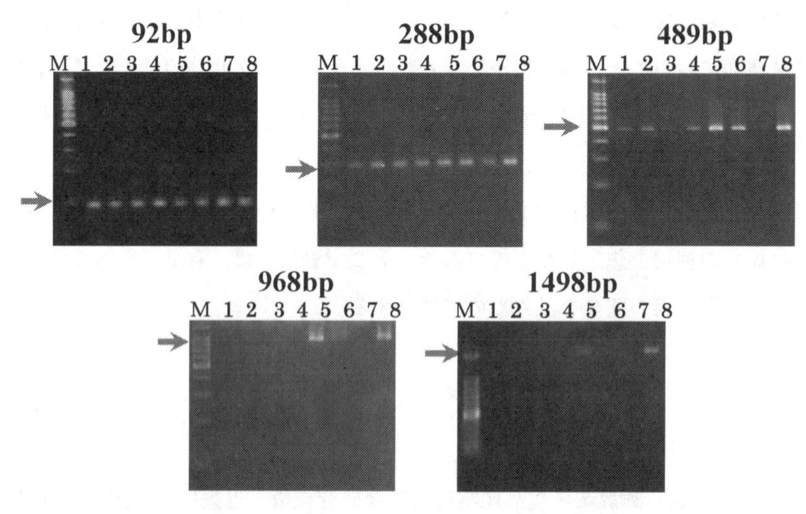

図2　加工食品から抽出したDNAのPCRによる限界増幅長の評価
M；サイズマーカー，1. クッキー（A）2. クッキー（B），3. クラッカー，4. パン，
5. 半生うどん（加熱前），6. 半生うどん（加熱後），7. パイ，8. 小麦粉

工食品にDNAマーカーを適用する場合，300bp程度までの増幅長に設定しておくと確実に検出することができる。

3　DNAマーカーの開発と遺伝子型カタログ

DNA鑑定技術はヒトの個人識別や親子鑑定でよく知られているが，SSRマーカーはその主要技術として実用的に利用されている。SSRとはマイクロサテライトとも呼ばれ，AGAGAGAGAG……やTCTTCTTCTTCT……のように，1～数塩基の単位で特定の塩基配列が繰り返している領域であり，ゲノム中に多数散在している。SSRマーカーは，SSRを含む特定領域における繰り返し数の差を長さの違いとして検出するものであり，実験の再現性がよく，信頼度が高い。小麦のSSRマーカーはこれまでに数多く開発されているが，著者らはEST（Expressed Sequence Tag：発現遺伝子情報）と呼ばれる遺伝子領域の断片である数百bpの配列をもとに開発に取り組んだ[8)]。ESTをマーカーにした場合，実際に機能を持つ遺伝子をマーカーとして利用できる可能性がある。また，遺伝子として機能しない領域に由来するマーカーと比較して塩基配列の保存性が高いと考えられることから，長期間あるいは広範囲に栽培されている品種であっても変異が生じにくい可能性がある。

加工食品で技術を利用できるようにするため，①PCRによる増幅産物の長さは300bp程度までであること，②食品に小麦とともに含まれる可能性があるイネやソバ，ダイズ，トウモロコシのDNAではPCR産物が検出されず，小麦に最も近縁であるオオムギのDNAでも検出されないこと，③再現性が高い単一の増幅産物を生じること，を条件とした10組のマーカーを開発した。国内に流通している主要な58品種（国内41，オーストラリア5，アメリカ10，カナダ2；国外品種は輸入銘柄の主要構成品種）について，キャピラリー型電気泳動装置3130xl Genetic Analyzer（Applied Biosystems）および遺伝子解析ソフトウェアGeneMapper（Applied Biosystems）を用いて決定した増幅長を表1に示す。すべての品種で単一の増幅産物が得られており，増幅長は最小143bp，最大317bpであることから，食品に十分適用できる。各マーカーによる増幅長はすなわち，各品種の「遺伝子型」である。58品種の遺伝子型を記号化したカタログを表2に示す。10個の記号の組合せによって各品種が同定される。国内41品種と国外17品種では組合せが一致するものはなく，識別することができる。国内品種間では41品種すべてが異なる組合せにはならなかったが，26品種はそれぞれ独自の組合せを示しており，「ホクシン」や「農林61号」「さぬきの夢2000」などの主要品種は同定することができる。残りの15品種は5つのグループに分類できるため，2～4品種で構成される各品種群とその他の品種を識別できる。

表1 小麦58品種の品種判別用DNAマーカーを用いたPCR増幅長

マーカー名	遺伝子型数	増幅長（bp）										
		A	B	C	D	E	F	G	H	I	J	−
TaSE3	11	180	184	187	190	194	196	198	200	214	216	−
TaSE6	5	198	205	214	224	227						
TaSE37	4	143	151	154								−
TaSE63	4	230	261	263	267							
TaSE92	2	293	305									
TaSE96	4	295	313	315	317							
TaSE117	2	166	172									
TaSE123	7	258	267	282	285	288	291	297				
TaSE149	5	204	210	212	214	216						
TaSE151	3	173	175	177								

−；増幅なし

4 分析方法

4.1 植物体および加工食品からのDNA抽出法

DNA抽出法は，作業者や作業環境が異なっても抽出量や純度に大きな差異が生じないよう操作をできるだけ簡便化するとともに，再現性の高い方法を確立することが重要である。

再現性が高く容易に同一条件を得ることができる方法として，市販のDNA抽出キットの利用がある。しかし，種子の胚乳部を製粉した小麦粉はタンパク質含量が高い上，加熱等によりデンプンの糊化やタンパク質の変性が起こる。さらには卵や油脂等多様な原材料が混合され，市販DNA抽出キットですべての小麦加工食品からDNAを抽出するのは困難である。一方，同じく種子を食用にする米では，α-AmylaseおよびProteinaseK処理を用いた炊飯からのDNA抽出法（酵素法）が報告されている[4]。この方法は，試薬作製やエタノール沈殿等を必要とし，作業者の技術が抽出結果を左右する可能性が高い。そこで作業手順の平準化と分析コストの抑制を重視して，市販DNA抽出キットDNeasy Plant Mini Kit（QIAGEN）に各種処理を組み合わせた小麦加工食品からのDNA抽出法を確立した[6,7]。表3，図3に示すように，加熱の有無や他の原材料の種類から適した方法を選択することで，効率的にDNA抽出を行うことができる。キット添付のカラムに通した後はすべて同じ操作を行うため，多種類の加工品を取り扱う場合にも安心である。

4.2 品種の判定法

抽出したDNA溶液を用いて，前述したDNAマーカー10組によるPCR反応をそれぞれ行い，得られた増幅産物の長さを決定する。増幅長の決定は，キャピラリー型電気泳動装置およびフラグメント解析用ソフトウェアを利用すれば，分析結果を遺伝子型カタログと照合するのみで容易

表2　品種判別用DNAマーカーによる小麦58品種の遺伝子型カタログ

	品種	TaSE 3	TaSE 6	TaSE 37	TaSE 63	TaSE 92	TaSE 96	TaSE 117	TaSE 123	TaSE 149	TaSE 151	
1	アブクマワセ	G	B	C	C	B	C	B	D	C	A	
2	あやひかり	G	D	B	A	B	C	B	D	C	A	**
3	イワイノダイチ	G	B	C	A	B	C	B	D	C	B	
4	キタカミコムギ	B	D	C	B	B	B	A	E	C	A	
5	キタノカオリ	G	B	C	A	B	B	A	G	B	A	
6	きたもえ	G	D	B	A	A	B	B	B	D	A	
7	きぬあずま	F	D	B	C	B	C	B	D	C	A	*
8	きぬいろは	G	D	B	A	B	C	B	D	C	A	**
9	きぬの波	G	D	B	C	B	C	B	E	C	A	
10	キヌヒメ	G	B	B	C	B	C	B	D	C	A	$
11	コユキコムギ	E	B	−	A	B	C	B	C	C	C	
12	さぬきの夢2000	F	D	B	A	B	C	B	E	C	A	
13	しゅんよう	G	C	C	B	B	C	B	B	C	B	
14	シラサギコムギ	G	D	C	C	B	C	B	D	C	A	$$
15	シラネコムギ	F	B	−	A	B	C	B	D	C	C	
16	シロガネコムギ	G	B	B	C	B	C	B	D	C	A	$
17	タイセツコムギ	A	B	C	A	A	B	A	F	C	A	
18	ダイチノミノリ	G	B	B	C	B	C	B	D	C	A	$
19	タクネコムギ	A	B	B	A	B	B	B	D	C	C	
20	ダブル8号	F	B	−	A	B	C	B	D	B	C	
21	タマイズミ	G	B	B	A	B	C	B	E	C	A	#
22	チクゴイズミ	F	D	B	C	B	C	B	D	C	A	*
23	チホクコムギ	A	D	B	A	B	B	A	F	C	A	
24	つるぴかり	F	B	B	A	B	C	B	E	C	A	
25	ナンブコムギ	A	B	B	A	B	B	B	F	C	A	
26	ニシノカオリ	G	B	A	C	B	C	B	D	C	B	
27	ニシホナミ	F	D	B	C	B	C	B	D	C	A	*
28	ネバリゴシ	E	D	B	A	B	B	B	D	C	A	
29	農林26号	G	D	C	C	B	C	B	D	C	A	$$
30	農林61号	G	B	C	C	B	A	B	D	C	A	
31	春のかがやき	G	D	B	A	B	C	B	D	C	A	**
32	ハルユタカ	H	A	C	A	B	C	B	D	C	A	
33	春よ恋	C	D	A	A	B	B	B	D	C	A	
34	バンドウワセ	G	B	B	A	B	C	B	E	C	A	#
35	ふくさやか	G	D	C	C	B	C	B	D	C	A	$$
36	ふくほのか	F	D	B	C	B	C	B	D	C	A	*
37	ホクシン	A	D	B	A	A	B	B	F	D	A	
38	ホロシリコムギ	G	B	C	A	B	B	A	F	C	A	
39	ミナミノカオリ	G	B	A	A	B	C	B	D	C	A	
40	ゆきちから	A	B	B	A	B	C	B	D	C	C	
41	ユメアサヒ	B	E	A	C	A	B	B	A	C	A	
42	Aroona	B	B	A	A	B	D	B	D	C	A	
43	Arrino	J	E	B	D	B	C	B	D	B	A	
44	Cadoux	H	E	−	A	B	B	B	D	D	C	
45	Calingiri	I	D	A	A	B	B	A	D	D	A	
46	Eradu	J	E	A	D	B	C	B	D	B	A	
47	Alturas	H	C	C	A	B	B	B	G	C	C	
48	Eden	H	B	A	A	B	C	B	D	D	C	
49	Eltan	D	C	A	A	B	B	A	C	E	C	
50	Hyak	A	C	C	A	B	C	A	E	D	A	
51	Jagger	G	A	B	B	B	C	B	A	C	A	
52	Jubilee	H	D	A	A	B	B	B	C	D	A	##
53	Lewjiain	−	C	A	A	B	B	A	C	E	C	
54	Tyee	−	C	C	B	B	B	A	E	D	A	
55	White Bird	H	D	A	A	B	B	B	C	D	A	##
56	Zak	B	C	C	A	B	D	B	D	A	A	
57	AC Barrie	J	B	A	A	B	C	A	G	B	A	
58	CDC Teal	G	B	A	B	B	B	B	D	B	A	

1～41：国内品種，42～46：オーストラリア品種，47～56：アメリカ品種，57，58：カナダ品種
注）表外の同記号のものは同グループに属する

表3　加工方法および原材料による小麦加工食品の分類およびDNA抽出方法

加工方法	小麦粉以外の原材料[*1]				食品例	抽出方法[*4]
	卵[*2]	糖類	油脂類	その他[*3]		
ゆでる	−	−	−	−	麺類	Ⅰ
蒸す	−	○	−	−	蒸し饅頭，蒸パン	Ⅰ
揚げる	−	△	○	−	スナック菓子，揚げせんべい	Ⅰ
	−	○	○	△	かりんとう	Ⅱ
	−	○	○	●	おから入りかりんとう	Ⅳ
	○	○	○	−	ドーナツ	Ⅲ，Ⅳ
焼く	−	△	○	−	クラッカー，パイ	Ⅰ
	−	○	○	−	ビスケット，パイ	Ⅰ
	−	○	○	−	クッキー，パイ	Ⅱ
	○	○	−	−	黒棒[*5]	Ⅱ，Ⅲ
	○	○	○	−	クッキー	Ⅱ
	○	○	○	○	クッキー	Ⅲ
	●	○	○	−	かすてら	Ⅳ

1）○：小麦粉より少ない（g）　●：小麦粉より多い（g）　△：微量　−：未使用
2）照り出し用の卵は未使用と見なして差し支えない。
3）おから，ナッツ類，ゴマ等タンパクや油脂類の含量が高いもの。
4）抽出にはDNeasy Plant Mini kitを使用。各手法の詳細は図3参照。
5）黒砂糖を極力除いてサンプリングするが，多量に使用されている場合はPVPP0.02gをサンプリング時に添加すると抽出効率が高まる。

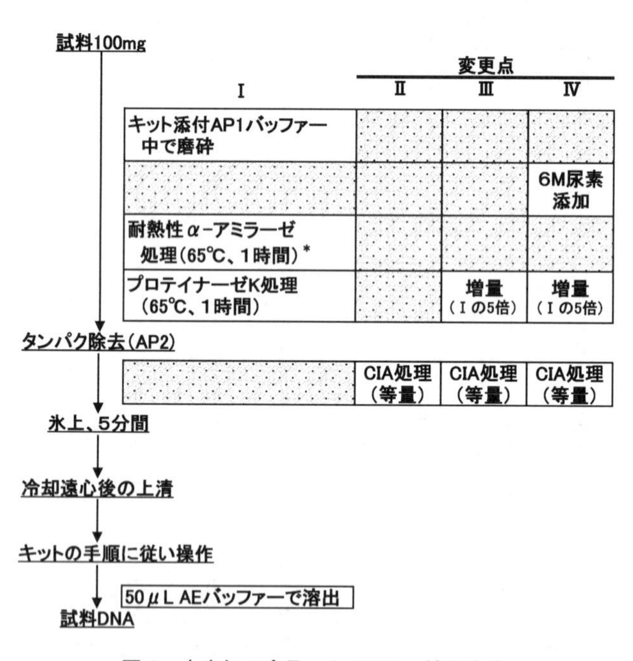

図3　小麦加工食品からのDNA抽出方法

・DNA抽出キットはDNeasy Plant Minikitを使用し，Ⅰの方法を基本とする。
・Ⅱ〜Ⅳは，Ⅰの方法にそれぞれの変更点を加える。
＊小麦粉を試料とする場合は，Ⅰの方法の耐熱性α-アミラーゼ処理を省略しても良い。

に判定できる。それらを利用できない環境にある場合はアガロースゲルまたはアクリルアミドゲル電気泳動法により，品種間の増幅長の差を比較検出して同定することも可能である。なお，分析データを遺伝子型カタログと照らし合わせ，品種を同定する作業を簡便に行うことができるソフトウェア「MixAssort[10]」が開発されており，農研機構・果樹研究所のホームページから無償で入手することができる。

特定品種または国産小麦を100%使用したと表示されている市販加工食品3種類（小麦粉，ゆでめん，パン）を供試し，キャピラリー型電気泳動装置およびフラグメント解析用ソフトウェアを用いて分析した結果の一例を図4に示す。「さぬきの夢2000」を使用した小麦粉および「チクゴイズミ」から作られたゆでめんでは，種子由来のDNAを供試したときと同じ結果が得られた。一方，国産小麦から作られたパンでは複数の増幅産物が検出され，複数の品種が含まれていることが示された。これらが国内品種であることを証明するためには，国外品種が混ざっていないことを示す必要がある。輸入小麦は加工用途に最適な品質となるよう複数の品種がブレンドされた「銘柄」の形で輸入され，その構成品種は年度によって変わる場合もある。すべての遺伝子型を確認し，品種を同定することは難しい。しかし，これまでの実験結果から，カタログ化した国外品種（銘柄の主要構成品種）の中で見出された，国内品種には存在しない遺伝子型の有無を調べることで輸入小麦の混入を検出できる可能性が示されており，簡便で効率的な識別も可能と考えられる[11]。ただし，実用的に利用する際には，毎年度，輸入小麦をサンプリングしてマーカーの有用性を確認する必要がある。

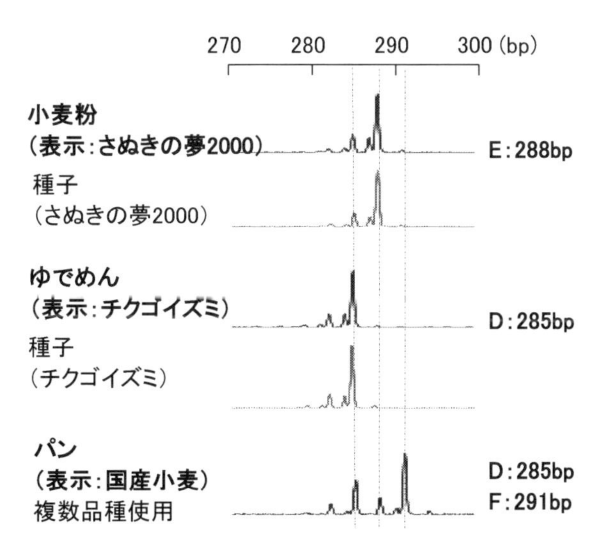

図4　マーカーTaSE123による加工食品および種子から抽出したDNAのPCR増幅パターン

5　おわりに

農産物における品種識別は，近年，種苗および収穫物とそれらを使った加工品に対する育成者権の保護および不正表示の防止を目的として，技術開発が広く行われるようになった。種苗のような植物体や生鮮食品の場合は，DNA の抽出や DNA マーカーの適用が容易であるが，加工された場合にはその程度により，DNA を用いた識別が不可能な場合もあると考えられる。小麦については加工されることが前提の農産物であることから，著者らの取り組みはまず，多様な小麦の加工食品から DNA を抽出できるかどうかを確認するところから開始した。現在では，小麦粉やめん類，パンをはじめ，糖類や油脂など小麦以外の原材料が多く含まれる菓子類についても簡便に DNA が抽出でき，DNA マーカーを適用できることが分かった。

SSR は，遺伝子型の数が多いために一つのマーカーで複数の品種を識別できることが多く，マーカーの数を増やすことによってその識別能力はさらに高まる。今回，国内で栽培または流通している品種を網羅的に対象として，開発した SSR マーカーによる識別能力を検討したところ，相互に識別できない品種があった。国内品種間で近縁度が高まっていることに起因するものと考えられ，すべての品種を識別するためにはマーカーの数を増やす必要がある。しかし，小麦は各品種がもつ特性から栽培地や加工用途がある程度限定されるため，実用上，すべての品種を識別できる技術が必ずしも必要ではないと考えられる。使用目的に応じて識別対象とする品種と必要なマーカーを選定し，効率的な利用をご検討いただきたいと思う。

現状では，実際に本技術を使った品種識別のサービスを提供する場はまだ確立されていない。実用化に際して，技術の精度や汎用性は十分に調査されなければならない。また，「農林 61 号」のように育成年が古く，広域に普及している品種については品種内多型が生じている可能性がある[2)]。さらに，栽培，流通，加工の過程で他品種の非意図的な混入が生じることも考えられるため，結果の取り扱いには慎重な対応が必要とされる。したがって，技術の有用性の確認には，原種，原原種の品種内多型の調査を含め，より多くのサンプル分析を重ねる必要があることを申し添える。

文　　献

1)　内村要介ほか，育種学研究，**別 2**, 113 (2000)
2)　小林俊一ほか，日作紀，**75**, 165-174 (2006)

3) 独立行政法人 農林水産消費技術センター，JAS分析試験ハンドブック 遺伝子組換え食品検査分析マニュアル 改訂第2版 (2002)
4) 大坪研一，ぶんせき，**2**, 77-82 (2003)
5) 藤田由美子ほか，DNA多型，**14**, 154-156 (2006)
6) 村上恭子ほか，香川県農業試験場研究報告，**59**, 45-49 (2008)
7) 村上恭子ほか，日本DNA多型学会第18回学術集会抄録集，62 (2009)
8) Y Fujita. *et al., Breeding Science*, **59**, 159-167 (2009)
9) H Fukuoka. *et al., BioTecniques*, **39**, 472-476 (2005)
10) 藤井浩ほか，DNA多型，**17**, 96-101 (2009)
11) 藤田由美子ほか，DNA多型，**17**, 110-113 (2009)

〈ELISA 法〉

第6章　ELISA 法の原理と測定法
～免疫反応の形式（サンドイッチ法，競合法）と測定反応（吸光法，蛍光法）ならびに測定時の注意点～

本庄　勉*

1　微量物質を定量する免疫測定法開発の歴史

ELISA 法は酵素で標識した抗体あるいは抗原を用いて被検溶液に含まれる微量目的物質を定量する免疫測定法の一種（酵素免疫測定法と訳す）である。

抗体を用いた微量物質定量法の歴史は 1950 年代に S. A. Berson と R. S. Yalow が放射性同位元素で標識したインスリンをトレーサーとして用い，インスリンの測定を行った（Radio Immunoassay：RIA と略される）[1]ことに始まる。

生体中に微量に存在するホルモン類の測定が可能となった画期的な発明であり，広く臨床検査に応用されることとなったが，放射性同位元素を使用する危険性や限られた施設でしか使用できないなどのデメリットもあり，現在では 1971 年に P. Perlmann と E. Engvall が酵素をトレーサーに用いて開発した ELISA 法[2]に殆どの測定が取って代わられるようになった。

2　ELISA 法の形式

ELISA 法には B(Bound)/F(Free) 分離を必要とするヘテロジニアス法と必要としないホモジニアス法の二つがあるが，農産物・食品の分析にはもっぱらヘテロジニアス法が用いられているので本書ではヘテロジニアス法について解説する。

ELISA 法には測定原理で分けると低分子から高分子まで応用が可能な競合法と高分子（抗原一分子に抗体が二分子以上同時に結合できるだけの分子量が必要）のみに応用が可能な非競合法（サンドイッチ法とも呼ばれる）の二つの方法がある。

2.1　競合法

競合 ELISA 法には固定化した抗体に標識抗原と被検溶液中の抗原を同時に反応させて競合さ

*　Tsutomu Honjoh　㈱森永生科学研究所　専務取締役

せる直接競合法（図1）と，固定化した抗原と被検溶液中の抗原とを共存させ，抗体を加えて溶液中の抗原と固定化抗原を競合させる間接競合法（図2）の二通りの方法がある。

以下に直接競合法と間接競合法の特徴と操作法を簡単に説明する。

2.1.1　直接競合法

図1にあるように目的物質に対する抗体をマイクロプレート等に固定化し，他の物質が吸着しないようにBSA等でブロッキングしておく。これに抗原と標識抗原を加えて抗体と反応させ，固定化抗体に結合しなかった抗原と標識抗原を洗浄除去した後，結合した標識抗原を酵素反応で検出する。被検溶液中の抗原量が多いと標識抗原の結合量が少なくなり，シグナルは小さくなるが，逆に被検溶液中の抗原量が少ないと標識抗原の結合量が多くなるので，シグナルは大きくなる。

2.1.2　間接競合法

図2にあるように抗原（低分子の場合はキャリアタンパク等に結合させて用いるのが一般的）をマイクロプレート等に固定化し，他の物質が吸着しないようにBSA等でブロッキングしておく。これに被検溶液を加え，更に抗体（一次抗体）を加えて反応させる。洗浄後，一次抗体に対する酵素標識抗体（二次抗体）を加えて反応させ，洗浄後結合した標識抗体を酵素反応で検出する。間接競合法の場合も被検溶液中の抗原量が多いと固定化抗原への抗体の結合量が少なくなり，シグナルは小さくなるが，逆に被検溶液中の抗原量が少ないと固定化抗原への一次抗体の結合量が多くなり，シグナルは大きくなる。

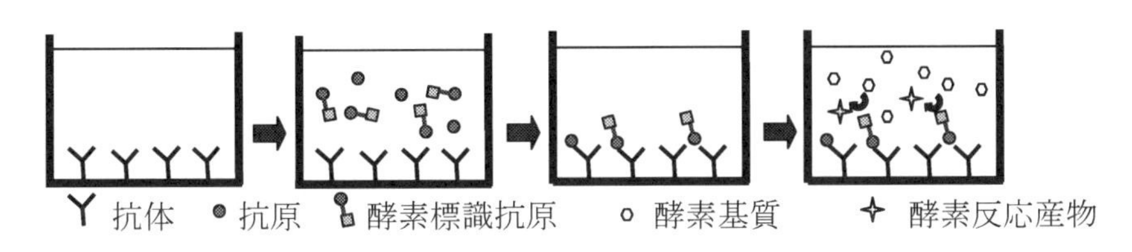

図1　直接競合法

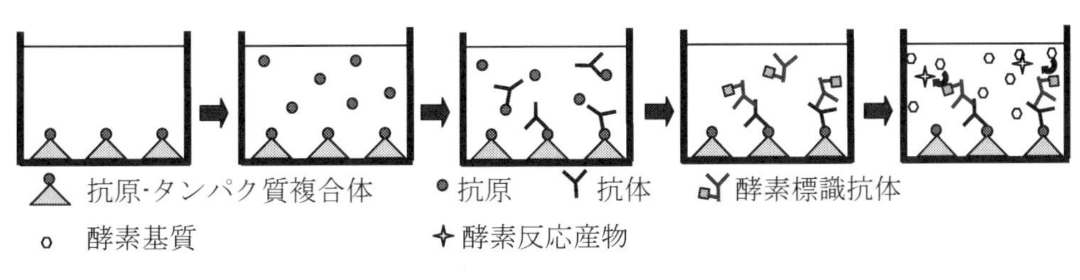

図2　間接競合法

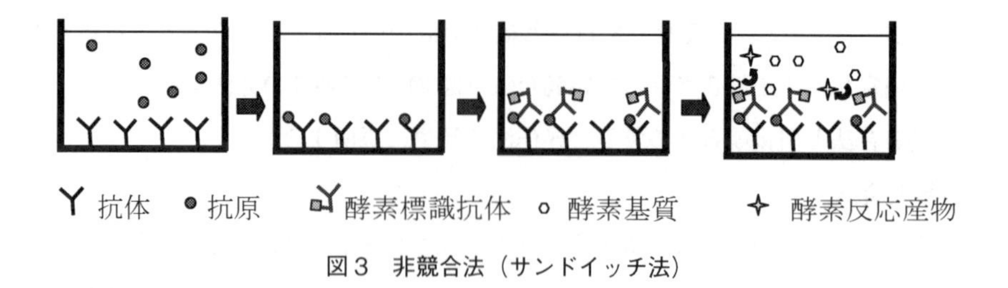

図3　非競合法（サンドイッチ法）

2.2　非競合法（サンドイッチ法）

非競合 ELISA 法は高分子物質に対してのみ構築可能な測定系であり，二分子以上の抗体が同時に結合できる物質のみが測定対象となる。

図3にあるように，測定抗原に対する抗体をマイクロプレート等に固定化し，他の物質が吸着しないようにBSA等でブロッキングしておく。これに被検溶液を加えて反応させ，洗浄後目的物質に対する標識抗体を加えて反応させ，洗浄後結合した標識抗体を酵素反応で検出する。非競合法では被検溶液中の目的物質が少ないと結合する標識抗体の量は少なくシグナルは小さくなるが，逆に抗原量が多いと結合する標識抗体の量は多くなり，シグナルは大きくなる。

非競合法はシグナル増幅系を組み込むことが容易であることから，タンパク質のような高分子量を測定対象とする場合の殆どでこの方法が用いられている。

3　ELISA 法で用いられる酵素と基質

3.1　ELISA で使用される酵素

ELISA 法で用いられる酵素には西洋ワサビペルオキシダーゼ，アルカリ性フォスファターゼ，β-ガラクトシダーゼ等が使われているが，近年は西洋ワサビペルオキシダーゼが良く用いられているようである。何れの酵素も ELISA 用に開発された製品があり，各社のカタログで確認することができる。

3.2　ELISA 法で用いられる基質

可視部に吸収のある酵素反応産物を産生する基質として西洋ワサビペルオキシダーゼでは3,3',5,5'-tetramethylbenzidine（TMB），*o*-Phenylene Diamine（OPD）等が，アルカリ性フォスファターゼでは *p*-Nitro Phenyl Phosphate（pNPP）等が用いられる。

感度を上げるために蛍光基質や発光基質が用いられることもあるが，読み取り装置が高価であるため広くは普及していないようである。

基質も ELISA 用に開発された製品があるので各社のカタログで確認することが出来る。そのまま使える基質溶液も市販されているが，組成は各社が開示していない上に性能がまちまちであるのでこれらを利用する場合には予め比較検討してから使用することが望ましい。

4 ELISA法の応用

ELISA法に代表される免疫測定法はインスリンをはじめとするタンパク質ホルモンやステロイドホルモン，腫瘍マーカー等の医療分野を中心として微量生体成分の分析法として発展してきた。

医療分野以外への応用はなかなか進んでいなかったが，最近になって食品分野，環境分野への応用が広がりつつあり，農薬類，アレルギー惹起食品，遺伝子組み換え作物，内分泌攪乱物質，POPs（Persistent Organic Pollutants，残留性有機汚染物質）等の測定系が開発・キット化され市販されるようになってきている。しかし，機器分析等に比べるとまだまだ裾野が広がっているとは言い難い。

医療分野以外への応用が進まなかったのは

① 免疫測定の必要性が感じられなかった

② 抗体作製が難しい

③ 検体のバリエーションが著しく多く，前処理を必要とするが技術が確立されていなかった

等が原因としてあげられる。

この内，①の測定の必要性については低分子物質であれば機器分析法が使用可能であり，あえて困難な抗体作製に取り組んでまで測定系を開発するニーズが無かったことが原因であろう。

②については現在でも特異性が高く，親和性の強い抗体を得ることはそれほど容易ではないが，1975年にG. J. F. KöhlerとC. Milsteinが開発したモノクローナル抗体作製技術[3]を用いることにより効率よく抗体を得ることができるようになった。特に抗体作製の困難な低分子物質や抗原性の低い物質に対して力を発揮している。

③については理想的な測定系ができたとしても殆どの場合で抽出操作を含む前処理が必須であり，更に抽出液を免疫測定に供すことのできる状態にまで処理する技術開発の難しさが原因となっている。

農薬やカビ毒，POPs等は水系の緩衝液に難溶性のものが多く，有機溶媒で抽出しても最終的には水と混和できる溶媒に転溶し，水で希釈して免疫測定できる状態にする必要がある。食品に含まれている水溶性のタンパク質でも加工によって通常の緩衝液に難溶性や不溶性となって回収率が低下するケースが多い。また，溶けていても分子の形が変わることで抗体との反応性が変化することも多く，解決しなければならないことが少なくない。このような障壁を乗り越えて初め

て免疫測定系は幅広い応用が可能となるのだが，免疫測定系開発に携わる研究者が少ないこともあり，一般化してこなかった。

しかし，近年になってこれらの障害を乗り越えてまで免疫測定系を開発する必要がでてきているが，その理由は以下の通りである。

① 大量検体を短期間の内に処理する必要がある

② 抗体の特異性を利用する必要がある

③ 機器分析に代わる安価な測定法のニーズがある

①についてはストックホルム条約によるPOPsの測定ニーズが飛躍的に高まったことが例としてあげられる。PCBを含んでいる可能性のあるトランス，コンデンサ等が日本国内で1,000万台程度保管されており，これらに含まれているPCBの濃度を短期間の内に測定する必要が生じている。機器分析で対応することは殆ど不可能な検体数であり，安価で迅速に大量測定が出来る免疫測定への期待は大きい。

②についてはアレルギーを惹起する食品原材料（特定原材料）の検査があげられよう。これまでの食品検査は栄養分析や食中毒菌の検査等が中心であり，食品原材料そのものを調べることは殆ど無かった。使われている食品原材料を特定するには食品原材料に共通に含まれている低分子物質ではなく，それぞれに含まれている遺伝子やタンパク質の特有の部分を検出することで可能となる。

遺伝子を指標とする場合にはプローブを設計することで特異性を確保することができるし，タンパク質を指標とする場合には吸収操作（交差反応する抗原に反応する抗体を除去する操作）で特異性を高めることができる。遺伝子を定量するには定量PCR法を利用するが，免疫測定法に比べると定量性が良くない。

免疫測定は標準品を同時に測定することで高い定量性を確保することができることに加えて多数検体を短時間の内に同時に処理することができるというメリットがある。

③については免疫測定法は高価な機器を必要とせず，百万円程度の初期投資で測定が可能となることから日本国内のみならず発展途上国を中心として幅広い分野での応用が期待されている。また，近年の「食の安心」への関心の高まりにより残留農薬が基準値を超えていないことを出荷前に短時間の内に調べて表示したいという差別化へのニーズもあげられる。

5 測定時の注意点

医薬品開発における分析は厚生労働省令で規定されている基準（分析法バリデーション）[4]に沿って行われなければならない。農産物や食品の免疫測定法についてはこのような基準は示されていないが，分析法についての基本的な考え方は全く同じであり，実施しようとする免疫測定でも試験法の妥当性は検証しておくべきである。特に農産物や食品は物理的性質，化学的性質が極めて不均一であり，全ての農産物や食品を同じ操作で分析することは極めて困難であることから分析しようとする対象毎に妥当な測定結果が得られるかどうかを確認しなければならない。

分析法バリデーションのテキストには

① 真度
② 精度（並行精度，室内再現性）
③ 特異性
④ 検出限界
⑤ 定量限界
⑥ 直線性
⑦ 範囲

について測定の妥当性を明らかにする手順が記されている。

ELISA法も分析法の一つであり，これに準じて測定の妥当性を確認してから測定を行うべきである。以下にELISA法で注意しなければならない項目を挙げて解説する。

5.1　抗体

ELISAを含む免疫測定で最も注意しなければならないのは使用する「抗体」の「性能」である。特に市販されているキットに使われている抗体についてはメーカーから提供される限られた範囲の情報（一般的な情報）しか知ることができないので，使用者は使用目的に応じてキットのバリデーションを行う必要がある。また，キットメーカーはできるだけ使用している抗体についての情報を使用者に届けるようにしなければならない[5,6]。

5.1.1　反応性

最初に考えなければならないのは，抗体が被検溶液中の抗原に対して適切に反応するかどうかである。検体の前処理法が指定されている場合でも検体によっては被検溶液の状態が必ずしも使用法に適した状態になっていない場合があるので，自分で構築した測定系ではもちろんのこと市販キットを使う場合でも，本格的に使用する前に実際の被検溶液を用いて希釈直線性試験と添加回収試験は最低限行う必要がある。理論通りの結果が得られない場合には原因を調べて解決策を講じる必要がある。

5.1.2　特異性

次に考えなければならないのは抗体の特異性である。特にモノクローナル抗体を使用する場合には，交差反応する物質で抗体を取り除くことにより特異性を高めることはできないので注意が必要である。交差反応性が低くても含量が多ければ異常な高値が得られてしまうため，農薬等の低分子物質では特に交差反応が考えられる類縁化合物に気をつける必要がある。特定原材料（アレルギー惹起食物）の場合にはタンパク質が測定対象なので近縁種との交差反応性に注意する必要がある。

5. 2　サンプルの前処理

臨床検査で検体として用いられる血液や尿は複雑系ではあるが著しく物理化学的性状が異なることは殆ど無く，前処理して測定するケースはあまりない。それに対して食品や環境に関する検体は物理化学的性状が異なる場合が多く，様々な前処理が必要となるので注意する必要がある。

一例を挙げると測定対象物の物理化学的性状によっては種々の溶媒への溶解度が異なり，抗体が苦手とする有機溶媒を用いなければならないこともある。このような場合，抗体との反応性が悪くなる場合があるので注意する必要がある。

加工食品中に含まれるタンパク質あるいは難溶性，不溶性タンパク質を定量する場合には可能な限り可溶化することが必要となる。筆者らは加工食品中のタンパク質を定量的に測定するために強力な陰イオン界面活性剤と還元剤を用いた抽出液を開発した[7]。これを用いることにより不溶化したタンパク質を可溶化し，併せてタンパク質の形を出来るだけ標準品と近づけることが可能になり，定量性の良い免疫測定系を開発することに成功している。この方法は穀類や豆類等に含まれる難溶性タンパク質や結合組織成分であるコラーゲンなどの定量にも応用が可能と思われる。

5. 3　ELISA 測定における一般的注意

ELISA 法で注意しなければならない点はいくつかあるが，サンプリング等については一般の生化学実験と殆ど同じである。

5. 3. 1　実験技術

ピペッティングのばらつきはそのまま測定値のばらつきに直結するので定期的にピペットを校正すると共に最低限の取扱技術を維持しなければならない。また，多数の検体を同時に測定する場合には全てのサンプルが同じ反応条件（反応時間，反応温度等）になるように注意しなければならない。

測定にあたってはできるだけ内部標準を測定し，再現性を確認するよう心がけ，再現性が無い場合には原因を探って対応しなければならない。

予想と異なる測定値が得られた場合には結果を鵜呑みにせず，希釈直線性や添加回収率の試験を行い，データの妥当性を確認する必要がある。

5.3.2　汚染対策

チップを用いるマイクロピペットは専用にしておかないと思わぬところでピペットが汚染されることがあるので注意しなければならない。どうしても専用に出来ない場合にはフィルター付きチップを使う等の配慮が必要である。特定原材料の測定では使用されている食品そのものを測定対象とする場合が珍しくないが，このような場合は特に注意を必要とする。

例えば小麦粉中の米の夾雑を測定しようとした場合，小麦粉そのものを検査室に持ち込むことになるが，不用意に検査室を汚染させると小麦の夾雑を調べることができなくなる。粉体で汚染された空間では汚染物質が長期間にわたってホコリと共に漂い続けるため通常の清掃で除去することは困難であり，測定中に汚染が起こって測定値が異常に高く出たりすることが往々にしてある。

このような事故を避けるためには少なくとも検体を秤量するところと測定するところは分け，測定場所に持ち込むのは抽出液にした状態で持ち込むべきである。

5.3.3　農産物・食品分析における注意点

食品検査室は様々な検体が持ち込まれており，測定対象物で汚染されている可能性があることから実験を始める前に汚染度合いを検査する必要がある。汚染されたエリアでは除染が確認できなければ測定してはならない。

遺伝子組み換え作物や特定原材料のように，含まれている測定対象物質の含量が著しく異なる検体を扱う場合には，抽出から反応容器への被検溶液の分注（あるいは反応後の洗浄）までコンタミネーションを起こさないように注意しなければならない。

前述したがマイクロピペットからの汚染，繰り返し使用する容器からの汚染，ホモゲナイザーからの汚染等全ての工程での汚染の可能性があるので細心の注意を必要とする。

6　おわりに

ここではELISA法の形式と簡単な操作手順，実際にELISA測定を行う際に注意しなければならないことを農産物・食品を測定対象とすることを念頭に置いて解説した。自分で測定系を構築する際にはもちろんのこと，思わぬトラブルが起こったときにも返るべき原点として測定原理（形式）を理解しておくことは間違いなく役に立つだろう。

測定時の注意点は筆者らの経験も踏まえ，できるだけ実務に合わせて記したつもりであるが，紙面の都合もあり全てを記すことはできていない。望むべくは得られたデータが論理的に矛盾無く説明できるような技術と試験環境を読者自身が構築できる一助になればと思うばかりである。

文　　献

1) S. A. Berson *et al.*, *J. Clin. Invest.*, **35**, 170 (1956)
2) E. Engvall *et al.*, *Immunochemistry.*, **8 (9)**, 871 (1971)
3) G. Koller *et al.*, *Nature*, **256**, 495 (1975)
4) 厚生省令第 21 号「医薬品の安全性に関する非臨床試験の実施の基準に関する省令」(平成 9 年 3 月 26 日，一部改正　厚生労働省令第 114 号　平成 20 年 6 月 13 日)
5) JIS K0461 競合免疫測定方法通則
6) JIS K0462 非競合免疫測定方法（サンドイッチ法）通則
7) Y. Watanabe *et al.*, *J. Immunol. Methods*, **300 (1-2)**, 115 (2005)

第7章　ELISA法を用いたアレルギー物質を含む食品の検査方法について
～甲殻類検出法を中心に～

柴原裕亮[*1]，上坂良彦[*2]

1　はじめに

食物アレルギーによるアレルギーの発症は増加傾向にあり，食品中のアレルギー物質による健康被害を未然に防止するため，平成13年4月よりアレルギー物質を含む加工食品にあっては，それを原材料として含むことを表示する制度（アレルギー表示制度）が開始されている[1)]。アレルギー表示制度は食物アレルギー患者が安全に食品を選べるように適宜見直しが行われ，最近では「えび」および「かに」が平成17年度即時型食物アレルギー全国モニタリング調査[2)]において相当数の発症件数が認められたことから，平成20年6月より特定原材料に追加された（図1）[3)]。日本では表1のように特定原材料として現在7品目が定められており，食物アレルギーの原因食物の中でも重篤度・症例数が多いため，その表示が義務付けられている品目である。特定原材料に準ずる表示奨励品目は現在18品目が定められており，過去に一定の頻度でアレル

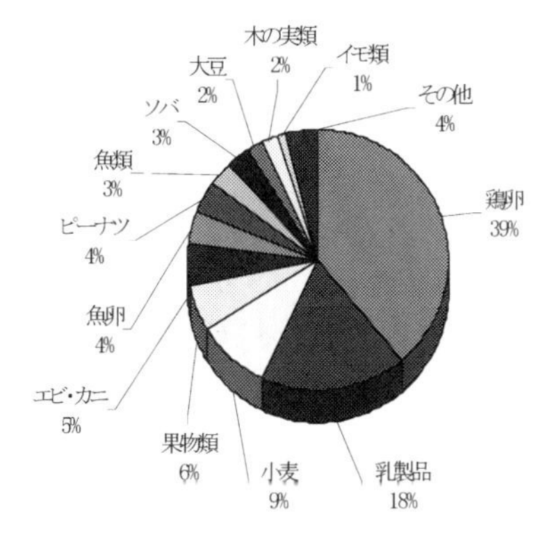

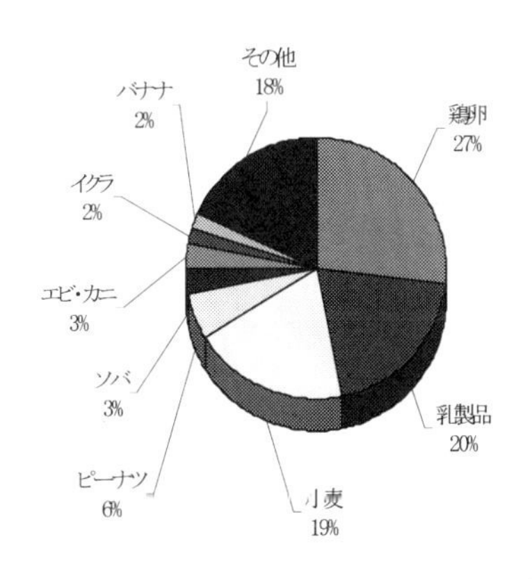

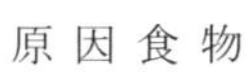

ショック症状を誘発した原因食物

図1　平成17年度即時型食物アレルギー全国モニタリング調査結果

＊1　Yusuke Shibahara　日水製薬㈱　研究開発部　サブリーダー

＊2　Yoshihiko Uesaka　日水製薬㈱　研究開発部　マネージャー

表1　特定原材料と特定原材料に準ずるもの

分類（規定）	名称	理由
特定原材料（省令）	卵，乳，小麦，えび，かに	症例数が多いもの
	そば，落花生	症状が重篤であり生命に関わるため，特に留意が必要なもの
特定原材料に準ずるもの（通知）	あわび，いか，いくら，オレンジ，キウイフルーツ，牛肉，くるみ，さけ，さば，大豆，鶏肉，バナナ，豚肉，まつたけ，もも，やまいも，りんご	症例数が少なく，省令で定めるには今後の調査を必要とするもの
	ゼラチン	牛肉･豚肉由来であることが多く，これらは特定原材料に準ずるものであるため，既に牛肉，豚肉としての表示が必要であるが，パブリックコメントにおいて「ゼラチン」としての単独の表示を行うことへの要望が多く，専門家からの指摘も多いため，独立の項目を立てることとする

ギーの発症が確認されているものや，引き続き調査を必要とする品目である。図1のモニタリング調査における原因食物の9割以上は，上記25品目で占められている。また，適切な表示を行うためには信頼性のある方法で検査を行う必要があり，日本においては検査のツールとしてELISA法が広く用いられている。本稿では，アレルギー表示制度における検査方法の概要とともに，ELISA法を用いた検査についてキットの特徴や注意点について，著者らが開発した食品中に含まれる甲殻類タンパク質を検出するFAテストEIA-甲殻類「ニッスイ」（甲殻類ELISAキット）[4,5]の実例を中心に紹介する。

2　検査方法の概要

厚生労働省通知法（通知法）「アレルギー物質を含む食品の検査方法について」（平成21年7月24日食安発第0724第1号）の別添1では，特定原材料の検査方法として，定量検査法にELISA法，定性検査法にウェスタンブロット法（WB法）またはPCR法が示されている。検査は2種の特性の異なるELISA法による定量スクリーニングを行い，両法で得られた結果と製造記録の確認に基づいて，表示が適正か判断される（別添2，3）。しかし，ELISA法は定量が可能な反面，交差反応が起こることがある。そのため，ELISA法の結果と製造記録から判断が不可能な場合は，特異性が高い方法であるWB法やPCR法による定性検査法（確認検査）を行うことになっている。また，別添4では標準品が原料および抽出方法を含めて規格化されており，異なるキットで検査した場合でも同一のものさしを用いることで結果の整合性が取れるようになっている。アレルギー表示制度に関する情報は，消費者庁の食品表示課ホームページ（http://www.caa.go.jp/foods/index.html）から入手可能である。

3　定量検査方法の基準と種類

通知法では，特定原材料等の定量検査法は，以下の基準を満たすものを用いることとなっている。

① 定量検査法においては，試験室数８以上，試料数５以上（ただし，試料に含まれる特定原材料タンパク質濃度レベルには，10 μg/g を含むこと）で実施した試験室間バリデーションで，50％以上，150％以下の回収率及び 25％以下の室間精度であること。

② これら試験室間バリデーションの結果および偽陽性，偽陰性のデータについて，説明書等に添付し，公表していること。

③ これらの検査方法の評価にあたって，参考として添付した「アレルギー物資を含む食品の検査方法を評価するガイドライン」に準拠していること。

現在市販されている上記の基準を満たした ELISA キットを表２に示す。特定原材料の「卵」，「乳」，「小麦」，「そば」，「落花生」の測定においては，FASTKIT エライザ Ver. Ⅱシリーズ（日本ハム㈱）およびモリナガ FASPEK 特定原材料測定キット（㈱森永生科学研究所），「えび」・「かに」では FA テスト EIA-甲殻類「ニッスイ」（日水製薬㈱）および甲殻類キット「マルハ」（㈱マルハニチロ食品）がある[6]。また，特定原材料に準ずる「大豆」も日本ハム㈱よりキット化されている。これらの ELISA キットは，マイクロプレートに固相化した特定原材料等に対する抗体と酵素標識した特定原材料等に対する抗体とのサンドイッチ ELISA 法を測定原理としている（図２)。ELISA キットによる食品検査の工程は，食品からの試料抽出液の調製（抽出操作）と ELISA キットによる試料抽出液の測定（測定操作）がある。抽出操作はミキサー等で均質化した試料と抽出液を混合して 12 時間以上室温で振とうする。測定操作は試薬調製から吸光度の測

表２　ガイドラインに準拠した ELISA キット

試薬名	FASTKIT エライザ Ver. Ⅱシリーズ	モリナガ FASPEK 特定原材料測定キット	FA テスト EIA-甲殻類「ニッスイ」	甲殻類キット「マルハ」
製造元	日本ハム㈱	㈱森永生科学研究所	日水製薬㈱	㈱マルハニチロ食品
項目	卵，牛乳，小麦，そば，落花生，大豆	卵白アルブミン，カゼイン，小麦グリアジン，そば，落花生	甲殻類	甲殻類

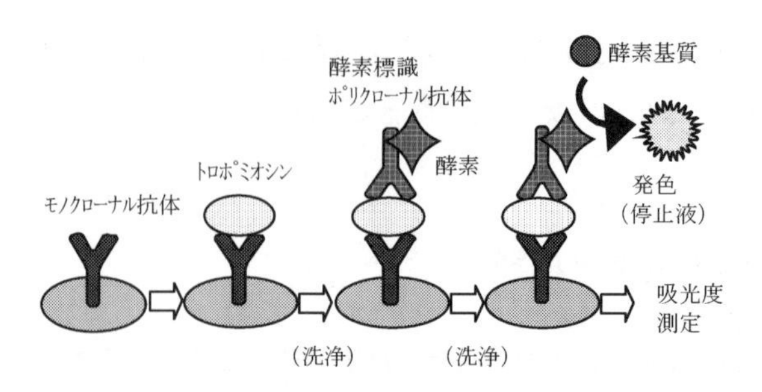

図２　サンドイッチ ELISA 法の測定原理（例：甲殻類 ELISA キット）

定まで２～３時間かかる。そのため，結果が得られるまでに２日間を要する。抽出操作における注意点には，抽出液の管理･保管・廃棄などの取り扱い方法が挙げられる。これは，平成 20 年７月からの 2-メルカプトエタノールおよびこれを含有する製剤の毒物指定に伴い，2-メルカプトエタノールを含有する抽出液も毒物および劇物取締法の規制を受けることになったためである。測定操作については，キットによって反応時間や洗浄回数が異なるので添付文書で操作方法を良く確認して行うことが必要である。

4　定量検査方法の性能

ELISA キットの測定範囲は，食品に含まれる特定原材料等の総タンパク質濃度に換算すると 0.31～20 μg/g である。標準曲線の例を図３に示す。アレルギー表示はアレルギー症状を誘発する抗原量の観点から，一般的には総タンパク質濃度として数 μg/g レベル以上で表示が必要とされている。また，通知法「アレルギー物質を含む食品の検査方法について」の別添３においては，スクリーニング検査での陽性の判断は総タンパク質で 10 μg/g 以上であることから，食品表示に求められる検出感度を十分に満たしている。

ELISA キットの特異性は，目的の特定原材料等のみを精度良く測定可能なことが理想であるが，抗体の交差反応性による偽陽性や食品への加工処理の影響による偽陰性を避けられないのが現状である。そのため，現時点で判明している偽陽性および偽陰性を示す可能性のある食品群が，ホームページなどを通じて公表されている。ELISA キットの検査では，結果が偽陽性や偽陰性でないかを，公表されて

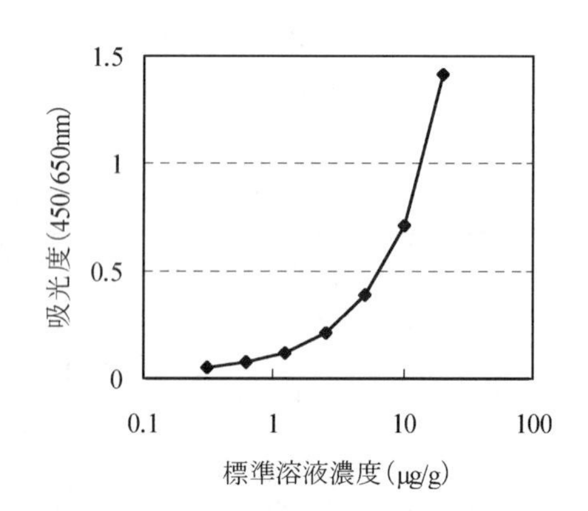

図３　ELISA キットの標準曲線
（例：甲殻類 ELISA キット）

いる食品群と参照して精査することが必要である。以後の節では，甲殻類ELISAキットで確認された事例を紹介する。

5　甲殻類ELISAキットにおける偽陽性の事例

通知法における「えび」には日本標準商品分類上の分類番号「7133 えび類（いせえび･ざりがに類を除く)」と「7134 いせえび・うちわえび・ざりがに類」で,「かに」の範囲は「7135 かに類」が該当する[7]。甲殻類ELISAキットは甲殻類全般に反応することから，おきあみ類などの「7136 その他の甲殻類」に対する反応が偽陽性である。このような偽陽性は，甲殻類ELISAキットに用いている抗体の反応性に起因する。甲殻類間におけるトロポミオシンのアミノ酸配列の相同性は88.3～100％と非常に高いことが報告されている[8,9]。一方，甲殻類以外について，えび類に属するブラウンシュリンプのトロポミオシンとのアミノ酸配列の相同性は，ダニ類で81％，たこ類のマダコで62％，貝類のマガキで61％，鳥類およびほ乳類で56～58％である[8～10]。「えび」および「かに」に特異的な領域はほとんど存在しないものの，甲殻類のみに共通な領域は認められることから，甲殻類ELISAキットに使用する抗体は甲殻類に特異的な認識部位（エピトープ）を持つ抗体を選択している。このように免疫反応を利用したELISAキットでは甲殻類の鑑別が不可能であるため，鑑別するには確認検査のPCRを行う必要がある。他の特定原材料においても類似した食品や近縁種の食品において偽陽性が起こる可能性があるため注意が必要である。

6　甲殻類ELISAキットにおける偽陰性の事例

一部の加工食品では，明らかに特定原材料由来の成分が含まれているにもかかわらず，検査キットを用いても特定原材料の利用が確認できない（偽陰性）場合がある。甲殻類ELISAキットにおける2例を紹介する。

甲殻類の特定成分のみを使用した例として，甲殻類の外殻を形成するキチン質より得られるキトサンや*N*-アセチルグルコサミンが挙げられる。サプリメントや食品添加物として使用されているこれらの物質は，甲殻類由来の成分を含むが，甲殻類ELISAキットの測定対象タンパク質であるトロポミオシンを含まないのでキットを用いて測定を行っても甲殻類由来の成分から製造されていることを判別できない。

また，甲殻類そのものが使用されている食品においてもエキスとして用いられている加工食品は偽陰性化する場合がある。エキスは原料甲殻類の持つ旨味や風味を引き出すために酵素処理等により低分子化しており，トロポミオシンがアミノ酸レベルまで分解されている場合がある。実際，甲殻類エキスをSDS-ポリアクリルアミドゲル電気泳動（SDS-PAGE）で解析すると図4のような結果となり，分解によりスメア状になっていることが確認できる。酵素処理によってエピトープが切断されたり，固相抗体と標識抗体のエピトープが異なる分解断片に存在すると，抗体サンドイッチが形成できなくなるので偽陰性化が起きる。他の特定原材料においても特定の成分や加水分解物を加工食品に用いるケースがあるため同様の偽陰性が起こると考えられる。

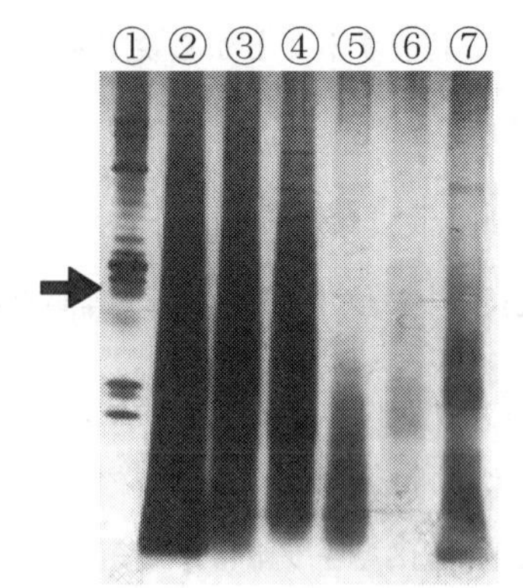

図4　甲殻類エキスの電気泳動
トロポミオシンの位置を矢印で示す。

以上のように，偽陽性および偽陰性はELISA法の測定原理上，発生が避けられない現象である。ELISAキットの性能には限界があるため，その特性を理解して使用するとともに，製造記録の確認や必要に応じて確認試験を行って適正な表示を行う必要がある。

7　甲殻類ELISAキット特有の事例

甲殻類ELISAキット特有の注意点として，甲殻類の生態や性質（自己消化作用）に起因した2つの事例を紹介する。

甲殻類の生息領域には，甲殻類以外の魚介類も存在していることから，これらの魚介類を網で分別せずに捕獲した際には「えび」および「かに」を含む甲殻類が混獲されている可能性が想定される。また，甲殻類を捕食している魚介類では加工の工程で消化管内容物が混入している可能性が想定される。これらについて国立医薬品食品衛生研究所が中心となって実態調査を行ったところ，海苔加工食品85検体中27検体，しらす・じゃこ類52検体中48検体，すり身132検体中59検体，二枚貝36検体中3検体より「えび」・「かに」等の甲殻類由来のタンパク質が検出された[11]。このような甲殻類の意図しない混入に関する情報は消費者庁ホームページ「アレルギー物質を含む食品に関するQ&A」においても紹介されているので，混入するケースや表示の判断について参考にしていただきたい。

甲殻類が持つプロテアーゼの自己消化作用によって偽陰性化した事例を紹介する[12]。ある施設において頭胸部や外殻を含む生サルエビの全身（whole）を検体としてキットに供したところ，検出限界以下となった。偽陽性化の原因を調べるためにサルエビのwholeと筋肉部分のみのキットについて反応性の比較を行ったところ，whole では検出限界以下，可食部では測定上限以上の強い反応性を示した。また，同じ試料を SDS-PAGE で確認したところ，whole ではタンパク質が低分子化していることが判明した。このことから，測定値の低下は抽出操作中に甲殻類の頭胸部に含まれるプロテアーゼによって測定対象タンパク質であるトロポミオシンが分解したことに起因すると推測された。また，サルエビ以外の頭胸部を含む非加熱の「えび」や「かに」，または加熱が不十分な「えび」や「かに」が使用されている食品（乾燥品を含む）を測定した際も，同様に反応性が低下した。この問題を解決するために抽出操作の検討を行い，プロテアーゼの影響を回避した加熱抽出法を開発した[12)]。加熱抽出法は，ロット管理を目的とした原材料検査で非加熱の「えび」や「かに」を whole で用いる場合や，ミンチ肉や粉末加工品といった外見では混入の有無が判別不可能な非加熱の「えび」や「かに」を含む恐れのある食品の検査を行う場合に適した方法である。

8　おわりに

アレルギー表示制度が利用されるにつれて，食物アレルギー患者とその家族らから，「はじめからあきらめていたものが食べられる機会が多くなった」「食物アレルギーに対する誠実な対応をする企業への信頼度が増した」などの意見が挙がるようになり，表示制度を有効に活用することで食品選択の幅が広がりつつある。しかし，ELISA キットには性能上の限界もあることから，その特性，使用方法，取り扱い上の注意点を良く理解して検査方法をうまく組み合わせることで，より精度よく，より効率的な食品中からのアレルギー原因物質の検査が行われ，アレルギー表示の一助となることを切望する。

本稿で紹介した内容は，厚生労働科学研究費補助金（食品の安心・安全確保推進研究事業）「食品中に含まれるアレルギー物質の検査法開発に関する研究」において，東京海洋大学，日本水産株式会社と共同で行った研究の一部である。ここで関係各位のご指導・ご支援に感謝の意を表する。

文　　献

1)　穐山浩，豊田正武，食品衛生研究，**52** (6), 65 (2002)
2)　海老澤元宏ほか，厚生労働科学研究費補助金 免疫・アレルギー疾患予防・治療研究事業

「食物等によるアナフィラキシー反応の原因物質（アレルゲン）の確定，予防・予知法の確立に関する研究」平成17年度 総括・分担研究報告書（2006）
3） 安達玲子ほか，ジャパンフードサイエンス，**47** (8)（2008）
4） 柴原裕亮ほか，日本食品科学工学会誌，**54** (6), 280 (2007)
5） Sakai, S. *et al., J. AOAC Int.*, **91** (1), 123 (2008)
6） 穐山浩ほか，免疫臨床・アレルギー科，**51** (4), 363 (2009)
7） 西嶋康浩，月刊 *HACCP*，**5**, 25 (2008)
8） 塩見一雄，魚貝類とアレルギー，p.88, 成山堂書店（2003）
9） Motoyama, K. *et al., J. Agric. Food Chem.*, **55**, 985 (2007)
10） Leung, P. S. C. *et al., J. Allergy Clin. Immunol.*, **98**, 954 (1996)
11） 酒井信夫ほか，日本食品化学学会誌，**15** (1), 12 (2008)
12） 柴原裕亮ほか，食品衛生学雑誌，**50**, 153 (2009)

第8章　イムノクロマト法を用いた食物アレルギー物質の簡易・迅速検査法
～イムノクロマト法の原理と食物アレルギー物質管理への適用～

神谷久美子[*1]，松本貴之[*2]

1　はじめに

平成13年4月に食物アレルギー物質表示制度が施行[1]され，食品企業には正確な原材料表示による情報提供が求められるようになった。適正な表示の検証のために，厚生労働省よりアレルギー物質を含む食品の検査方法が通知され[2]，定量法のELISA法と確認法のウエスタンブロット法もしくはPCR法が採用された。食品企業でも通知法であるELISA法を用いて表示確認を行い，食物アレルギー物質管理対策を講じるようになった。しかし，ELISA法では周辺機器などの設備投資が必要であることから，検査導入には困難な施設も多く存在する。また，予期せぬ食物アレルギー物質の混入や製造ラインを介したコンタミネーション等を回避するためには，HACCPに基づいた日常の管理項目として検査を実施することが望ましいが，ELISA法による管理は結果を得るまでに時間がかかることなどから，最適な手法とはいい難い。

このような現場の要望にこたえるものとして，近年イムノクロマト法による検査が普及してきている。イムノクロマト法は，妊娠診断薬やインフルエンザ検査薬をはじめ，様々な臨床検査や食品中の微生物検査等に使用されている簡易迅速検査法である。

イムノクロマト法は，操作が簡便で特別な機器を必要とせず，短時間での検査が可能であるため，食物アレルギー物質検査においても，最終製品検査のみならず原材料や製造ラインでの日常の管理検査として有用である。これらの理由が，イムノクロマト法を導入する食品企業や外食産業が増加してきた要因と考えられる。

本稿では，食物アレルギー物質検査におけるイムノクロマト法の適用について概説するとともに，イムノクロマト法を応用した「FASTKIT スリムシリーズ」の特長や利用方法について紹介する。

＊1　Kumiko Kamiya　日本ハム㈱　中央研究所

＊2　Takashi Matsumoto　日本ハム㈱　中央研究所　主任研究員

2 イムノクロマト法の原理と検査方法

イムノクロマト法とは，試料溶液をテストストリップに滴下後，反応時間約15分で赤紫色のラインの有無を目視で判定することにより結果が得られる，定性の簡易迅速検査法である。

現在，国内メーカー数社より食物アレルギー物質検出用イムノクロマトキットが発売されている。食物アレルギー物質（タンパク質）のうち，指標となる単独のタンパク質のみを検出するキットや，複数のタンパク質を検出するキットなど様々である。キットは，検査の内容と被検食品および各キットの特長をよく考慮の上，選択することをお勧めする。

2.1 測定原理

「FASTKIT スリムシリーズ」を例にとり，イムノクロマト法の測定原理と各部の名称を図1，および図2に示す。

テストストリップの試料滴下部に試料溶液を滴下すると，試薬含有部に含まれる金コロイド標識特異抗体(2)が溶解し，試料溶液中の食物アレルギー物質（タンパク質）(1)と複合体を形成する。これらの複合体が展開部を毛細管現象により移動し，判定ライン出現位置に固定化された特異抗体(3)に捕捉され，金コロイドによる赤紫色のラインを形成する。このラインを目視により確認し，試料溶液中の食物アレルギー物質の有無を判定する。

一方，試料溶液中の食物アレルギー物質の有無に関わらず，余剰の金コロイド標識抗体が展開部をさらに移動し，コントロールライン出現位置に固定化された非特異抗体(4)に捕捉され，赤紫色のラインを形成する。このラインの出現により，試料溶液が展開部を正常に移動し，検査が正常に行われたことが確認できる。

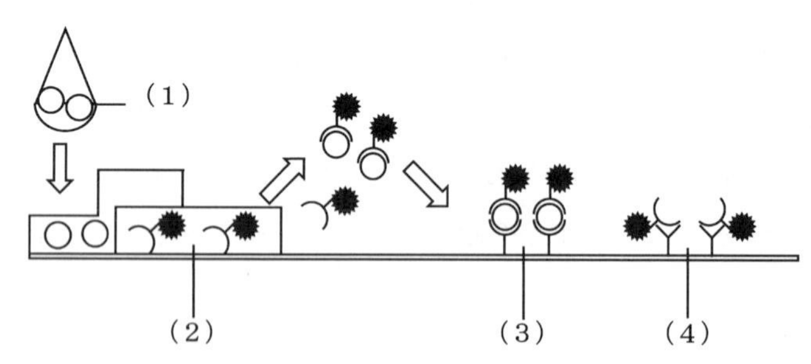

（1）試料溶液中の食物アレルギー物質（タンパク質）
（2）金コロイド標識特異抗体
（3）固相化特異抗体（判定ライン）
（4）固相化非特異抗体（コントロールライン）

図1 FASTKIT スリムシリーズの測定原理

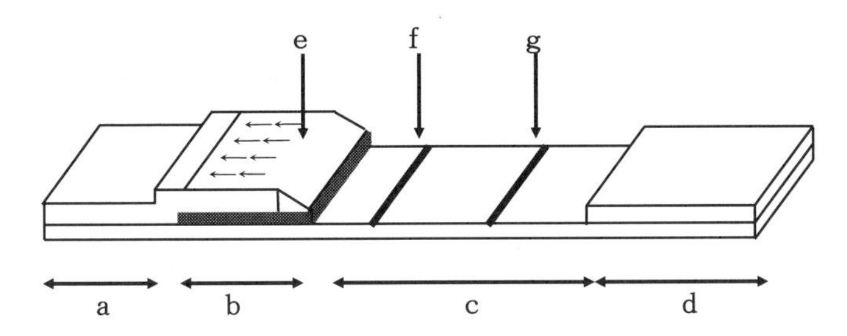

a．試料滴下部；試料溶液を滴下する部位
b．試薬含有部；反応に必要な試薬が含有されている部位
c．展開部；反応液が流れるニトロセルロース膜
d．吸収パッド；反応液を吸収する部位
e．測定項目記載位置；キットの測定対象が記載
f．判定ライン出現位置；赤紫色のラインが認められた場合は陽性と判定
g．コントロールライン出現位置；ラインの出現により反応液が確実に展開し、検査が正常に行われていることを確認

図2　FASTKIT スリムシリーズの各部名称

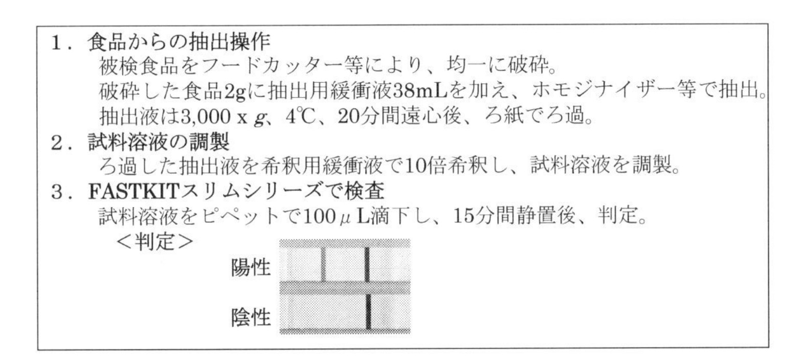
1．**食品からの抽出操作**
被検食品をフードカッター等により、均一に破砕。
破砕した食品2gに抽出用緩衝液38mLを加え、ホモジナイザー等で抽出。
抽出液は3,000 x *g*、4℃、20分間遠心後、ろ紙でろ過。
2．**試料溶液の調製**
ろ過した抽出液を希釈用緩衝液で10倍希釈し、試料溶液を調製。
3．**FASTKITスリムシリーズで検査**
試料溶液をピペットで100μL滴下し、15分間静置後、判定。
<判定>
陽性
陰性

図3　食品検体を用いたFASTKIT スリムシリーズの操作方法

2.2　食品検体を用いたイムノクロマト法の操作方法

食品より抽出操作を行って調製した試料溶液をテストストリップに滴下し，15分後に判定部に現れる赤紫色のラインの有無を目視で判定する。「FASTKIT スリムシリーズ」を例にとり，操作方法を図3に示した。

3　検査項目とキットの性能

3.1　検査項目のラインアップ

「FASTKIT スリムシリーズ」は，卵，牛乳，小麦，そば，落花生，大豆の6項目をラインアップしている（写真1)。このシリーズは，通知法に採用された「FASTKIT エライザ Ver.Ⅱシリー

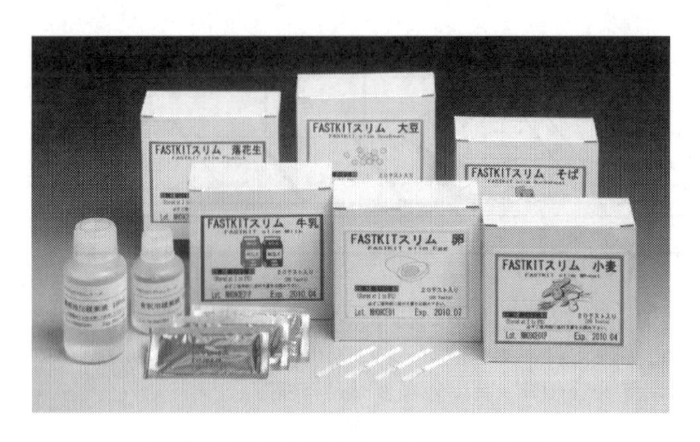

写真1　FASTKIT スリムシリーズの写真

ズ」と同様に，複数のタンパク質を認識するポリクローナル抗体を使用しており，食物アレルギー物質がそのまま使用されている場合はもちろんのこと，分離精製されて使用された場合にも検出可能なように設定されている。

3.2　検出感度とプロゾーン現象

「FASTKIT スリムシリーズ」は，各キットとも試料溶液中のタンパク質濃度が 25ng/mL（食品換算濃度 5 ppm に相当）以上のとき，陽性を示すようになっている。ただし，目視判定のため，最小検出感度は試験者や試験環境により差が生じる場合がある。

また，イムノクロマト法では，抗原が過剰に存在すると反応が偽陰性化する「プロゾーン現象」が認められる場合がある。プロゾーン現象とは，試料溶液中の抗原量が過剰に存在すると，金コロイド標識特異抗体と結合できなかった余剰の抗原が，単独で判定部上の固相化抗体に捕捉されるため，抗原-金コロイド標識抗体複合体が捕捉されにくくなり，判定部の赤紫色ラインが薄くなったり消失したりする現象である。

「FASTKIT スリムシリーズ」は食物アレルギー物質自体を検体とすると（例えば卵キットで卵そのものを検査すると）ラインは薄くなるが，判定ラインが消失することはない。検体中には食物アレルギー物質がどの程度含まれているかは分からないことが多い。食物アレルギー物質が大量に含まれているにもかかわらず，プロゾーン現象のため陰性と判定し，誤って大量に混入させることは，食物アレルギー患者の健康被害に直結する。したがって，プロゾーン現象によりラインが消失しないことは，定性法であるイムノクロマト法では大変重要である。

3.3　交差反応性

イムノクロマト法は抗原抗体反応を利用しているため，交差反応による偽陽性，あるいは反応

表1　FASTKIT スリムシリーズの偽陽性／偽陰性リスト

	偽陽性を示す食品	偽陰性を示す食品
卵	陽　性：発芽玄米，うずら豆 弱陽性：ほっけ，インゲン豆	発酵食品などタンパク質分解酵素で分解されたもの，容器包装詰加圧加熱食品，缶詰，レトルトパウチ食品など
牛乳	陽　性：なし 弱陽性：発芽玄米，ホタテ	
小麦	陽　性：大麦，ライ麦，オーツ麦，きび，たらこ，虎豆，マカダミアナッツ，アーモンド 弱陽性：鮭	
そば	陽　性：なし 弱陽性：黒米	
落花生	陽　性：発芽玄米，マカダミアナッツ 弱陽性：インゲン豆	
大豆	陽　性：うずら豆，虎豆，大正金時豆，えんどう豆，紫花豆，ガルバンゾー 弱陽性：インゲン豆	

阻害物質等による偽陰性が起こることがある。「FASTKIT スリムシリーズ」の偽陽性／偽陰性リストを表1に示す。なお，新しい情報を更新していくため，偽陽性／偽陰性を疑った場合には，ホームページに記載されているデータを確認することをお勧めする（http://www.rdc.nipponham.co.jp/fastkit/index.html）。

各キットに共通して，粘性の高い検体，着色の強い検体，pH，イオン強度，加熱・加圧により抗原が変性した検体，タンパク加水分解酵素等により分解を受けた検体は，判定結果の取り扱いに注意が必要である。

3.4　食品への適応例

「FASTKIT スリムシリーズ」の食品への適応例を表2(1)～(3)に示す。通知法である「FASTKIT エライザ Ver.Ⅱシリーズ」での測定値も併せて記載した。これらの表のように，「FASTKIT スリムシリーズ」の判定結果は，通知法である ELISA 法との一致率も高いため，「FASTKIT エライザ Ver.Ⅱシリーズ」を使用する前のプレスクリーニング検査に使用することもできる。

4　食物アレルギー物質管理における製造工程モニタリング検査の必要性と応用例

冒頭で述べたように，食品企業での食物アレルギー物質管理を考えた際に，ELISA 法のみでは管理を行うことが難しい状況である場合が多い。イムノクロマト法を導入すると ELISA 法と

表２　FASTKIT スリムシリーズの食品への適応例

(1)〈卵〉

サンプル名	原材料表示	FASTKIT スリム卵 試験結果	FASTKIT エライザ Ver.Ⅱ卵 試験結果
麺類 1	有	陽性	20ppm 以上
麺類 2	有	陽性	20ppm 以上
菓子類	有	陽性	20ppm 以上
焼き菓子 1	有	陽性	20ppm 以上
焼き菓子 2	有	陽性	20ppm 以上
食肉加工品 1	なし	陰性	1 ppm 未満
食肉加工品 2	なし	陰性	1 ppm 未満
レトルト食品	有	陰性	2.9ppm
パン類 1	なし	陰性	1 ppm 未満
パン類 2	なし	陰性	1 ppm 未満
調理パン	有	陽性	20ppm 以上

(2)〈牛乳〉

サンプル名	原材料表示	FASTKIT スリム牛乳 試験結果	FASTKIT エライザ Ver.Ⅱ牛乳 試験結果
麺類 1	一部に含む	陽性	20ppm 以上
菓子類	有	陽性	20ppm 以上
焼き菓子 1	有	陽性	9.5ppm
焼き菓子 2	有	陽性	20ppm 以上
食肉加工品 1	なし	陰性	1 ppm 未満
食肉加工品 2	有	陽性	20ppm 以上
レトルト食品	有	陽性	20ppm 以上
パン類 1	有	弱陽性	11.3ppm
パン類 2	有	弱陽性	7.7ppm
調理パン	一部に含む	陽性	17.0ppm

(3)〈小麦〉

サンプル名	原材料表示	FASTKIT スリム小麦 試験結果	FASTKIT エライザ Ver.Ⅱ小麦 試験結果
麺類 1	有	陽性	20ppm 以上
菓子類 1	有	陽性	20ppm 以上
菓子類 2	一部に含む	陰性	1 ppm 未満
焼き菓子 1	有	陽性	20ppm 以上
焼き菓子 2	有	陽性	20ppm 以上
食肉加工品 1	一部に含む	陰性	1.4ppm
食肉加工品 2	一部に含む	弱陽性	1.1ppm
食肉加工品 3	なし	陰性	1 ppm 未満
レトルト食品	有	陽性	20ppm 以上
パン類 1	有	陽性	20ppm 以上
パン類 2	有	陽性	20ppm 以上
調理パン	有	陽性	20ppm 以上

比べて短時間で簡易に検査ができるため（表3），製造工程の管理ポイントをおさえた効率的な検査が可能となる。

4. 1　製造工程管理におけるモニタリング

表4に検査によるモニタリング例を示した[3)]。食品の表示ミスやコンタミネーションが起こりやすい工程ポイントは大きく分けて「原材料からの持込み」「機器類を介した混入」，および「製造環境等に由来する混入」である事が多い。

まず，原材料の検査であるが，新規な原材料の選定やロット変更時などに検査を実施するだけでなく，納入された原材料の試験成績書との整合性を確認する意味でも，検査をルーチン化しておくことが望ましい。次に，機器類の検査であるが，食物アレルギー物質の混入を防ぐために高い効果が期待されるのが，機械・器具類の洗浄を確実に行うことである。その際の洗浄・清掃の確認として，イムノクロマト法を用いたふき取り検査は製造現場での日々の管理に有効である（ふき取り検査の詳細は4. 2項に記載）。最後に，製造環境等の検査であるが，製造環境では，主

表3　ELISA法とイムノクロマト法の特長

	ELISA法	イムノクロマト法
長所	・通知法に準拠 ・含有量の確認が可能（定量検査）	・当日中に結果が得られる（迅速） ・検査時間が短い（15分反応） ・特別な機器を必要とせず操作が簡単
短所	・アレルギー物質の抽出に一晩必要（結果の判定が翌日） ・検査時間が長い（3.5時間程度必要） ・周辺機器（プレートリーダー等）の設備投資が必要 ・検査に熟練を要する	・通知法に準拠していない ・定性検査

表4　製造工程管理ポイントと検査目的

管理ポイント	検査実施目的	実施方法
原材料	試験成績書の確認	納入された原材料を定期的に検査を行い，試験成績書との整合性を確認する。
機器類	機械，器具類の洗浄度確認	汚れが残存している可能性の高い箇所についてふき取り検査を実施。
製造環境等	粉末原材料の舞い上がり状況確認 製造ラインからの飛び散り	生理食塩水10mLを分注したシャーレ等を設置し，その生理食塩水をサンプルとして検査を行う。
最終製品	表示と整合性の確認 外部提出用試験成績書発行 混入の有無の確認	最終製品の抜き取り検査を実施（抜き取り頻度を増やすこと，およびロット間差の確認を推奨）。

に空気中に舞い上がった粉末原材料や製造ラインからの飛び散りを確認するための検査が中心となる。なお，検査室など試験環境中での粉末原材料の飛散が，試験結果の偽陽性を引き起こす場合もあるため注意が必要である。

最終製品の抜き取り検査による表示との整合性確認以外にも，各工程ポイントにおける危害を十分認識し，定期的な検査によるモニタリングをすることが重要である。

4.2　ふき取り検査の方法

機械・器具類による混入の回避には，十分な清掃・洗浄とその効果を検証することが重要である。図4にふき取り検査の一般的な操作方法を示す。

食物アレルギー物質の混入を防ぐためには，汚れの残っている可能性が高い箇所，すなわち洗いにくい箇所を全面ふき取ることが重要である。汚れが残存する可能性が高い箇所を試験しなければ，検査が陰性であるにもかかわらず最終製品で混入が認められる可能性がある。したがって，ふき取り箇所の選定が重要な作業となる。

なお，洗浄の評価には洗浄後のリンス水の検査もよく実施されているが，やむをえない場合を除き，ふき取り検査をお勧めする。なぜならば，使用するリンス水を常に一定量にすることが難しいため，結果の比較が困難なこと，大量のリンス水を流すためリンス水中の食物アレルギー物質濃度が低くなり，検出しづらくなることなどが挙げられる。

4.3　ふき取り検査試験例

当社にて，試験的に実施したふき取り検査例を紹介する。

試験方法は，①ボウルに割った生卵を菜箸で攪拌，②フライパンで卵焼きを作り，まな板にのせ，包丁で切断，③スポンジでボウルと菜箸，フライパン，まな板および包丁を水洗いおよび中

1．ふき取り箇所の選定
汚れが残存している箇所（洗い難い箇所）を特定する。

2．ふき取り器具の準備
生理食塩水を試験管等に分注し、市販の綿棒を湿らせておく。
（微生物用のふき取りキットを使用するときは、内容液に注意する。）

3．ふき取りの実施
湿らせた綿棒を用いて、ふき取り箇所全面をふき取る。

4．綿棒の洗浄
ふき取った綿棒を2で分注した生理食塩水に浸し、付着した汚れを生理食塩水中に懸濁させる。

5．イムノクロマトキットを用いた検査
懸濁液をそのまま100μLピペットで分取し、イムノクロマトキットに滴下する。15分後にラインの有無を確認する。

6．結果の検証
ふき取り検査と製品検査結果を比較照合する。

図4　ふき取り検査の操作方法

表5　試験的ふき取り検査の結果

	洗浄前		水洗後		洗剤洗浄後	
生理食塩水量	1 mL	10mL	1 mL	10mL	1 mL	10mL
ボウル	陽性	陽性	陽性	陽性	弱陽性	陰性
菜箸	陽性	陽性	陽性	陽性	陽性	陽性
フライパン	陽性	陽性	陽性	陰性	陰性	陰性
まな板	陽性	陽性	陽性	陰性	陰性	陰性
包丁	陽性	陽性	陰性	陰性	陰性	陰性
スポンジ	未試験	未試験	陽性	陽性	陰性	陰性

性洗剤で洗浄，④それぞれについてふき取りを行い，「FASTKIT スリム卵」キットにて検査を行った。この試験の結果，汚れを洗い落としにくい菜箸の滑り止め部分やまな板の凹凸の溝から，洗浄後でも卵タンパク質が検出された。また，洗浄に用いたスポンジからも卵タンパク質が検出されたことから，洗浄器具を介してコンタミネーションが生じる可能性があることも考慮に入れる必要がある（表5）。

このように現在の洗浄方法の妥当性をイムノクロマト法を用いて確認することで，機器・器具類の洗浄不足による食物アレルギー物質の混入を回避することができる。

5　おわりに

食物アレルギー患者の増加から，食物アレルギー物質の適正な表示が義務化されたことにより，多くの患者は原材料表示の内容を確認し，食品を選択することができるようになった。しかし，その表示に誤りがあれば，食物アレルギー患者の健康被害につながることになる。したがって，食品企業は正確な情報を発信し，安全な商品を提供する責任がある。

食物アレルギー対策は特別なものと認識されていることが多いが，製造現場で現在行っている作業内容をきちんと検証すること，加えて工程管理ポイントをおさえてイムノクロマト法を用いた検査を行うこと（例として原材料検査やふき取り検査など），これらを実施することで食物アレルギー物質管理対策をより確実に行うことができる。

イムノクロマト法は製造現場や大規模な検査設備を持たない食品企業，外食産業でも食物アレルギー物質の管理用ツールとして容易に導入することが可能であり，意図せぬ食物アレルギー物質の混入をより確実に回避することができる検査キットである。広く製造現場に浸透し，アレルギー表示適正化の一助となることを望む。

文　　献

1) 厚生労働省：アレルギー物質を含む食品に関する表示について（平成 13 年 3 月 21 日食企発第 2 号食監発第 46 号，最終改正平成 21 年 1 月 22 日食安基発第 0122001 号食安監発第 0122002 号）
厚生労働省：食品衛生法施行規則の一部を改正する省令の施行について（平成 20 年 6 月 3 日食安発第 0603001 号）
2) 厚生労働省：アレルギー物質を含む食品の検査方法について（平成 14 年 11 月 6 日食発第 1106001 号，最終改正平成 21 年 1 月 22 日食安発第 0122001 号）
3) 神谷尚徳，松本貴之，森松文毅，月刊フードケミカル，**2**, p44-49 (2009)

第9章　イムノクロマト法の高感度化技術と新展開

永谷尚紀*

1　はじめに

イムノクロマト法は，特別な測定機器を用いずとも目視のみで検査が行なえる低コスト，迅速で簡便な方法であり，医療，環境，食品など様々な分野で利用されている。薬局で購入可能な妊娠診断薬は，尿のみで自己検査が可能な誰でも簡便に検査が行なえるイムノクロマト法の代表例である。また，2001年頃からイムノクロマト法を用いたインフルエンザの迅速診断キットが臨床の現場で使用されるようになり，現在では，臨床検査技師などの専門家が居ない様な小規模の医療機関でも簡便にインフルエンザの検査ができるようになっている。

目視で迅速に検出が可能なイムノクロマト法であるが，問題点もある。検出の感度（精度）がELISA（Enzyme-Linked ImmunoSorbent Assay）に比べ劣るという問題がある。例えば，2009年に発生した新型インフルエンザでは，国立感染症研究所などが，神戸市の新型インフルエンザ患者43名を調べたところ，そのうち20名（約47%）は，イムノクロマト法での検出ができなかった。また，大阪府の患者23名の調査でも7名（約30%）が，陰性と判断されるなど検出の精度に問題がある[1)]。これらは，インフルエンザに感染した直後や治りかけの時期には，排出されるウイルスの量が少ないため，イムノクロマト法で陰性と判断されるためだと考えられる。新型インフルエンザの検査を空港で行ない国内での流行を防ごうとしたが，感染が拡大したのはイムノクロマト法で患者の陽性が判断できなかったためとも言われている。

イムノクロマト法はELISAと異なり，抗原・抗体反応以外の非特異的な吸着を洗浄する操作を省いて簡便な検出を行なうため，抗原に対する特異性の高い抗体を用いることが，イムノクロマト法を高感度にする最も基本的な方法である。それ以外の高感度の手法としては，抗原・抗体反応を目視で可能にする仕組みを工夫する手法，イムノクロマト法が持つ特有の検出方法を利用する方法がある。本章では，イムノクロマト法の高感度技術を紹介すると共にPCR（polymerase chain reaction）産物の検出，抗体以外の認識素子を用いるイムノクロマト法の新展開に関して紹介する。

---

*　Naoki Nagatani　岡山理科大学　工学部　バイオ・応用化学科　准教授

2　イムノクロマト法の高感度化

イムノクロマト法は，細長いテストストリップ（イムノクロマトテストストリップ）を用いて抗原・抗体反応の検出を行なう。図1にハーフストリップと呼ばれる最も簡単な構造をしたテストストリップの作製法を示す。ニトロセルロースメンブレンに一次抗体と抗IgGを塗布する。一次抗体はテストラインを示すための測定対象の抗体であり，抗IgG抗体は検査が正しく行なわれたことを示すためのコントロールラインを表示するために使用される。ニトロセルロースメンブレンに抗体を塗布した後に非特異的な吸着を防ぐためのブロッキング，ウォッシングを行ない乾燥後に，バッキングシートと吸収パッドを取り付け，裁断機で切断し細長いテストストリッ

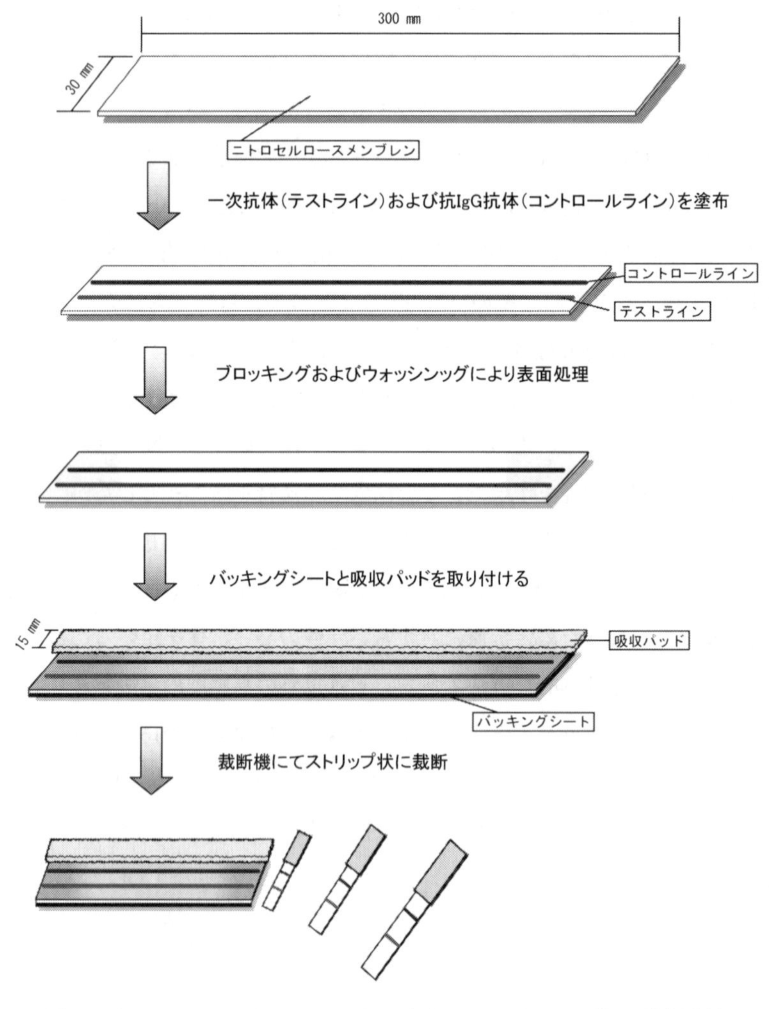

図1　イムノクロマトテストストリップ（ハーフストリップ）の作製方法

プとなる。ハーフストリップの場合は，金コロイド等を標識した抗体と測定溶液を混ぜ合わせた後にテストストリップに吸収させ抗原・抗体反応を検出する。ハーフストリップにグラスウールに金コロイド等を標識した抗体を乾燥固定させたコンジュゲートパッド，測定溶液を滴下させるサンプルパッドを備えたテストストリップをフルストリップと呼んでいる。抗原・抗体反応の検出原理は，テストストリップに吸収された測定溶液が抗原・抗体複合体となりニトロセルロースメンブレン上を展開しテストラインで抗原が二次抗体，一次抗体でサンドイッチ状に捕らえられ二次抗体に標識した金コロイドや着色ラテックスビーズの集積によって発色することを基本としている。イムノクロマト法は，抗原・抗体反応を簡便に目視で確認できるようにする手法であり，蛍光ラテックスビーズや磁性微粒子を二次抗体に標識し高感度化を実現しようとする研究，開発も行なわれているが，いずれの方法も高感度化を実現するためには測定機器が必要であり，これらの手法に関しては，ここでは割愛する。

2.1　抗原・抗体反応を目視で可能にする仕組みを工夫する手法

抗原・抗体反応を目視で可能にする仕組みを工夫する手法としては，金コロイドや着色ラテックスの標識を酵素に変えて発色液でテストラインを可視化する技術がある。富士レビオ㈱が市販化した技術であり，テストストリップと発色液が一体化したカセットになっている。カセットの検体滴下部に試料液を滴下後，検体滴下部の後方に配置された発色液でテストストリップ上を展開させる構造となっている。この方法では，インフルエンザウイルス液の最小検出濃度は5.8×10^2～5.8×10^3pfu/assayで，検出感度は金コロイドを用いた従来製品より2～10倍上昇していると報告[2]されている。

従来の金コロイドを白金-金コロイドを用いることで高感度にする技術も市販化された技術である。白金-金コロイドは，㈱タウンズと東京工業大学の共同研究により開発された技術であり，金コロイド粒子の表面に白金コロイド微粒子を担持させることで，抗体との結合力を強化し，安定性にも優れるという性質を備えている。従来の金コロイドを用いた場合，テストラインは赤色であるが，白金-金コロイドを用いることによって黒色になりテストラインが見やすくなっている。インフルエンザウイルスの最小検出感度はA型インフルエンザで$7.5\times10^3TCID_{50}$/テストでありB型インフルエンザで$7.5\times10^4TCID_{50}$/テストであり，従来品より飛躍的に感度が向上している（図2）。

写真現像の銀塩増幅技術を応用したイムノクロマト法も富士フイルム㈱から報告されている。イムノクロマト法で用いる金コロイドは数十nmの大きさであり，金コロイドと銀イオンと還元剤を共存させると金コロイドの周りに銀イオンと還元剤が反応し金属塩が生じやすくなる白黒写真現像技術の応用である（図3）。平成23年秋での商品化を目指した技術であり，市場にある一般的なインフルエンザ迅速診断技術と比較して約100倍の高感度で検出することに成功している。

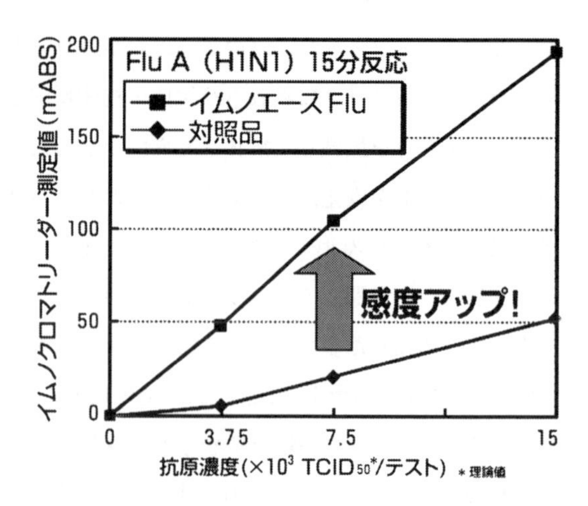

図2 白金-金コロイドを用いたインフルエンザウイルス高感度検出
㈱タウンズより引用(http://imunoace.jp/imuno_flu.html)

抗原・抗体反応を目視で可能にする仕組みを工夫する手法では，一次抗体，金コロイド，検出物である抗原を増感剤として用いる高感度検出法を筆者らも報告[3]している。低濃度の抗原をイムノクロマト法で検出する場合，抗原と結合できずに金コロイド粒子の表面上に存在する二次抗体も多数ある。そこで，金コロイド標識一次抗体に僅かな抗原を加え増感剤とした。試料溶液の展開終了後に再度，増感剤を展開することによって高感度の測定が可能となる。増感剤として用いられている金コロイド粒子表面上の一次抗体は，全て抗原と結合していないためテストライン上で二次抗体と結合し一次抗体とサンドイッチ状に結合していない抗原に対しても増感剤が結合できる。そのため低濃度でも高濃度の抗原でもテストラインの視認性が向上するように工夫されている（図4）。この方法で妊娠診断に用いられるヒト絨毛性ホルモン（hCG）の検出を行ったところ，25pg/mLのhCGの検出が可能であり，テストラインの濃さは増感剤を用いない場合の1 ng/mLと同等であった。この方法は，一次抗体と二次抗体が抗原の異なる部位を認識する抗体を用いたイムノクロマト法に適用可能な方法であり，ポリクローナル抗体を用いるようなイムノクロマト法では，バックグラウンドが現れるため適用できない。

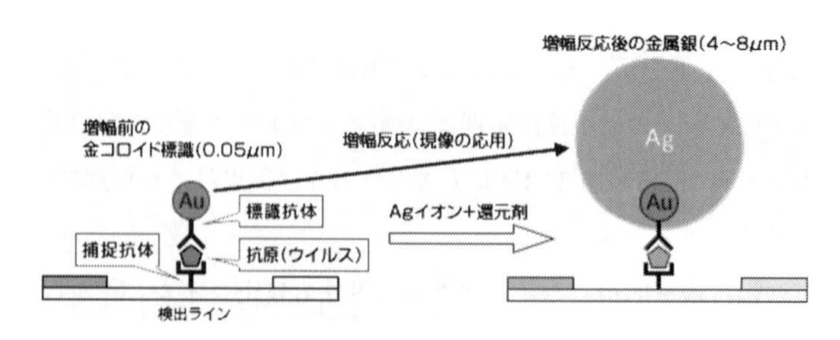

図3 写真現像の銀塩増幅技術を応用したイムノクロマト法の高感度化
富士フイルム㈱より引用（http://www.fujifilm.co.jp/corporate/news/articleffnr_0317.html）

2.2 イムノクロマト法が持つ特有の検出方法を利用する方法

金コロイドや着色ラテックスを用いたイムノクロマト法は，金コロイドや着色ラテックスをテストラインに集積させることでラインを発色させ，目で見えるようになることを利用している。検出限界以下の低濃度の抗原では，金コロイドや着色ラテックスのテストラインへの集積が足りずに発色しないだけであり目に見えない程度の粒子は集積している。筆者らは，テストライン上に発色しない程度の金コロイドや着色ラテックスを固定すれば，発色するまでの金コロイド，着色ラテックスが少なくなり高感度化が可能であると考え，金コロイドをテストラインに極僅か固定したイムノクロマト法の開発を行なった（図5）。この方法でhCGの検出を行ったところ，金コロイドを固定しない従来の方法では100pg/mLが検出限界であったが，金コロイドを固定した場合には1pg/mLの検出が可能であった[4]。また，実際にヒト血清に対して前立腺ガンマーカーである前立腺特異抗原（PSA）の測定を行なったところ，従来法では4ng/mLの検出感度であったが，金コロイドを固定した高感度法の場合には2ng/mLであった[5]。

非イオン性界面活性剤であるTween20は，ELISAの場合に非特異的吸着を洗浄する場合に使用される。洗浄に使用される濃度は，0.05%と低濃度で使用されるが，イムノクロマト法では，試料の希釈液，展開液に3%以上の高濃度の界面活性剤を使用することでテストラインが濃くなり高感度となる場合がある。イヌのストレスマーカーである分泌型免疫グロブリンA（sIgA）を3%のTween20を含んだリン酸緩衝液で希釈することにより，テストラインが濃くなること

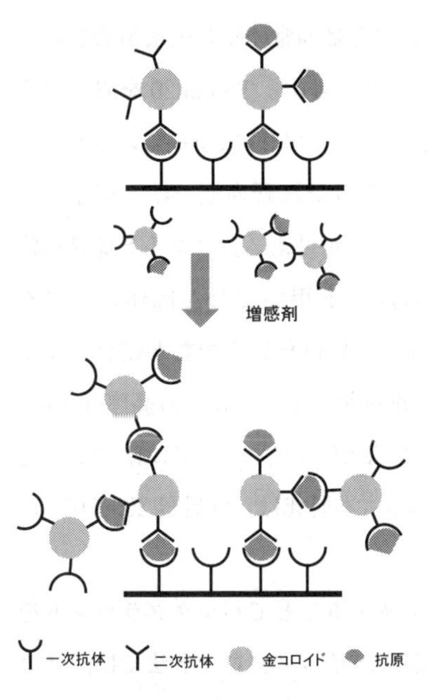

図4　増感剤を用いた高感度法

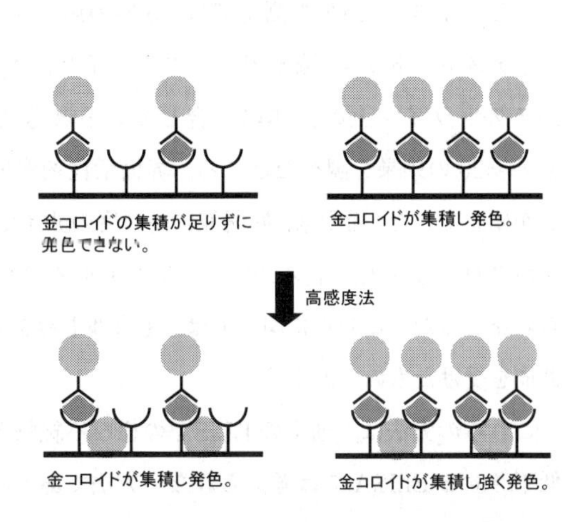

図5　金コロイドをテストラインに固定する高感度法

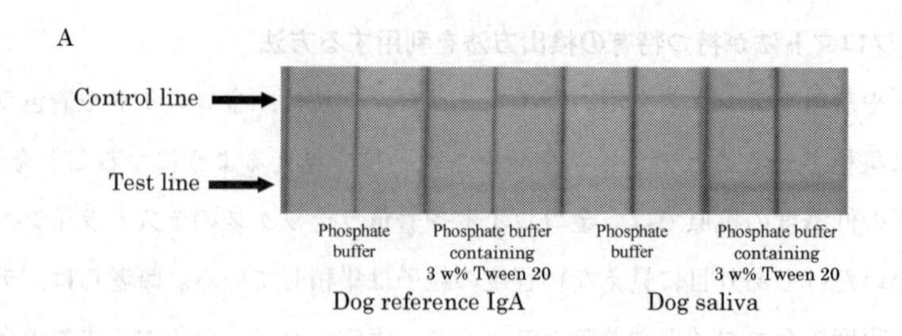

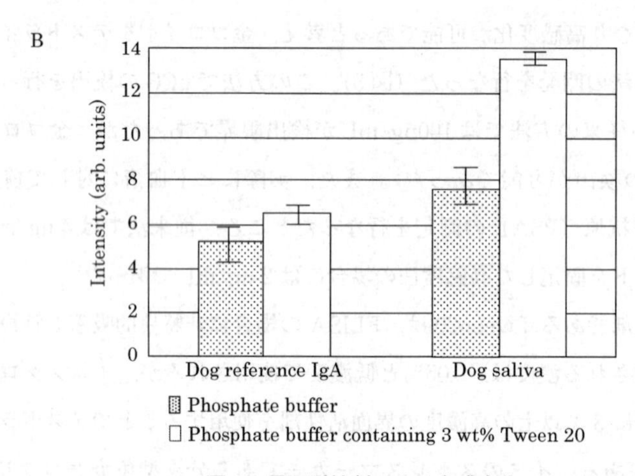

図６　界面活性剤による高感度化
A：イムノクロマト法，B：テストラインの濃さ

が分かった[6]。この場合，精製したIgAでは，テストラインの濃さは通常のリン酸緩衝液との差が見られないが，イヌの唾液を用いた場合に大きな差が見られた（図6）。Tween20を濃くすることで，抗体に不純物が結合しやすくなり，金コロイドが集積しやすい状態になっていると考えられる。イヌのsIgAの測定では，5％の濃いTween20を含んだリン酸緩衝液では，抗原なしでもテストストリップ乾燥後にテストラインに極僅かな赤いラインが見え，金コロイド標識抗体がテストライン上の抗体に結合していると考えられる。Biacoreを用いてIgA抗体に対するTween20の効果を調べたところ，界面活性剤濃度が濃くなるに従い抗体に不純物が結合することが確認できた。希釈液，展開液に高濃度の非イオン界面活性剤を混ぜることによる高感度化は，免疫グロブリンE，インフルエンザウイルスでも確認できているが，PSAの検出には効果が見られなかった。この点に関しては，もう少し検討が必要である。（本研究は，科研費20567031の助成を受けたものである。）

これらの方法は，通常のELISAの様な不純物との結合を洗浄することでバックグラウンドを低下させるELISAでは考えられない方法である。しかしながら，イムノクロマト法では，金コロイド，着色ラテックスが集積しなければ目視で確認できない。イムノクロマト法が持つ特有の検出法を利用した高感度法である。微量の金コロイドをテストラインに固定する高感度化，界面活性剤を展開液，希釈液に混ぜる高感度化も，最適な量を検討しなければバックグラウンドが現れる。しかしながら，測定系に対する最適な条件を検討することで，より高感度な測定は可能である。

3　イムノクロマト法の新展開

イムノクロマト法では，ウイルスやアレルゲンなど抗体の認識できるタンパク質の検出が主であるが，イムノクロマト法での検出を工夫することによって，PCR 産物の様な遺伝子の検出も可能となっている。例えば，PCR で遺伝子を増幅させるために使用するプライマーに抗体が認識できる物質で標識を行なうことで，PCR 産物の検出が可能となる。FITC，Biotin で標識したプライマーで遺伝子増幅を行なうと FITC，Biotin で標識された遺伝子増副産物ができる。抗 FITC 抗体，抗 Biotin 抗体を用いることでイムノクロマト法での検出が可能となる（図7）。実際に，この方法でインフルエンザウイルスの検出を行なったところ，インフルエンザウイルスの遺伝子が増幅された場合のみテストラインの発色が見られ，対照であるウイルスなしでの場合には，テストラインが見られず電気泳動法と同様の結果となった（図8）。

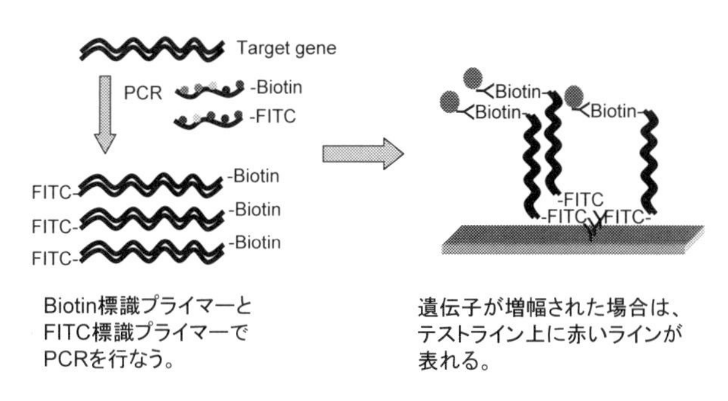

図7　イムノクロマト法を用いた遺伝子増幅産物の検出

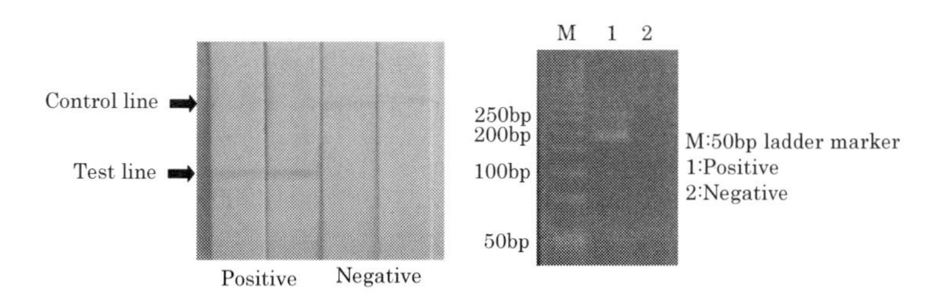

図8　イムノクロマト法でのインフルエンザウイルス遺伝子の検出

イムノクロマト法が，抗体・抗原反応を利用する方法と限定するなら，正確にはイムノクロマト法とは呼べないが抗体の代わりに糖鎖を認識素子として用いたフグ毒素の検出方法も報告されている[7]。フグ毒素やリシンの様な毒性を持つ抗体の作製が，非常に困難な物質の検出に用いるには適している。抗体以外の認識素子としては，DNA アプタマー，モレキュラーインプリンティングのような新規の認識素子を利用したイムノクロマト法と同様のプラットフォームを利用した目視で簡便な検出方法も開発可能である。

4　おわりに

イムノクロマト法は，測定機器を必要とせず目視で検査可能な方法である。感度に関してELISA に劣るなどの問題点もあるが，企業，大学の研究機関では高感度の測定を可能にすべく研究，開発を進めている。高感度にすることで，今まで検査できなかった対象も簡便に迅速な検査が可能となる。構造自体は簡単であるが，高感度にするための検討事項は，まだまだある。例えば，ニトロセルロースが測定試料を展開する速度，吸収させる試料溶液の量なども測定感度に関わっている。新たな展開としては，遺伝子の検出，糖鎖を認識素子とする例を紹介したが，これは農産物，食品検査の新たな技術となる可能性がある。筆者らはインフルエンザウイルスの遺伝子を 15 分で増幅可能なバイオチップの開発に成功しており[8]，バイオチップと共に使用することで，現場での遺伝子組換え作物，いもち病などの検査にも応用可能な技術である。

試料溶液さえあれば，誰にでも簡単に検査可能なイムノクロマト法は，今後ますます測定可能な対象を拡大していくと考えられる。

文　　献

1)　読売新聞 夕刊 記事（2009 年 6 月 11 日）
2)　三田村ほか，感染症学雑誌，**78** (7), 597 (2004)
3)　N. Nagatani *et al., Sci. Technol. Adv. Mater.*, **7** 270 (2006)
4)　R. Tanaka *et al., Anal. Bioanal. Chem.*, **385** 1414 (2006)
5)　N. Nagatani *et al., NanoBiotechnology*, **2** (3-4) 79 (2006)
6)　A. Takahashi *et al., Sci. Technol. Adv. Mater.*, **10**, 034604 (2009)
7)　A. S. Yoon *et al., Anal. Chem.*, **75**, 2256 (2003)
8)　日本経済新聞 朝刊 記事（2009 年 6 月 1 日）

第Ⅲ編
食品鮮度および機能測定法

〈鮮度試験法〉

第1章　K値試験紙・生鮮魚介類の鮮度測定キット

～鮮度測定キットの技術紹介～

鈴木　徹[*1]，濱田(佐藤)奈保子[*2]，
シリランサアン　パウィナー[*3]

1　生鮮魚介類の鮮度とK値

魚介類の「鮮度」という表現は，曖昧で，統一的な定義はなく，鮮度指標を何に求めるかについて古くから試行錯誤が行われ，表1に示すような多くの指標が提案されてきた[1)]。

しかし，現在では，ATPの分解の度合いを表すK値が最も広く利用され，様々な魚種の種々の条件下におけるK値変化データが蓄積されている[2)]。

動物共通に魚類も死後は体内に酸素は供給されず嫌気的状態となる。図1[3)]に示すように，魚類の死後，徐々に硬直が始まり，完全硬直状態となる。死直後から完全硬直までを“生き”の状態と称し，消費市場では活魚とほぼ同等の価値がある。完全硬直が一定時間続くと解硬が始まる。この状態を通常，鮮魚と称している。その後，軟化が始まり，弱い異臭を呈する初期腐敗を経て，腐敗状態となる。

生きている間の魚筋肉中のATP含量はほぼ一定しているが，死後，酸素の供給が遮断されATPの再生は止まり，ATPは分解する方向のみ反応が進行しADP，AMPを経てイノシン酸が増加，蓄積する。さらに，貯蔵時間が経つとイノシン酸はイノシンさらにはヒポキサンチンへと

表1　魚の鮮度判定に用いられる指標

・K値	・ポリアミン量
・硬直指数	・揮発性塩基窒素量（VBN）
・肉の硬さ・テクスチャー	・アンモニア量
・電気抵抗・インピーダンス	・トリメチルアミン量（TMA）
・肉色・メト化率	・脂質酸化（POV）
・pH	・一般生菌数
・酸化還元電位（ORP）	・官能的鮮度判定

＊1　Toru Suzuki　東京海洋大学　海洋科学部　教授
＊2　Naoko Hamada-Sato　東京海洋大学　大学院食品流通安全管理専攻　教授
＊3　Paveena Srirangsan　東京海洋大学　海洋科学部　大学院博士課程

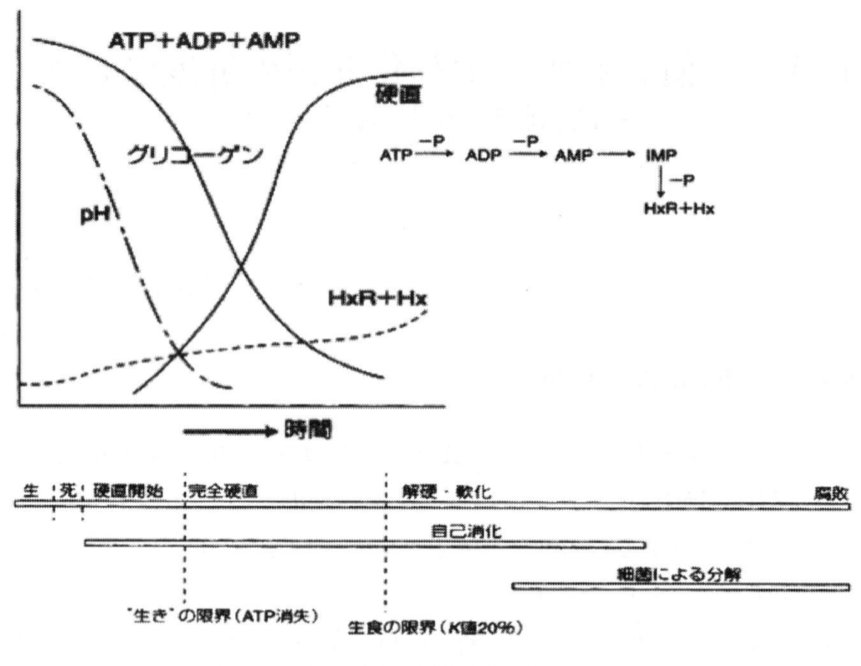

図1　魚類の死後変化の概要

分解される。魚類ではこのATPの分解生成物全量に対するイノシンとヒポキサンチンの量の割合が官能的な評価と良い相関を示すことから鮮度指標として良く使われるようになった。その値はK値と呼ばれ，(1)式で表される。

$$\text{K値（\%）} = \frac{\text{HxR} + \text{Hx}}{\text{ATP} + \text{ADP} + \text{AMP} + \text{IMP} + \text{HxR} + \text{Hx}} \times 100 \qquad (1)$$

ATP：アデノシン5'-三リン酸，ADP：アデノシン5'-二リン酸，AMP：アデニル酸，IMP：イノシン酸，HxR：イノシン，Hx：ヒポキサンチン

一般的にK値が20%までは生，すなわち，刺身として食すことができ，20〜40%までは鮮度良好，60%までは加熱・調理すれば食することができ，60%以上は腐敗とみなすことができるとされ[4]，魚の生食限界，可食限界を評価する非常に便利な基準となっている。しかし図2に示すようにK値は各魚種によって上昇の速度が異なり，その魚種の特性を知った上でK値を用いる必要がある。

K値の変化速度と温度との関係は良く調べられており，データも多い。ATPの分解経路は複雑で単純な反応ではないが一般的には1次反応として扱うことができる。その場合K値の変化は以下の(2)式で表せ，k_fは反応速度定数となる。

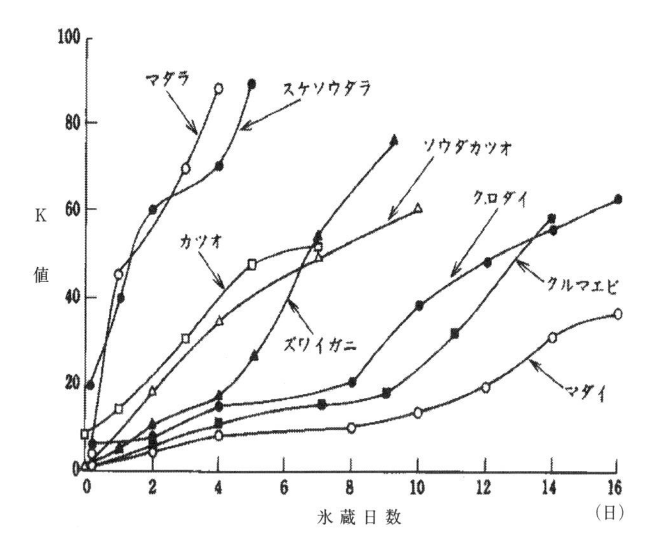

図2　各種魚種によるK値変化速度の違い

$$\mathrm{K}=100-a\cdot\exp(-k_f\cdot t) \qquad (2)$$

K値が30%以下の時には近似としてゼロ次反応として扱うことも良く行われる。その場合，K値は以下の(3)式で単純に求められる。

$$K=k_f t+K_0 \qquad (3)$$

さらにこの k_f の温度依存性はアレニウスタイプに従い活性化エネルギーを E_a，頻度因子 k_0 として(4)式で求められる。

$$k_f=k_0\cdot\exp(-E_a/RT) \qquad (4)$$

長期貯蔵ではマグロのK値変化は(2)式に従うことが実証されている[5)]。また，広い温度範囲でその変化速度 k_f は魚肉内の水の状態に依存して図3のように変化する。この研究からK値は−70℃近くまでなお変化しつづけるが−80℃以下になるとその反応速度は桁を落として遅くなることが明らかとなった。その理由として凍結魚肉のガラス転移説が有力視されている[6)]。

実用的には濱田ら[2)]によって実に41種類もの魚種について様々な保存条件における(3)式の k_0，k_f を整理したデータベースが利用できる。そのデータベースから数種類の魚のK値変化速度の活性化エネルギーを表2にまとめた。温度範囲が異なるものの魚種によって活性化エネルギーにかなり差があることがわかる。すなわちチダイはサバと同じ様に保存温度を下げてもその効果が小さいとみなすことができる。

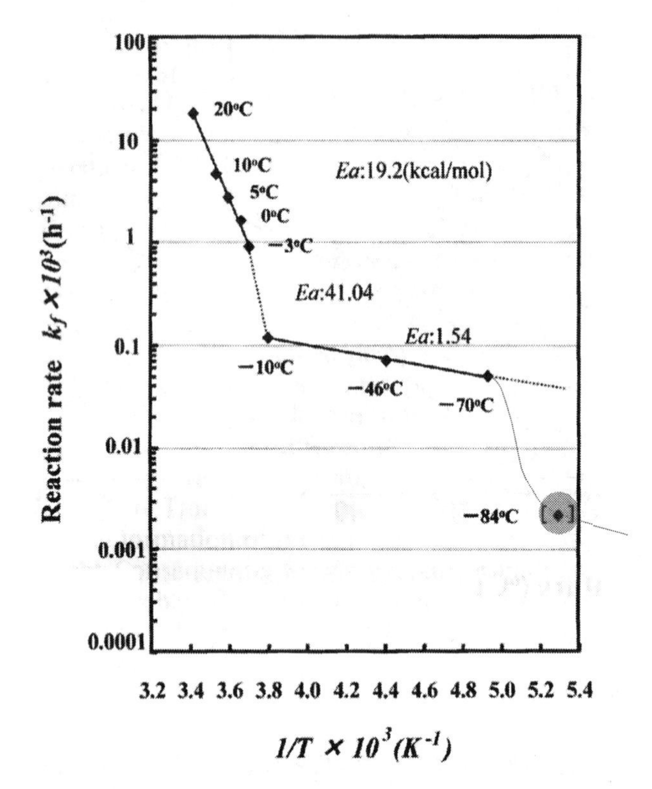

図3　キハダマグロのK値変化速度の温度依存性

表2　種々の魚のK値変化の活性化エネルギー

	ΔE(kJ/mol·K)	温度範囲（℃）
マダイ	89.45	10～−10
チダイ	58.09	0～−20
サバ	109.6	10～−20
ブリ	151.4	0～−20
ハマチ	90.18	5～−5
マイワシ	134.1	10～−20
イシガレイ	76.23	10～−2
カツオ	181.3	0～−20
イサキ	88.14	5～−10
サンマ	164.2	5～−10
マアジ	101.1	5～−20

2　新K値測定法[7]

前述したK値を決定するには魚肉中のATP関連化合物の定量が必要となる。一般的にはHPLC法による機器分析法が用いられているが，煩雑な前処理を伴う上，高価な機器を持たない水産の現場（生産，卸，小売）において分析は困難である。この問題に対する技術として，酵素を含侵させたK値判定用試験紙（鮮度試験紙），酵素（バッチ法あるいは固定化酵素）を用いた酸素電極法による計測（酵素センサー）などが開発されてきたが，いずれも使用酵素が高価であること，また酵素の安定性に問題があり，冷凍保存が必須であった。そのため冷凍設備が完備された場所でしか使用できなかった。海外からの使用要請があっても，冷凍条件を保持したまま送付するのが困難であるため普及に限界があった。これら問題を解決するために昨今，ガラス化保存技術を用いて過酷な熱帯地域保存条件下でも耐えうるよう酵素の安定化を施した鮮度試験キットの開発が行われてきた。本稿では以降このキットの紹介を行う。

2.1　新測定キットの原理

先に述べたように魚の死後，筋肉中のアデノシン三リン酸（ATP）は図4に示す経路で分解される。K値とは，総ATP関連化合物に占めるイノシン（HxR）とヒポキサンチン（Hx）の百分率であるが，ATP，ADP，AMPは極めて短時間のうちにイノシン酸（IMP）に移行することから，K値≒Ki値と表現でき，便宜的に鮮度指標としてKi値が用いられている。

鮮度判定キットでは，実際にはこのKi値を求めるものである。まず分子［HxRとHx］の含有量を測定するにはヌクレオシドフォスフォリラーゼ（Nucleoside phosphorylase：NP），キサンチンオキシダーゼ（Xanthine oxidase：XOD）及び発色剤を含む組成液を肉汁に混合し，肉汁中のHxRをヌクレオシドフォスフォリラーゼ（NP）でHxに分解させ，Hxをキサンチンオキシダーゼ（XOD）でキサンチンと尿酸に分解させ，発色剤をHxの分解に共役して発色させ，この発色の強度から求める。

一方，分母のIMPとHxRとHxの含有量は，アルカリフォスファターゼ(Alkaline phosphatase：ALP)，ヌクレオシドフォスフォリラーゼ（NP），キサンチンオキシダーゼ（XOD）により試料液中のイノシン酸（IMP）をアルカリフォスファターゼ（ALP）でイノシン（HxR）に分解し，

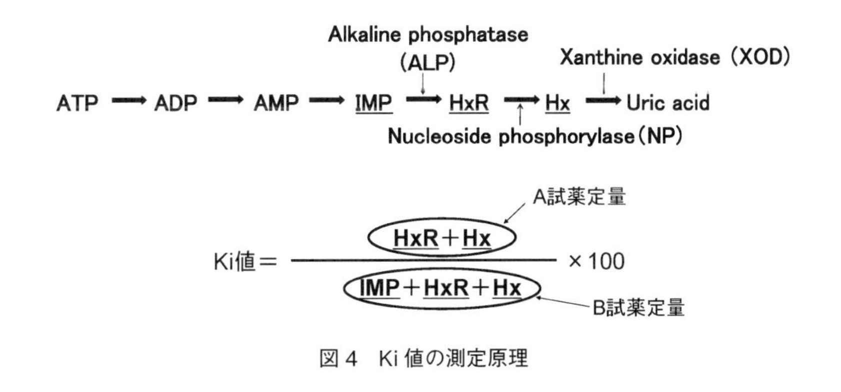

図4　Ki値の測定原理

イノシン（HxR）をヌクレオシドフォスフォリラーゼ（NP）でヒポキサンチン（Hx）に分解し，ヒポキサンチン（Hx）をキサンチンオキシダーゼ（XOD）でキサンチンと尿酸に分解させ，ヒポキサンチン（Hx）の濃度を発色試薬で測定することにより求められる。しかし，この方法で使用されている各酵素（ALP，NP，XOD）は非常に不安定なものであり，時間とともにその活性が容易に低下し，また温度が高いとその活性が更に低下してしまうため，これらの酵素を含む組成物を試薬として商品化することは非常に困難であった。

新しく開発された鮮度測定用試薬キットは，鮮度測定用試薬キットに含まれる酵素の保存安定性を高めるために，酵素保護剤（糖及び／又はゼラチン）を含む酵素水溶液を急速冷凍させ，得られた凍結物を減圧下でガラス転移点温度（Tg）以下の温度で乾燥させることで安定な酵素試薬としたものである。

すなわち，鮮度測定用試薬キットは第一試薬及び第二試薬からなり，第一試薬は，キサンチンオキシダーゼ（Xanthine oxidase：XOD），ヌクレオシドフォスフォリラーゼ（Nucleoside phosphorylase：NP）と酵素保護剤及び発色剤を含む第一試薬溶液を凍結乾燥させたものからなり，第二試薬は，キサンチンオキシダーゼ（XOD），ヌクレオシドフォスフォリラーゼ（NP），アルカリフォスファターゼ（Alkaline phosphatase：ALP）と酵素保護剤及び発色剤を含む第二試薬溶液を凍結乾燥させたものからなる。前記酵素保護剤としては実際にはスクロース及び／又はゼラチンを使用する。

また，発色剤としてはヒポキサンチン（Hx）がキサンチンオキシダーゼ（XOD）によってキサンチンと尿酸に分解する反応に共役して発色するもの，例えば，2-(2-メトキシ-4-ニトロフェニル)-3-(4-ニトロフェニル)-5-(2, 4-ジスルフェニル)-2*H*-テトラゾリウム塩〔WST-8〕を使用することが可能である。

これら第一試薬及び第二試薬を各々紙に含浸させ，凍結乾燥させて2種類の試験紙とし，これらの試験紙を使用して魚肉等の鮮度を測定することも可能である。

2.2 試験試薬による Ki 値の実測

第一試薬 60mg を 1 ml の蒸留水に溶解し，そのうちの 150 μl を分取し，これを種々の鮮度の魚肉（アジ筋肉）抽出液（PCA 溶液）150 μl と混合し，混合液を分光光度計で吸光度 A を求める。予め作成しておいた吸光度（454nm）と［HxR + Hx］濃度（μM）との関係から魚肉絞り汁中の

注）ガラス化保存の原理：ガラス化凍結乾燥による種々酵素の保存法は，酵素を糖類や高分子水溶液などとともに，凍結乾燥することで糖類や高分子をガラス化させ，その中に酵素を包埋させることで酵素の安定化を図る技術である。また，この技術は糖類が酵素タンパク質の表面水和水分と置き換わり，水がなくなることによる酵素変性を抑制する作用もある（水置換説）[8]。

[HxR＋Hx] 濃度A（μM）を求めた。また，60mgの第二試薬を１mlの蒸留水に溶解し，そのうちの150μlを分取し，これを魚肉抽出液（PCA溶液）150μlと混合し，混合液を分光光度計で測定してその吸光度（454nm）を求め，予め作成しておいた吸光度（454nm）と［IMP＋HxR＋Hx］濃度（μM）との関係から魚肉絞り汁中の［IMP＋HxR＋Hx］濃度B（μM）を求めた。(HxR＋Hx）は濃度A,（IMP＋HxR＋Hx）は濃度Bとして，Ki値（＝A/B）を求めた。

一方，同じ魚肉のKi値を高速液体クロマトグラフィー（HPLC）で別に計測，本試薬キットで求めたKi値とHPLCで求めたKi値との相関を求めたところ，図５のグラフに示す結果が得られた。この結果から，新規試薬キットで求めたKi値とHPLCで求めたKi値との間にはR^2＝0.996という高い相関が得られることがわかる。

また酵素複合体（第一試薬及び第二試薬）を５℃，25℃，40℃の条件下に４ヶ月間保管し，その間，上記と同様に求めたKi値を図６に示す。この結果，40℃における過酷な条件においても

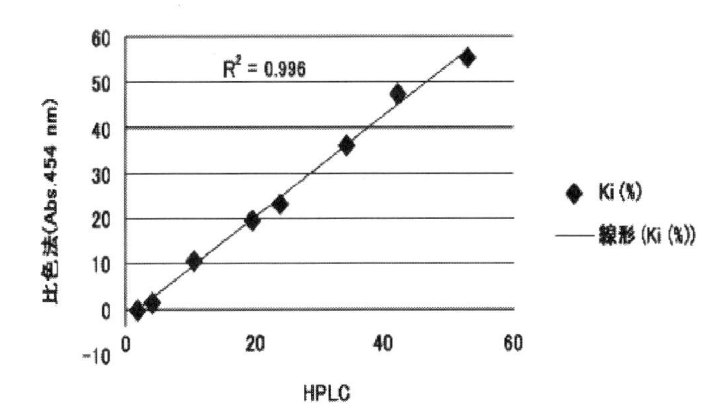

図５　キットで測定したKi値とHPLCで求めたKi値の相関

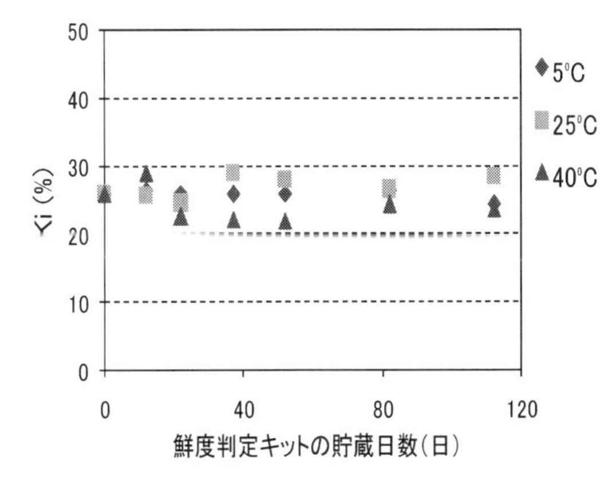

図６　ガラス化させた鮮度判定キット（sucrose入り）の貯蔵安定性（５，25，40°Cで保存し，同じサンプルのKi値を計測）

4ヶ月間は測定値にほとんど変化なく安定に保たれることが分かる。

試験紙については，現在試作中であるがそのイメージ図を図7に示す。第一試薬を含浸凍結乾燥させた試験紙Aと第2試薬を含新させた試験紙Bに魚肉絞り汁を滴下させ，それぞれの発色を色見本から読み取り，これまで利用されてきた鮮度試験紙と同様な手続きでKi値を算出することが可能である。

第一試薬については，その発色例を図8に示す。図中にも示したが，オレンジ色の濃淡が明らかに区別される。

以上，上述した2種及び3種の酵素を酵素保護剤とともに溶解させた試薬溶液を凍結させ，得られた凍結物をガラス転移点温度（T_g）以下の温度範囲で減圧乾燥させた各試薬は，各試薬の保存安定性（残存活性）が高まり，各試薬を比較的高い温度で長期間にわたって保存することができる。また，各試薬を比較的高い温度（例えば，55℃）で長期間にわたって保存可能であるので，水産加工工場や水産物を使う食品工場の原料品質検査にも使用することができ，魚の鮮度をその場で個別に客観的に判別することへの応用が期待できる。さらに，長期間にわたって常温以上の温度でも保存することができるので，発展途上国等で冷蔵設備のない地域における魚の鮮度の判定に簡便に使用することも期待されよう。

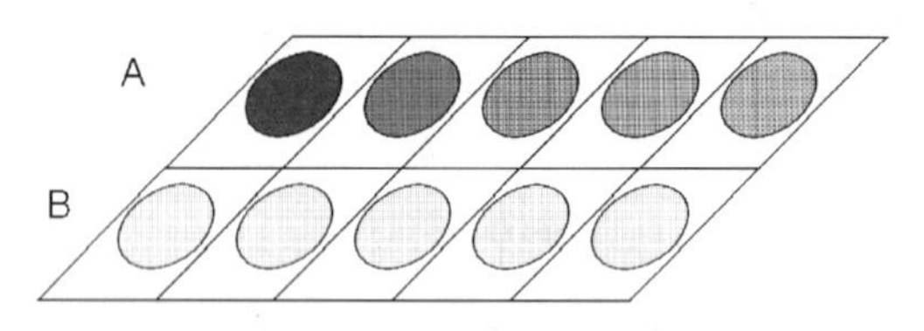

図7　試験紙のイメージ図
試験紙Aと試験紙Bの発色から読み取る

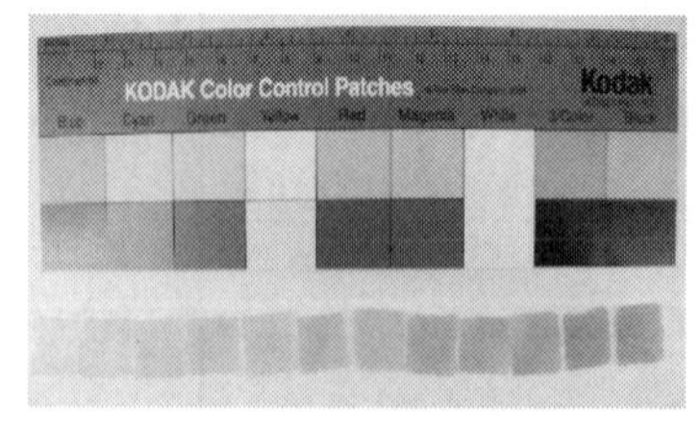

測定方法
1. 試料の採取（約0.5g）
2. 試薬溶液の添加
3. 粉砕、ホモジナイズ
4. 鮮度判定キットに浸す
5. フィルムでカバーし、室温に放置（約15分）
6. Ki値を読取る

見本（A試薬発色）

図8　測定キット発色例
鮮度判定キットは操作後オレンジ色を呈する。この発色の濃淡で［HxRとHx］と［IMPとHxRとHx］を定量することができる。発色した色素の濃度は，試料中の［HxRとHx］と［IMPとHxRとHx］の濃度が高ければ色は濃く，低ければ淡くなる。

文　　献

1) 太田英明，椎名武夫，佐々木敬卓 編，食品鮮度・食べ頃事典，p.23, サイエンスフォーラム（2002）
2) 濱田（佐藤）奈保子ほか，日本食品科学工学会誌，**51**, 495 (2004)
3) 山中英明，魚介類の鮮度と加工・貯蔵（渡邉悦生 編著），pp.7-11, 成山堂書店（1998）
4) 大熊廣一，pp.444-455, サイエンスフォーラム（1998）
5) Tri W. Agustini *et al., Fisheries Science*, **67**, 306 (2001)
6) 鈴木 徹，冷凍，**77**, 49 (2002)
7) 鈴木 徹 他，鮮度測定用試薬キット（国際特許出願済み），PTC 国際公開番号 WO 2010/044365 A1 (2010)
8) 鈴木 徹，食日本食品工学会誌，**8**, 47-58 (2007)

第2章　組換えヒスタミンオキシダーゼを用いたヒスタミン・センサー
～センサーの構築と測定原理～

廣井哲也[*1]，伊藤　健[*2]

1　はじめに

ヒスタミンは食品が発酵や腐敗する過程においてヒスチジンの脱炭酸により生成され，食中毒様アレルギーを引き起こす物質として知られている[1,2)]。ヒスチジンはマグロやサバ等の「青魚」に多く含まれ，魚の死後，微生物による分解や自己分解によりヒスタミンが生成・蓄積される。

国内においてヒスタミンが原因と思われる食中毒を調べるとその多くは飲食店および給食施設などの一度に多量の原料を扱う施設が多い。調理法としては焼き物と揚げ物で80％を占め，生ものは７％に過ぎなかったとの報告があり，原因として加工食品の加工・流通過程における温度管理の不備などが指摘されている[2)]。

米国などでは，危害分析重要管理点（Hazard Analysis and Critical Control Point：HACCP）の規制値を重視しており，ツナ缶を製造する際には80ppmの規制値を設けている。また，ヒスタミンはワインにも含まれており，ヨーロッパでは約1ppmの規制値を設けている。

一般的にヒスタミンは高速液体クロマトグラフィ（HPLC）に代表される分析装置を用いて測定されている[3～6)]。しかしながら，試料処理や分析に時間を要するなどオンサイトでの測定法としては現実的な検査方法とは言い難い面がある。

本節では食品の生産現場において簡便，高速，連続的にヒスタミンを分析できる酵素法を利用したセンサー及び分析システムの構築を目指し検討を行った結果を紹介する。酵素は基質特異性が高いため，測定対象物質に特異的に反応を示す。これまでにヒスタミンを測定する系として，アミン酸化酵素[7,8)]，ヒスタミンオキシダーゼ[9,10)]，メチルアミンデヒドロゲナーゼ[11,12)]，ヒスタミンデヒドロゲナーゼ[13)]などが使われてきた。バイオセンサーを低価格で提供するには酵素の大量生産技術の確立とセンサーへの使用量の低減が求められる。ここでは，大量生産技術として遺伝子組み換え大腸菌による組換えヒスタミンオキシダーゼの作製について簡単に紹介する。ま

＊1　Tetsuya Hiroi　神奈川県産業技術センター　化学技術部　主任研究員
＊2　Takeshi Ito　神奈川県産業技術センター　電子技術部　主任研究員

た，使用量の低減技術としてセンサー部分を微細加工技術により作製する技術について記載し，実際に魚肉サンプルを用いてヒスタミンの検出を行った例を紹介する。センサーはマイクロバイオリアクターと電気化学検出器を一体化することで微細化し，フローインジェクション（FIA）システムを利用することで，卓上サイズの分析システムにまでダウンサイズした。

2　組換えヒスタミンオキシダーゼの作製

大腸菌 BL21*star*(DE3) に発現ベクターとして pCold I を用いて N 末端側にヒスチジンタグ配列を融合したヒスタミンオキシダーゼ遺伝子[14)]（*Arthrobacter crystallopoietes* KAIT-B-007 由来）を導入した。*Arthrobacter crystallopoietes* KAIT-B-007 由来のヒスタミンオキシダーゼは分子量 81,000 の酵素で基質特異性が高く，70℃で 60 分間処理しても活性を保持し[14)]，熱安定性に優れていることから選択した。

遺伝子導入した大腸菌を培養して増殖させた後に IPTG 添加と低温刺激により発現させた組換えヒスタミンオキシダーゼは大腸菌抽出液中に活性を保持し，可溶化した状態で得られた。バイオセンサー作製時には金属アフィニィティーカラムを用いて精製した酵素を使用した[15)]（図 1）。

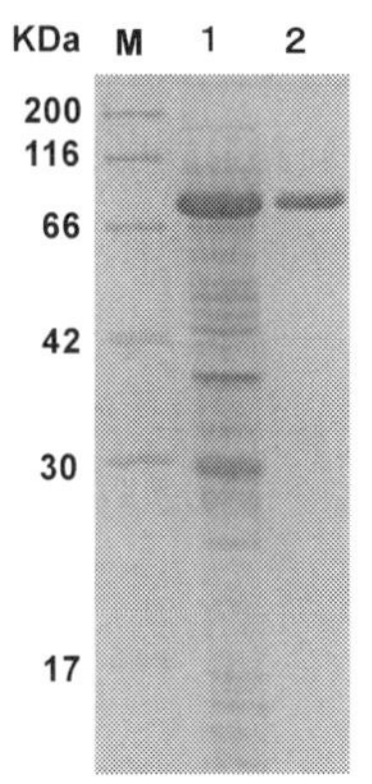

図1　組換えヒスタミンオキシダーゼの SDS 電気泳動図
M：分子量マーカー，1：組換え大腸菌抽出液，2：カラム精製した組換えヒスタミンオキシダーゼ

3　ヒスタミンセンサーの構造と原理

ヒスタミンオキシダーゼは，図 2 に示すようにヒスタミンと酸素の存在下においてイミダゾールアセトアルデヒドとアンモニア，過酸化水素を生成する。生成した過酸化水素を何らかの手法によって検出することで間接的にヒスタミンを検出することが可能である。

可搬型センサーを構築する上で重要になるのが，検出手法である。一般的な光学的検出手法では，光路長が必要なためにセンシング部を小型化できず測定器が大型化するという問

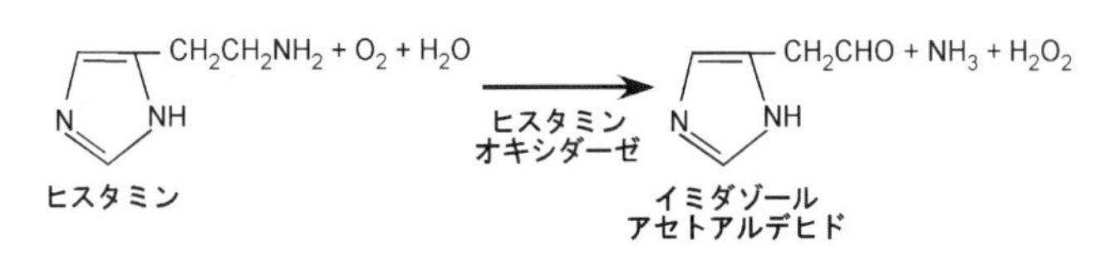

図2　ヒスタミンオキシダーゼの反応

題があった。ユーザーフレンドリーなデバイスを構築する上では，様々な電子デバイスとの接続性を考慮し，センシング部を小型化できる電気化学検出法が適している。電気化学検出の場合には，シングルユース血糖値センサーで採用されているような，使い捨てタイプのセンサーと連続サンプル分析に利用されている比較的耐久性のあるセンサーに分類される。前者の場合には，作用電極表面に酵素を固定化する手法が一般的である。後者ではフロー系を用い，酵素リアクターの下流部に検出電極を設けている。ここでは，食品加工現場などでの利用を想定した多サンプルの高速検出を目指した小型ヒスタミンセンサー[15]について紹介する。

図３に示したように，従来のマクロスケールのバイオリアクターでは，高価な酵素を大量に利用しなければならなかった。しかしながら，微細加工技術を用いたマイクロカラムを利用することで酵素消費量の激減が可能である。微細加工を用いたバイオリアクターの開発事例として微小流路の壁面に酵素を固定化しマイクロバイオリアクターとして利用する報告[16]があるが，流路長をメートルオーダーまで長く設定しなければならない。一方，酵素固定化担体を微小流路に導入した場合には酵素が固定化された表面積が大きくなるため流路長を短く設定できるメリットがある。一般的に担体を保持するための構造を微細加工技術により作製するには，ドライエッチング技術[17]や高速原子線加工（FAB）[18]などの高価な装置が利用される。これらの技術は生産性が悪いため将来の製品化を考慮に入れた場合には安価でダム構造を形成する方法が必要である。今回は電子回路形成用レジストとして利用されてきた感光性シート（ドライフィルムレジスト）を用いてマイクロ流体デバイス及びダム構造を形成する技術を利用した[19]。この技術は簡便であり，コストパフォーマンスに優れている。

マイクロリアクターと電気化学検出のための電極を一体化したセンサーの模式図を図４に示

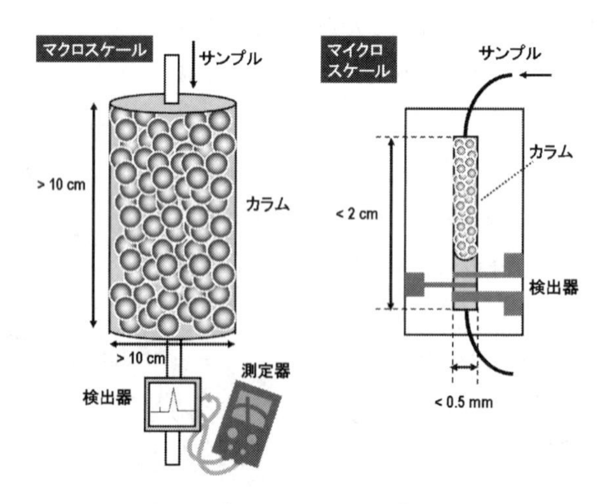

図３　バイオリアクターの概念図

す。微小流路に深さの異なる2つの領域を作製し，上流側で酵素を固定化した担体を保持させ，下流側に電気化学電極を配置した。担体の大きさは75～105μmであり，流路下部の段差(50μm)により上流部にトラップされている（上流部の流路深さは125μm)。酵素が劣化した場合には，酵素固定化担体を交換することでデバイスを再利用することができる。また，作製したマイクロリアクターの体積は約850nLであり，従来のリアクターに比べて著しく小さい。

測定には図5に示すようなフローインジェクション(FIA)法を利用した。FIA法は多くのサンプルを連続的に測定する際に極めて強力なツールで，再現性が高く操作が簡便であり，自動化も容易である。しかしながら，現状のFIAシステムはまだ小型化の余地が残されている。ここではマイクロシリンジポンプ及びマイクロインジェクションバルブを用いて小型化を検討した。リアクター体積をnLオーダーまで小さくできたので，サンプル量も少なくすることができ，測定サンプル量は320nLとした。また，インジェクションバルブのデッドボ

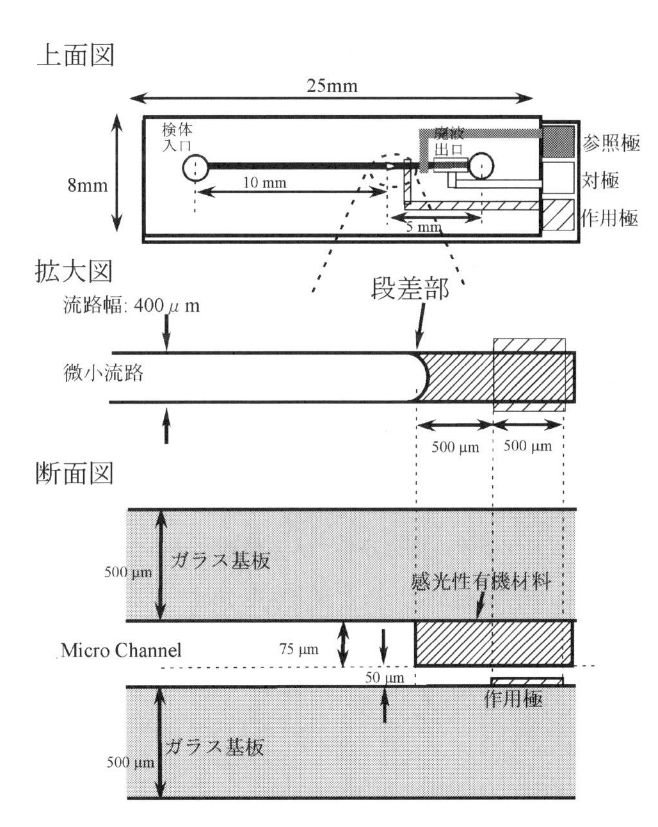

図4　マイクロリアクターの模式図

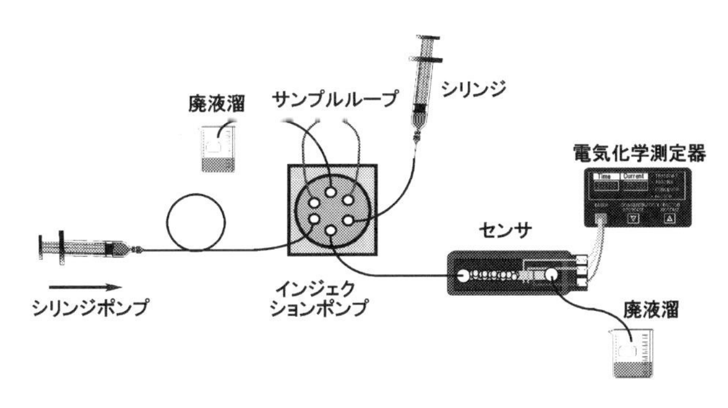

図5　FIA法による測定システムの模式図

リュームは35nLと極端に小さいことからデッドボリュームの影響は少ないと考えられる。

4 マイクロヒスタミンセンサーの性能

センサーの性能を確認するためにリン酸バッファー中にヒスタミンを溶解させて検量線を作成した。酵素反応により生成された過酸化水素を電気化学的に酸化する際に生じる酸化電流ピークがインジェクションに対応して観測された。流速5μL/minの際に，ヒスタミン濃度0.1mMのサンプルを測定したときのデータを図6に示す。電流ピーク高さをI_p，ピーク面積をQとした。Qは電荷量であり，電極上で過酸化水素を酸化した量に対応している。0.1mMのヒスタミンを測定した際のQに対する相対標準偏差（R.S.D）は1％（$n=4$）であり，食品分析に十分に適用できる数値であった。

次に，流速に対するI_p及びQの依存性について議論する。ヒスタミン濃度0.1mMの際の流速依存性を図7に示す。I_p及びQは流速1μL/minで規格化した。また，測定時間は，酸化電流ピークの終了時刻からインジェクションした時刻の差である。図7からわかるように，流速が増加するに従ってI_p及びQが減少する傾向が見られた。一般的に酵素反応で生成される物質の量は，反応時間が増大するにつれて増加する。つまり，酵素反応により生成される物質の生成量は，マイクロリアクター内に滞在できる時間に依存するため，流速が遅いほど滞在時間が増加する。したがって，流速が遅いほど測定感度が向上すると考えられるが，測定時間は長期化する。1分以内の測定を目標とすると，本実験系での場合には流速5μL/minが最適と判断した。この時，

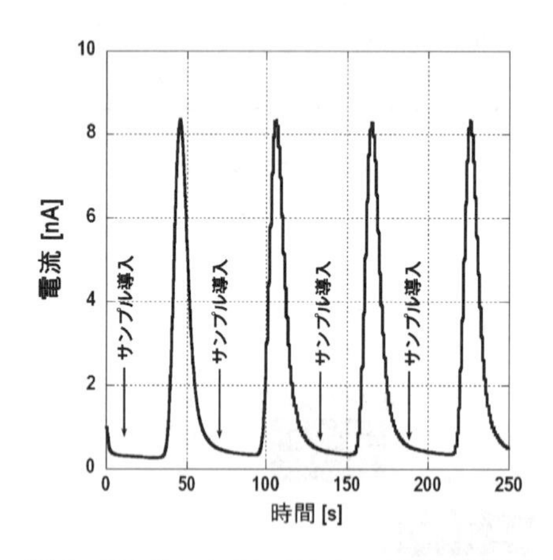

図6　FIA法によるヒスタミンの連続分析例
ヒスタミン濃度は0.1mMとした。

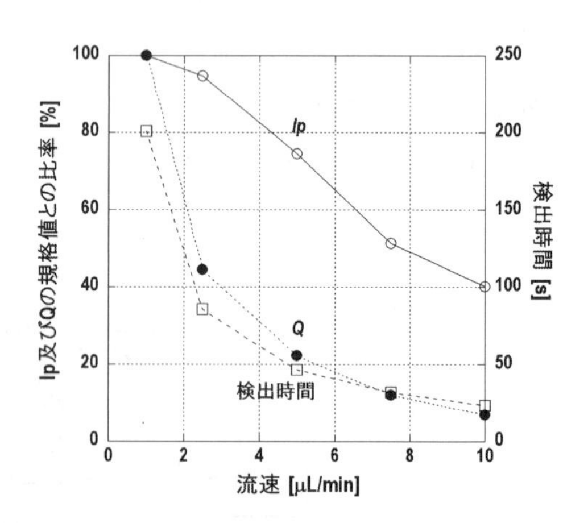

図7　I_p，Qの流速に対する依存性
ヒスタミン濃度は0.1mMとした。I_p，Qは流速1μL/minの時に規格化している。○，●，□はそれぞれI_p，Q，検出時間を表している。

インジェクションから酸化電流ピークに達する時間は35秒，ピーク終了までの時間は47秒である。以上により今後の試験結果の記述は，流速5μL/minで行った結果である。

ヒスタミン濃度100nMから5mMに対するI_p，Qの関係を図8に示す。それぞれのデータは各濃度において4回測定した平均値である。I_pと濃度の関係は1μMから1mMの範囲で線形性を確認した（R＝0.9986）。S/N＝3における測定限界は，3.4μMであった。この結果は，1.09pmolのヒスタミンを測定できることに値する。Qと濃度の関係はI_pと同じく1μMから1mMの範囲で線形性を確認した（R＝0.9997）。また，I_p及びQは高濃度において検量線に対して下方にずれた。これは，溶液中の酸素濃度がヒスタミン濃度に対して不足するためと考えられる。

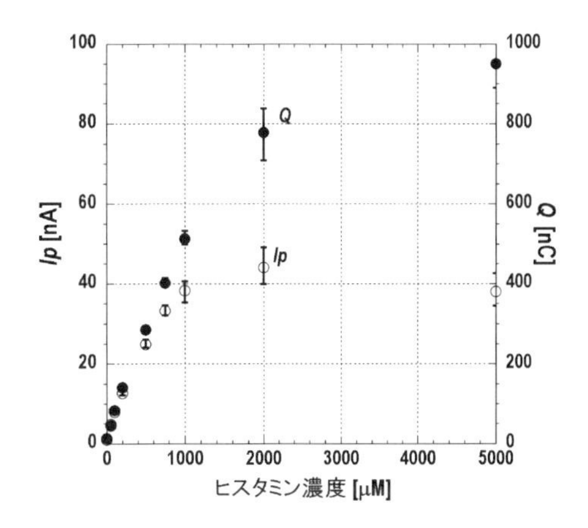

図8　FIA法でのヒスタミンの検量線
流速5μL/minで測定。○，●はそれぞれI_p，Qを表す。

5　実サンプルの測定

本センサーを用いて食品中のヒスタミンを測定した例を示す。市販のマグロ肉をミンチ状に加工し，一定温度で保存したときの魚肉中に存在するヒスタミン濃度を測定し（FIA法），HPLC法と比較した。マグロミンチは25℃及び35℃の環境下で0時間から96時間放置しヒスタミン量を経時的に測定した。測定のための前処理として回収したミンチにリン酸緩衝液を加え，超音波破砕処理を行った後，フィルターろ過し，1Uのラッカーゼにて5分間処理を行った。その後，95℃の熱水浴に5分浸したサンプルを遠心分離し，上澄み液を最終サンプルとした。初めにこのサンプルを用いて回収率の評価を行った。放置時間0時間のサンプル溶液に対して所定濃度のヒスタミンを混入させてその応答を測定した。結果を表1に示す。回収率は100%から102%であり，良好な結果を得られた。次に各放置時間におけるヒスタミン濃度の測定を行った。高濃度の場合には，図8で示したように，検量線から外れてしまうため，リン酸バッファーを用いて10

表1　ヒスタミン回収率

添加量［μM］	測定値［μM］	回収率［%］
0	13.1±3.5	—
50	64.6±4.8	102
100	112.9±4.2	100

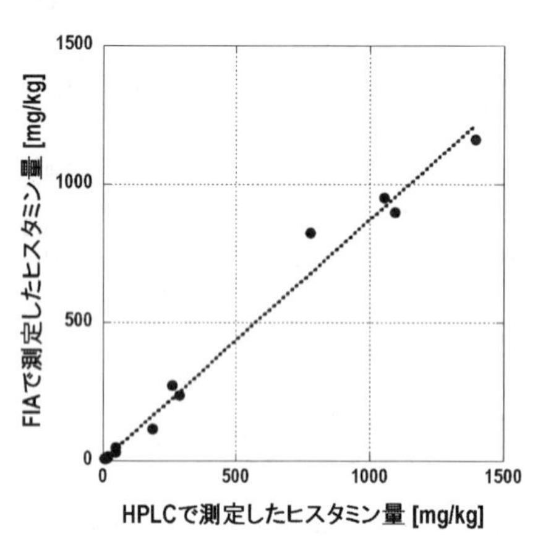

図9　FIA 法と HPLC 法の相関性

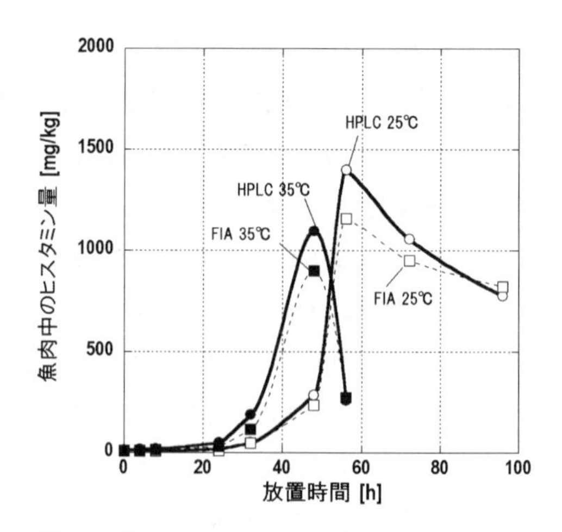

図10　放置したマグロサンプル中のヒスタミン量の変化
FIA 法の結果は□（25℃），■（35℃），HPLC 法の結果は○（25℃），●（35℃）で示す。

倍に希釈して測定を行った。図9に1 kg 中のマグロサンプルに含まれるヒスタミン濃度を FIA 法と HPLC 法を用いて測定した結果の相関関係を示す。$R=0.993$（$n=16$）と非常に良い相関関係が得られた。

図10に放置時間とヒスタミン量の関係を FIA 法と HPLC 法により測定した結果を示す。25℃で保存した場合，45時間を超えると急にヒスタミン量が増加し，56時間後にピークを迎え，その後減少した。一方，35℃で保存した場合には25℃で保存したときに比べて早くヒスタミン量が増加した。この結果は，FIA 法及び HPLC 法の双方で観測されており相関が高かった。

食品衛生や食品の品質管理の観点では，HACCP が世界的に注目されている。HACCP では，ヒスタミン濃度50ppm を注意喚起レベル，500ppm を毒素レベルと定義している。今回の測定結果から，マグロを25℃で保存した場合には56時間で，35℃で保存した場合には48時間で毒素レベルに達することになる。以上の結果から，マイクロリアクターを用いた測定系はヒスタミン濃度を「その場」測定できるツールとして有効であると考えられる。

文　献

1） A. Ibe., *Anu. Rep. Tokyo Metr. Inst. P. H.*, 55 (2004)
2） M. Toda *et al.,Bull. Natl. Inst. Health Sci.*, **127**, 31 (2009)

3) N. Garacía-Villar *et al., Anal. Chim. Acta,* **575**, 97 (2006)
4) V. Frattini *et al., J. Chromatogr. A,* **809**, 241 (1998)
5) J. Lange *et al., J. Chromatogr. B,* **779**, 229 (2002)
6) D. Kutlán *et al., J. Chromatogr. A,* **949**, 235 (2002)
7) J. M. Hungerford *et al., Anal. Chim. Acta,* **261**, 351 (1992)
8) M. -A. Carsol *et al., Talanta,* **50**, 141 (1999)
9) O. Niwa *et al., Sens. Actuators,* **B67**, 43 (2000)
10) Y. Sekiguchi *et al., Anal. Sci.,* **17**, 1161 (2001)
11) M. G. Loughran *et al., Biosens. Bioelect.,* **10**, 569 (1995)
12) K. Zeng *et al., Anal. Chem.,* **72**, 2211 (2000)
13) K. Takagi *et al., Anal. Chim. Acta,* **505**, 189 (2004)
14) Y. Sekiguchi *et al., J. Biosci. Bioeng.,* **97**, 104 (2004)
15) T. Ito *et al., Talata,* **77**, 1185 (2009)
16) Y. Murakami *et al., Analytical Chemistry,* **65**, 2731 (1993)
17) K. Uchiyama *et al., Sens. Actuators,* **B103**, 200 (2004)
18) K. Sato *et al., Analytical Chemistry,* **73**, 1213 (2001)
19) T. Ito *et al., J. Micromech. Microeng.,* **17**, 432 (2007)

第3章　新鮮度判定装置による米粒新鮮度の測定

川上晃司*

1　はじめに

近年，消費者の食品の安全・安心に対する関心は高まりつつある。その中でも，食品の新鮮度は重要であり，お米においても同様である。しかし，お米における新鮮度管理は十分とは言い難く，玄米では年産の管理，白米では搗精日の管理を実施しているに過ぎない。従来法として，脂肪酸度[1~6]，pH 指示薬[6,7]，グアヤコール反応[6~8]による方法が広く知られている。しかし，これらの方法は，脂肪酸度では終点反応を，pH 指示薬およびグアヤコール反応では呈色反応を肉眼判定するために個人差が生じやすく再現性に問題がある。

そこで，消費者に新鮮でおいしく，安全なお米を供給し，消費拡大を図るため，誰でも簡単に新鮮度を判定できる測定装置（商品名「シンセンサ」[9,10]）を開発した。今回，従来法（脂肪酸度，pH 指示薬，グアヤコール反応）と比較検討を行ったので報告する。

2 「シンセンサ」について

「シンセンサ」は，写真1に示すように，シンセンサ本体，振とう器，小型微量遠心機，試験管等の測定器具および試薬で構成される。測定法としては，米を pH 指示薬（ブロモチモールブ

(A) シンセンサ本体

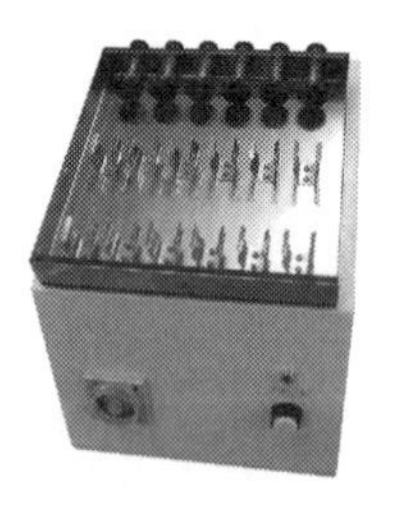
(B) 振とう器

(C) 小型微量遠心機

写真1 「シンセンサ」の構成

* Koji Kawakami ㈱サタケ 技術本部 食味分析室 室長

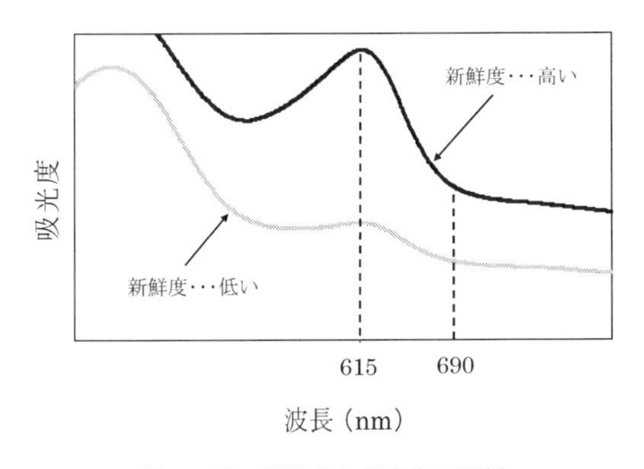

図1　米の新鮮度と吸光度の関係

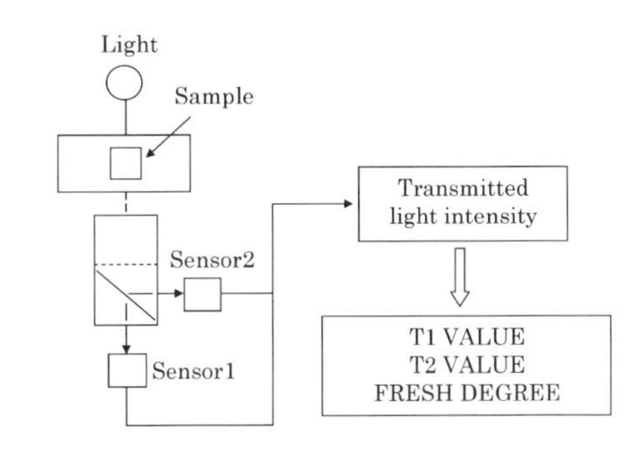

図2　シンセンサ本体のシステム構造

ルー）と反応させ，色の変化を可視光で測定し，FD値（新鮮度を表す値）を点数化する。使用波長は，図1に示すように，米の新鮮度に応じて変化するpH指示薬の色差が生じる波長（615nm）と，色差により変化せず溶液の濁りによって変化する波長（690nm）の2波長を選択した。新鮮な米ほど，615nmと690nmの吸光度差が大きく，玄米，白米，無洗米と各々の検量線を作成した。シンセンサ本体のシステム構造を図2に示す。

3　供試材料

(1)　実験1（「シンセンサ」と従来法の比較）

平成9年産および平成14年産の滋賀県産日本晴の玄米，白米，無洗米を使用した。白米は，ニューコンパス精米装置NCP150B（㈱サタケ製）を用いて，精米歩留90.5％に加工した。無洗米は，ネオテイスティホワイトプロセスNTWP50A（㈱サタケ製）を用いて加工したもの（以下，TWRとする）を使用した。TWRは，白米に5％の水を添加し，精米機では除去できない微粉な糠層を軟化させた後，熱付着材（タピオカ）で糠を付着させることによって加工される，うまみを残した無洗米である。

(2)　実験2（「シンセンサ」での多品種米の測定）

平成8年度～平成14年度に収穫した多品種の玄米および白米を使用した。玄米は，実験日まで低温貯蔵庫（15℃）にて保管した。白米は，摩擦式精米機MC250（㈱サタケ製）を用いて，実験日当日に精米歩留90.5％に加工した。

⑶ 実験３（「シンセンサ」とpHおよび脂肪酸度の相関）

玄米は，実験２と同様，平成８年度～平成14年度に収穫したものを使用した。白米は，平成13年産（９品種）を使用し，冷蔵（４℃）および恒温槽（34℃）にて精米後21日間保存したものを使用した。なお，白米は実験２と同様の方法で，精米歩留90.5％に加工した。

なお，実験１，２，３ともに米の水分は14.5％前後のものを使用した。

4 実験方法

⑴ 実験１（「シンセンサ」と従来法の比較）

① 「シンセンサ」

ブロモチモールブルー0.3gを75％エタノール200mLに溶解した後，蒸留水にて30倍に希釈した。さらに，0.2％水酸化カリウム水溶液にてpH7.0に調製した（これを，BTB試薬とする）。試験管に玄米５g（白米，TWRは各２g）およびBTB試薬10gを入れ，振とう器で１分間振とう（150rpm）した。上層の液体1.5mLを採取し，１分間遠心分離（6200rpm）した。上澄み液を測定セルに移し，FD値を測定した。

② 脂肪酸度

三角フラスコに，コーヒーミルで粉砕した粉末試料10gおよびベンゼン50mLを入れ，30℃の温浴で30分間抽出した。ろ過後，ろ液25mLに0.04％フェノールフタレインを含む95％エタノール25mLを添加した。0.0178Nの水酸化カリウム水溶液で滴定し，滴定量より脂肪酸度を算出した。

③ pH指示薬

メチルレッド0.1gおよびブロモチモールブルー0.3gを75％エタノール200mLに溶解した後，蒸留水にて50倍に希釈した。この溶液10mLと試料米５gを試験管に入れ，20回上下に振とうし，呈色度合いによって新鮮度の判定（新鮮度の高いものは緑色に呈色し，新鮮度が低く劣化したものは黄色から赤色に呈色する）を行った。

④ グアヤコール反応

試験管に試料米２gおよび１％グアヤコール溶液２mLを入れ，30回上下に振とうした。３％過酸化水素水を３滴加え，さらに30回上下に振とうし，呈色度合いによって新鮮度の判定（新鮮度の高いものは赤褐色に呈色し，新鮮度が低く劣化したものは呈色しない）を行った。

⑵　実験２（「シンセンサ」での多品種米の測定）

実験１　①「シンセンサ」と同様の方法で行った。

⑶　実験３（「シンセンサ」とpHおよび脂肪酸度の相関）

①　「シンセンサ」

実験１　①「シンセンサ」と同様の方法で行った。

②　pH[11)]

ビーカーに試料米10gおよび蒸留水50gを入れ，スターラーで１分間攪拌した。スターラー停止後３分間放置した後，再度１分間攪拌し，pH計にて測定した。標準緩衝液は，和光純薬工業㈱製のフタル酸塩pH標準液（pH4.01，25℃）および中性リン酸塩pH標準液（pH6.86，25℃）を使用した。pH計は，D-21（㈱堀場製作所製）を使用した。

③　脂肪酸度

実験１　②「脂肪酸度」 と同様の方法で行った。

なお，実験１，２，３ともに，平成14年12月～平成15年１月に実施した。

５　結果と考察

⑴　実験１（「シンセンサ」と従来法の比較）

「シンセンサ」と従来法の比較を表１に示す。

FD値の結果より，玄米，白米，TWRともに14年産米は９年産米よりもFD値が高かったので，新鮮であると考えられる。TWRは，玄米および白米と比較して，９年産米，14年産米ともにFD値が高かった。一般的には，白米とTWRのFD値は同程度であるので，上記のTWRは無洗米加工時のカリウム流出量が標準よりも少なかったと推察できる[12)]。

脂肪酸度の結果より，玄米，白米，TWRともに14年産米は９年産米よりも数値が小さかったので，新鮮であると考えられる。玄米は，白米およびTWRと比較して数値が大きかった。これは，玄米の脂質含量が，白米あるいはTWRのそれよりも３倍程度あることがひとつの原因と考えられる。また，米粒の酸化が，糠層と胚乳で同時並行に起こるのではなく，糠層から徐々に酸化することを示唆していると考えられる。上記のことより，胚乳よりも糠層に脂肪酸が多く含有されていることが推察できる。

pH指示薬の結果より，玄米，白米，TWRともに14年産米は９年産米よりも新鮮であると考えられる。９年産，14年産ともに，玄米，TWR，白米の順で新鮮度が高くなった。TWR，白米よりも玄米の新鮮度が低かったのは，糠中成分が影響していると考えられる。糠中成分で新鮮度

表1 「シンセンサ」と従来法の比較

測定法	品目	9年産	14年産
FD値 (点)	玄米	55	86
	白米	58	89
	TWR	75	100
脂肪酸度 (mgKOH/100g)	玄米	49.1	30.4
	白米	14.6	9.3
	TWR	8.0	4.5
pH指示薬	玄米	橙色に呈色	黄緑色に呈色
	白米	黄緑色に呈色	少し青みのある緑色に呈色
	TWR	黄緑色に呈色（9年産米白米より，緑色が少し弱い）	少し青みのある緑色に呈色（14年産白米より，青みが弱い）
グアヤコール反応	玄米	約10粒の胚芽は，薄い赤褐色に呈色（残り90粒は呈色しない）	ほぼ全粒の胚芽，背すじが，赤褐色に呈色
	白米	呈色しない	約5粒の胚芽は，薄い赤褐色に呈色（残り95粒は呈色しない）
	TWR	呈色しない	約5粒の胚芽は，薄い赤褐色に呈色（残り95粒は呈色しない）

に影響を与えるものとしては，酸性物質として脂肪酸が分解して低級化することで生じたカルボン酸，アルカリ物質としてカリウムが挙げられる。TWR，白米よりも玄米の新鮮度が低かったことより，糠中成分はアルカリ物質よりも酸性物質がリッチであると考えられる。白米とTWRを比較すると，TWRは白米よりも新鮮度が低くなった。これは，無洗米加工時のカリウム溶出によるpH低下が原因と考えられる。以上より，pH指示薬では玄米，白米，TWRを同じ基準で新鮮度判定することは難しいと考えられる。

グアヤコール反応の結果より，玄米では14年産米は9年産米よりも新鮮であると考えられる。しかし，白米およびTWRにおいては，14年産米は9年産米よりも新鮮であると判定することは難しい。グアヤコール反応は，酵素活性を利用したもので，胚芽が存在する玄米の測定には向いているが，白米およびTWRの測定には不向きであると考えられる。

(2) 実験2（「シンセンサ」での多品種米の測定）

年産の違いとFD値の関係を表2に示す。平成8年産～14年産の玄米および白米において，経年変化による新鮮度の低下を確認できた。玄米では，14年産米と比較して，1年経過により20～30点の低下，2年経過により30～40点の低下，3年以上経過により40点以上の低下を確認できた。一方，白米では，14年産米と比較して，1年経過により5～15点の低下，2年経過により15～25点の低下，3年経過により25点以上の低下を確認できた。白米は，玄米よりも経年変化による新鮮度の低下が小さかった。これは，米粒の酸化が糠層と胚乳で同時並行に起こるのではなく，糠層から徐々に酸化することを示唆していると考えられる。今回の実験では，15℃の低温貯蔵庫に保管していたにもかかわらず，1年経過でも新鮮度は低下していた。よって，新鮮度を維持させるためには，さらに低温での保管が望ましいと考えられる。

表2　年産の違いとFD値の関係

年産	産地	品種	FD値（点）	
			玄米	白米
8	滋賀	日本晴	39	37
9			55	58
10			43	47
11			50	71
12	滋賀	日本晴	55	75
	新潟	コシヒカリ	63	72
	広島	ヒノヒカリ	39	57
	秋田	あきたこまち	49	60
13	滋賀	日本晴	61	79
	新潟	コシヒカリ	63	77
	広島	ヒノヒカリ	67	80
	秋田	あきたこまち	71	86
14	滋賀	日本晴	86	88
	新潟	コシヒカリ	100	96
	広島	ヒノヒカリ	82	88
	秋田	あきたこまち	100	99

(3)　実験3（「シンセンサ」とpHおよび脂肪酸度の相関）

FD値とpHの相関を図3および図4に，FD値と脂肪酸度の相関を図5および図6に示す。FD値とpHの相関は，玄米では$R=0.965$，白米では$R=0.984$となり，玄米，白米ともにFD値とpHには高い正の相関が認められた。これは，「シンセンサ」がpH指示薬を用いた方法なので当然の結果ではあるものの，「シンセンサ」が新鮮度を精度良く測定できていることを示していると考えられる。抽出時間の比較では，「シンセンサ」の1分に対し，pH測定は5分である。FD値とpHの相関が高いことより，玄米，白米ともに米の新鮮度判定において，抽出時間は1分で十分と考えられる。FD値と脂肪酸度の相関は，玄米では$R=-0.898$，白米では$R=-0.704$となり，玄米，白米ともにFD値と脂肪酸度には負の相関が認められた。これは，脂肪酸度の増加が新鮮度低下に大きく影響していることを示しており，脂肪酸度の増加にともない，低級のカルボン酸も増加することを示していると考えられる。

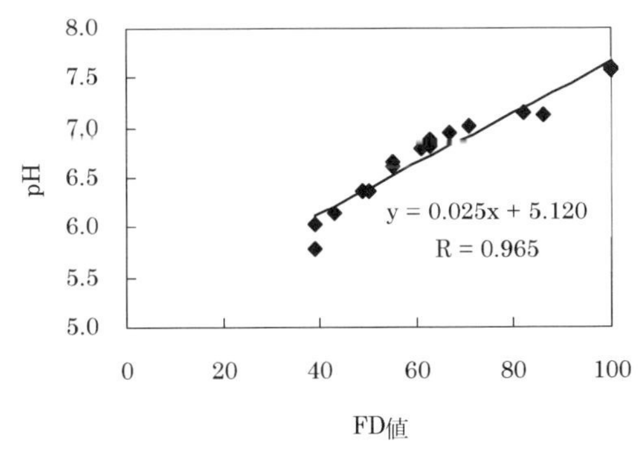

図3　FD値とpHの相関（玄米）

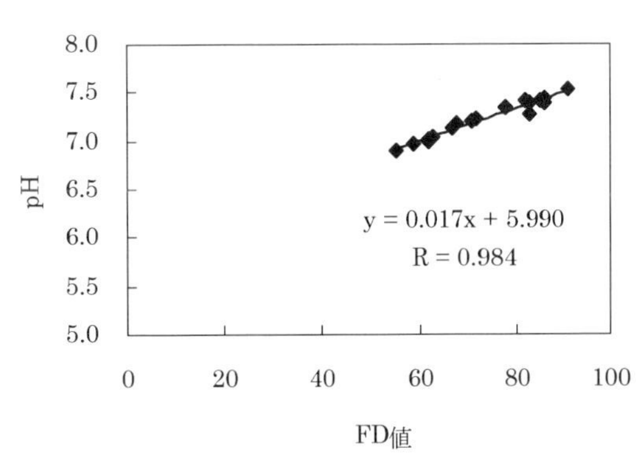

図4　FD値とpHの相関（白米）

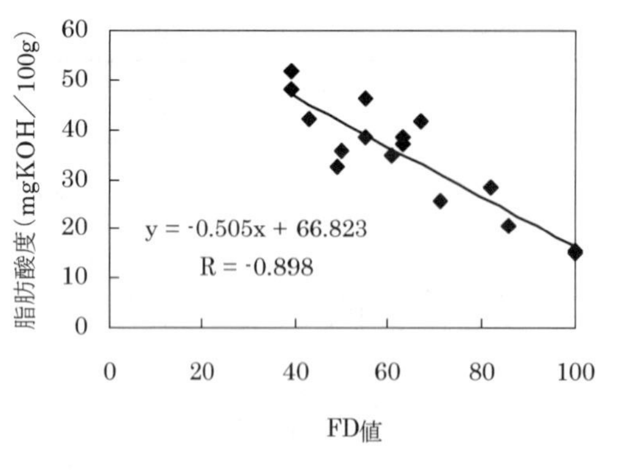

図５　FD 値と脂肪酸度の相関（玄米）

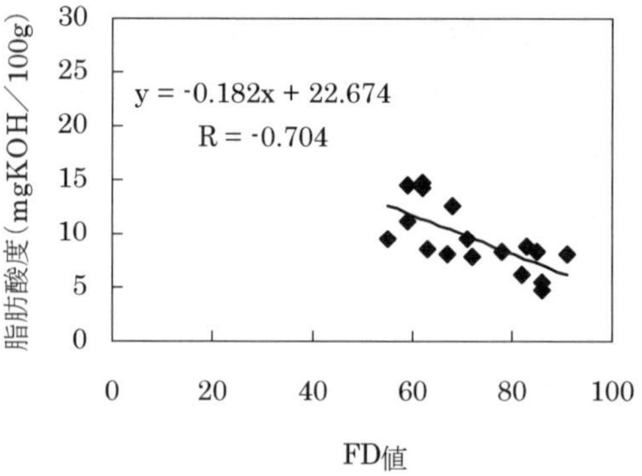

脂肪酸度（mgKOH／100g）
y = -0.182x + 22.674
R = -0.704
FD値

図６　FD 値と脂肪酸度の相関（白米）

6　おわりに

誰でも簡単に新鮮度を判定できる測定装置として,「シンセンサ」を開発し，従来法（脂肪酸度，pH 指示薬，グアヤコール反応）との比較検討を行った。

以下に,「シンセンサ」の特徴を示す。

(1)　新鮮度の点数化

①　玄米，白米，無洗米の新鮮度が判定可能

②　変質米の判定が可能であり，変質米混入によるトラブル解消

(2)　効率が良く簡単な測定法

①　6 サンプルが約 10 分で測定可能

②　簡略されたシステムで，誰でも測定可能

(3)　高い測定精度

①　pH との相関が高い（玄米…$R=0.965$，白米…$R=0.984$）

②　脂肪酸度との相関が高い（玄米…$R=-0.898$，白米…$R=-0.704$）

文　　献

1）大坪研一ほか，食総研報，**51**, 59 (1987)
2）渋谷直人ほか，日食工誌，**21**, 597 (1974)
3）渋谷直人ほか，澱粉科学，**24**, 67 (1977)
4）原　明弘，食品と科学，**41**, 30 (1999)
5）㈶全国食糧検査協会，農産物検査ハンドブック／米穀篇，p.316 (2002)
6）櫛渕欽也，米の美味しさの科学，p.196，㈳農林水産技術情報協会（1996）
7）食糧庁，標準計測方法，p.60 (2001)
8）松倉　潮ほか，日食科工誌，**47**, 523 (2000)
9）川上晃司ほか，美味技術研究会誌，**5**, 24 (2004)
10）三上隆司，日食工誌，**10**, 191 (2009)
11）食糧庁，標準計測方法，p.53 (2001)
12）日崎孝昌，お米の微視的構造を見る — 走査電子顕微鏡による観察 —，p.110，美味技術研究会（2006）

第4章　ORAC法
～ORAC法の特徴と標準法としての位置づけ～

渡辺　純[*1]，沖　智之[*2]，竹林　純[*3]，山崎光司[*4]

1　はじめに

活性酸素種は酸素を含む反応性の高い化合物の総称であり，スーパーオキシドアニオン（$O_2\cdot^-$），過酸化水素（H_2O_2），ヒドロキシルラジカル（$\cdot OH$），一重項酸素（$^1O_2$）などが代表的な活性酸素種である。これらの活性酸素種は好中球による細菌やウイルスの排除といった生体防御に積極的に活用されている。しかしその一方で，活性酸素種はその高い反応性ゆえにタンパク質，脂質およびDNAなどの生体成分を酸化して，タンパク質の変性，脂質の過酸化，遺伝子の損傷を引き起こすため，生活習慣病をはじめとする種々の疾病の発症や老化の一因となることもよく知られている。我々ヒトをはじめとする好気性生物は，酸素を利用して効率のよいエネルギー代謝を行っているが，平常時でも呼吸により取り込まれた酸素の一部が活性酸素種に変換されている[1)]。

抗酸化能とは文字通り酸化に抵抗する能力であり，食品中の油脂の酸化を防ぐという食品成分のレベルから，前述の生体成分の酸化反応を防御する機能までを含む非常に広い範囲を対象とした言葉である。近年では，天然に存在する抗酸化能をもつ物質は，活性酸素種を消去し生体成分の酸化を防ぐことで健康の維持・増進に寄与することが期待されており，野菜・果物などの食品中に豊富に含まれる抗酸化物質であるポリフェノール類およびカロテノイド類が脚光を浴びている。すでに，米国においては，生活習慣病予防に関わると考えられる食品のもつ抗酸化能に着目して，277品目の果実・野菜等の抗酸化能が本項で解説するORAC（oxygen radical absorbance capacity）法により数値化され，農務省のホームページで公開されており[2)]，ORAC値を表示し

＊1　Jun Watanabe　㈱農業・食品産業技術総合研究機構　食品総合研究所　食品機能研究領域　主任研究員
＊2　Tomoyuki Oki　㈱農業・食品産業技術総合研究機構　九州・沖縄農業研究センター　機能性利用研究チーム　主任研究員
＊3　Jun Takebayashi　㈱国立健康・栄養研究所　食品保健機能プログラム　研究員
＊4　Koji Yamasaki　太陽化学㈱　ニュートリション事業部　研究開発グループ　研究員

た飲料やサプリメントが流通している。一方，我が国においても，産業界から食品のもつ抗酸化能の表示に対する要望が高まっている。しかし，我が国にはこれまで多種多様な抗酸化能測定法を用いて食品の抗酸化能を評価してきたという長い研究の歴史がある。食品の抗酸化能は用いる測定法によって得られる値が変わってくることが知られており，そのため食品への抗酸化能表示を行うにあたっては，まず測定法を統一し，誰がどこで分析しても同程度の測定値が得られるように方法の標準化を行う必要がある。そこで，抗酸化能測定法の統一・標準化およびその利活用を目指し，抗酸化能評価に関する広範な分野の第一線の研究者と食品の抗酸化能に関心をもつ企業が集結し，AOU（Antioxidant Unit，抗酸化単位）研究会が2007年に設立された[3]。AOU研究会ではORAC法を抗酸化能測定における統一法の最有力候補として選定しており，著者らはORAC法の標準化を行うため，分析手順書の作成，妥当性の確認を行い，並行してORAC法を用いた各種食品の抗酸化能データベースの構築に向けて活動している。本項では，ORAC法の特徴について解説するとともに，食品の抗酸化能測定法の統一化の現状および今後の展望についても紹介する。

2　ORAC法の特徴

ポリフェノール類のように活性酸素種の中でも$O_2\cdot^-$および$\cdot OH$といったラジカルを消去する抗酸化物質の活性を測定する方法は，HAT（hydrogen atom transfer：水素原子供与）反応あるいはET（electron transfer：電子供与）反応を反応機構とする2つのタイプに大別される。ORAC法はHAT反応に基づく測定法の1つである。一方，我が国において最も広く用いられてきた抗酸化能測定法にDPPH法（第Ⅲ編第5章参照）があるが，この方法はET反応に基づく測定法であり，ORAC法とは反応様式が異なる。

ORAC法は，アゾ化合物である2,2′-azobis(2-amidinopropane)dihydrochloride（AAPH）の熱分解により生じるペルオキシルラジカルが蛍光プローブを分解し，それに伴う蛍光強度の減弱過程が抗酸化物質の作用により抑制されることを利用して，抗酸化能を測定する方法である。1993年にCaoらが報告した初期の方法[4]では，蛍光プローブとして蛍光タンパク質B-phycoerythrinが用いられていたが，現在はより再現性が高く安価である蛍光色素フルオレセインを用いる方法が一般的になっている[5]。また，ORAC法は水系溶媒中での反応であることから，親水性抗酸化物質に起因する抗酸化能しか評価できなかったが，メチル化β-シクロデキストリンを可溶化剤として添加することで親油性抗酸化物質にも適用する方法が開発された[6]。ORAC法の特徴は，DPPHのような天然に存在しない安定ラジカルを用いるのではなく，生体成分の過酸化反応に関与する脂質ペルオキシルラジカルを模したラジカル種を用いて生理的pH条件下で測定を行っているという点であり，このため生体内での酸化反応に近い状態で抗酸化能が評価できる系であると考えられている[6]。また，蛍光強度の変化を経時的に測定し，瞬発的な抗酸化能の強さとその持続時間を総合的に評価するため，食品や生体成分のような複数の抗酸化物質を含む試料に適用しやすく[4]，実験操作が比較的簡易であるといった長所がある。ORAC 法の測定に必要な装置は，蛍光マイクロプレートリーダー以外は食品分析を行っている一般的な実験室に備わっているものである。また，ORAC 法に用いる試薬類は安価であるため，ランニングコストが低く抑えられる。さらに，ORAC 法では血清や臓器ホモジネートといった生体試料の抗酸化能も食品と同様の手法で測定できることから，例えば抗酸化物質を投与したヒトや実験動物から血清を採取し，投与した食品の抗酸化能とそれに伴う血清の抗酸化能の変動を同一の測定法で評価することができる[4]。実際，ホウレンソウ，イチゴやワインの摂取に伴い，血清の ORAC 値が向上することが報告されている[7]。

3 ORAC 測定法の実際

食品の抗酸化能測定においては，液体試料の場合はそのまま分析に供すことが可能であるが，固形試料の場合は試料を凍結乾燥等により粉末とし，そこから試料に含有される抗酸化物質を効率よく抽出する必要がある。Wu らは，凍結乾燥した試料からヘキサン-ジクロロメタン（1：1）で親油性物質を抽出後，AWA（アセトン：水：酢酸＝70：29.5：0.5）で親水性物質を抽出する方法を用い，この両者の抗酸化能を個別に測定した後にそれらを足し合わせ総抗酸化能として評価する手法により，100 以上の食品の抗酸化能を報告している[8]。トコフェロール類などが含まれる親油性部の抗酸化能は，メチル化 β-シクロデキストリンを 7％添加することによって親油性物質の溶解性を高めた条件下で測定が行われている[6]。

我々は，生鮮食品等の抗酸化能低下を可能な限り抑制した凍結乾燥法を確立するとともに，残留農薬等の抽出に用いられる高速溶媒抽出装置を用いると，凍結乾燥物から再現性よく抗酸化物質を抽出できることを確認している。また，親水性物質の抽出にアセトンを主体とする AWA ではなくメタノールを主体とする MWA（メタノール：水：酢酸＝90：9.5：0.5）を用いれば，抽出液中に含まれる抗酸化物質の同定および定量が HPLC を用いてスムーズに行えると考えている。前述した Wu らの報告によると[8]，ナッツ類などを除く多くの食品では，ポリフェノール類などを含む親水性部の抗酸化能への寄与が親油性部より大きいことから，まず親水性部の ORAC 測定法の標準化に関する検討を先行して実施している。

我々が実施している ORAC 測定法[9]では，96 穴マイクロプレートのウェルに食品試料から調製した抽出液等の試料溶液およびフルオレセイン溶液を加えて 37℃に加温した後，AAPH 溶液の添加により反応を開始させ，蛍光強度（励起波長：485nm近傍，検出波長：535nm近傍）の経時変化を37℃に庫内を保温したマイクロプレートリーダーで2分間隔で90分間測定する（図1)。AAPH添加前の蛍光強度に対する各時間での蛍光強度の相対値をプロットし，曲線下面積（AUC：area under the curve）を計算する。試料存在下のAUCから非存在下のAUCを差し引いたnet AUC（図1斜線部）は試料の抗酸化能に比例して増大する。濃度既知の抗酸化物質標品であるTrolox（6-hydroxy-2,5,7,8-tetramethylchroman-2-carboxylic acid）のnet AUCから検量線を作成し，試料の抗酸化能をTrolox当量（TE）で表す。

「標準化」された抗酸化能測定法を提示するためには，決められた分析手順書に従って均質な試料を測定すれば，誰がどこで分析しても同程度の測定値が得られることを客観的に示すことが必要である。これまでに，親水性部のORAC測定に関しては，Wuらの方法[8]に準じた分析手順書を作成し，この手順書に従い抗酸化物質溶液および食品抽出液を測定すれば，単一の試験室内では高い再現性が得られることを確認している。さらに，均質の抗酸化物質溶液および食品抽出液を各試験室に配付して室間共同試験も実施しており，その結果をふまえ，現在さらなる分析精度の向上を図るために分析手順書の改善を行っている。なお，親油性部のORAC測定に関しては，Huangらの方法[6]を改良した分析手順書を作成し，単一試験室内での再現性確認が終了している。

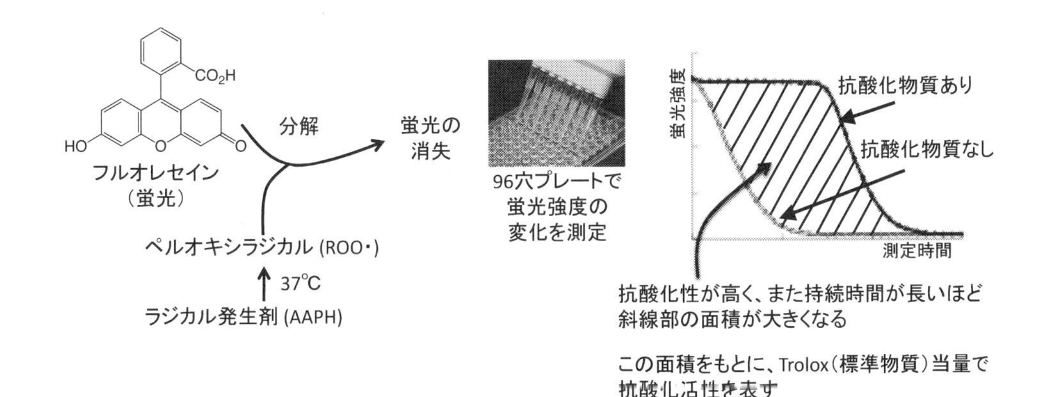

図1　ORAC法の測定原理とORAC値の計算
ORAC法ではAAPH由来のペルオキシルラジカルによって蛍光プローブのフルオレセインが分解されて蛍光強度が減弱する過程をマイクロプレートリーダーで経時的に観察する。各測定時間での蛍光強度の相対値をプロットすると，その曲線下面積は抗酸化能に比例して大きくなる。ORAC値は濃度既知のTroloxを用いて曲線下面積の検量線を作成し，Trolox当量として表す。（渡辺ら，化学と生物，**47**, 237（2009）より引用）

4 抗酸化能測定の標準法としてのORAC法の位置づけ

食品の抗酸化能の健康維持・増進への寄与を議論する上では，摂取した食品由来の抗酸化能が生体内における酸化反応に及ぼす効果を明らかにし，特定の疾患の発症率との因果関係を疫学的に実証することが当然必要となる。しかし，現状では前述のように抗酸化能の統一的な測定法が定まっていないため，この状態のまま知見をいくら積み上げても食品からの抗酸化物質摂取量を推算することは不可能である。他方，図2は代表的な抗酸化物質の抗酸化能をORAC法およびDPPH法で測定し，測定値間の相関性を調べた結果であるが，多くの物質はORAC法で測定した方がDPPH法で測定した時よりも高い値を示し，両者の測定値の相関性は低いという事実を得ている。このような現状を鑑みると，食品の抗酸化能の健康影響について議論するには，統一された分析法の存在が必要不可欠であることは明白である。

前述のように，米国では果実・野菜などのORAC法による抗酸化能が農務省のホームページで公開されており，ORAC法が抗酸化能測定法の標準的な手法となっている。また，飲料など一部の商品にそのORAC値が表示されて流通している。食品の機能性研究の発祥地である我が国でも，健康の維持・増進の観点から食品の抗酸化能の表示が期待されているが，そのためには前述のようにまず測定法の統一と標準化が必須となる。AOU研究会で各種抗酸化能測定法の長所と短所に基づき議論を重ね，ORAC法は生体内で発生する活性酸素種に類似したラジカルを

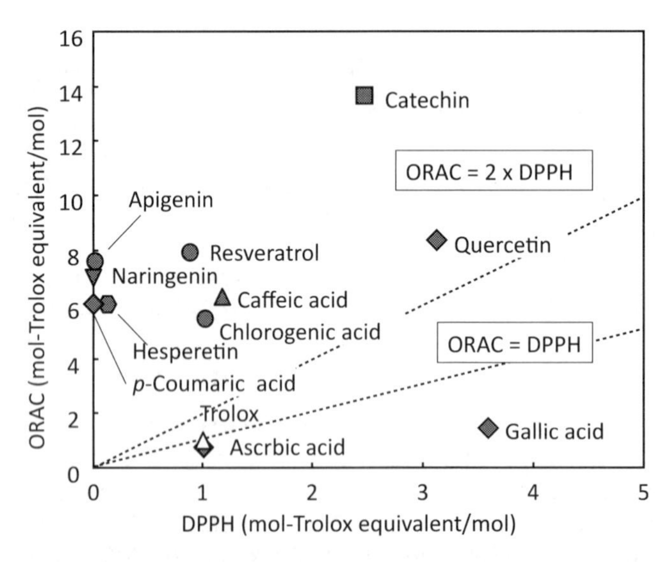

図2 代表的な抗酸化物質のORAC法による測定値とDPPH法による測定値の比較
測定値はそれぞれmol Trolox当量/molで表し，比較した。ORAC法の測定値は，DPPH法による測定値と相関性が低いと考えられた。（渡辺ら，化学と生物，**47**, 237（2009）より引用）

用いるため生体適合性が高い評価系である点，実験方法が比較的容易で再現性が高いと予想される点，米国を中心に抗酸化能測定法として認知度が高まりつつあり今後ヒト試験を含めた新たな知見が集積されると期待される点に着目し，抗酸化能評価のための統一法としてORAC法が適切であるとの結論に至った。しかし，ORAC法はポリフェノール類などのラジカルを消去する抗酸化物質の活性は評価できるが，非ラジカルの一重項酸素を消去する作用があるカロテノイド類などの抗酸化物質の活性は充分に評価できない点が指摘されている。そこでAOU研究会では，ORAC法と併せて一重項酸素消去能の測定法を統一し標準化するため，一重項酸素発生剤であるエンドペルオキシドの大量合成および分析手順書の作成にも着手している。

5　今後の展望

活性酸素種が種々の疾病の発症に関与するとの知見の蓄積に伴い，食品から摂取可能な抗酸化物質に対する期待が非常に高まっている。しかし，我々が食事などから日常的に摂取している抗酸化物質がトータルとして疾病を予防するために十分な量といえるのか，あるいは目標とする摂取レベルを設定すべきなのかを示すデータは著者らが知る限り存在しない。今後，抗酸化能の統一的な指標の確立により，食事調査の結果から抗酸化能摂取総量を推計することが可能となるとともに，種々の疾病の発症率と抗酸化能摂取量との関連性を調査するような疫学的研究の実施が期待される。

介護を要しない健康寿命の延伸は国民の関心事であり，これに寄与する生活習慣の一つとして食生活のあり方に関する情報提供が強く求められるようになっている。2004年度の農林水産省による調査[10]によれば，9割の消費者が農産物などについて，科学的に解明された機能性をもっとPRしてほしいとの回答を寄せるなど，食品の機能性研究の成果を正しい情報として提供することへの要望が高まっている。現在，我が国では食品への抗酸化能の表示は行われていないが，抗酸化能測定法の統一と標準化が，食品の抗酸化能に関する機能性研究の進展と深化に繋がり，最終的には加工食品や食品素材へ科学的な根拠に基づいて抗酸化能を表示するに足る確固たるエビデンスが得られると確信している。我々の取り組みが，生産者にとっては抗酸化能を指標とした農産物・食品のブランド化に，消費者にとっては抗酸化能を基準とした食品選択の基準の確立に繋がることを期待したい。

文　　献

1) 大柳善彦，井上正康，“活性酸素と老化抑制”，共立出版，p.18 (2001)
2) http://www.ars.usda.gov/SP2UserFiles/Place/12354500/Data/ORAC/ORAC07.pdf
3) http://www.antioxidant-unit.com/index.htm
4) G. Cao *et al., Free Radical Biol. Med.*, **14**, 303 (1993)
5) Y. M. A. Naguib *et al., Anal. Biochem.*, **284**, 93 (2000)
6) D. Huang *et al., J. Agric. Food Chem.*, **50**, 1815 (2002)
7) G. Cao *et al., J. Nutr.*, **128**, 2383 (1998)
8) X. Wu *et al., J. Agric. Food Chem.*, **52**, 4026 (2004)
9) 沖智之ら，“食品機能性評価マニュアル集第Ⅱ集”，㈳日本食品科学工学会，p.79 (2008)
10) 平成16年度食料品消費モニター第1回定期調査結果 http://www.maff.go.jp/www/press/cont2/20050805press_5b.pdf

第5章　DPPH法による食品抗酸化測定法
～DPPH法の技術と特徴～

木村俊之*

1　酸化と抗酸化性

ろうそくに火をつけると，ロウは酸素により燃焼し，光と熱エネルギーを放出する。同様に，我々は呼吸によって体内に取り込んだ酸素で，摂取した食物を燃焼し，それにより獲得したエネルギーによって生活を営んでいる。酸素はその構造から他の原子と比較し非常に反応性に富む特徴を有している。酸素との反応は，電子の授受であり，電子が引き抜かれる現象を酸化と呼んでいる。この酸化は燃焼や呼吸など有益と思われる反応だけでなく，鉄が錆びるなどの好ましくない反応も含む。食品においては，酸化は色味の悪化，オフフレーバーなどの品質劣化の原因となるため大きな問題となる。生体においては，酸化により生体を構成する脂質，タンパク質，DNAなどがダメージを受けることが生活習慣病の原因の一つとされる[1,2]。近年，ポリフェノールやビタミンE，カロテノイドなど抗酸化性成分の摂取が生活習慣病を予防するとして注目されており[3,4]，食品による酸化抑制（抗酸化）機能が注目されている。このように農産物，食品の評価項目として抗酸化性は，品質保持と機能性アピールの観点から重要である。

酸素分子は呼吸等の要因によりエネルギーが高い状態になると一重項酸素（$^1O_2$），スーパーオキサイドアニオン（O_2^-），過酸化水素（H_2O_2）などの活性状態（活性酸素種）へ変化する。これらはスーパーオキサイドジスムターゼ，カタラーゼなど体内の消去機構により消去されるが，一部はヒドロキシルラジカル（・OH）などのラジカル種へ変化する。このラジカル種は非常に反応性が高く，瞬時に周りの分子を攻撃し電子を奪い生体を損傷させる。これら活性酸素種やラジカルが，生体や食品を損傷，劣化させる原因である。この際，ラジカル種に電子を安定して供与できる物質が周りに豊富に存在していれば生体の損傷，品質の劣化が防止できる。この電子を供与し活性酸素やラジカルの毒性を消去する能力を，一般に抗酸化性もしくはラジカル消去活性と呼んでいる。食品や農産物には抗酸化性を有する物質が豊富に含まれており，これまでに様々な抗酸化性の測定方法が考案され報告されている[5～8]。本章では食品，農産物の抗酸化ポテンシャ

＊　Toshiyuki Kimura　㈱農業・食品産業技術総合研究機構　東北農業研究センター　寒冷地バイオマス研究チーム　主任研究員

ルを測定する方法として汎用されているDPPH法の特徴，留意点について述べる。

2 DPPH法

DPPHとは2,2-diphenyl-1-picrylhydrazylの略で紫色を呈する有機ラジカルである[9]（図1）。一般にラジカル種は非常に反応性が高く不安定であるが，DPPHは比較的安定したラジカルとして知られている。またDPPHラジカルは517nmに極大吸収を持ち，電子を受領（還元）しラジカルが消去されると退色する特徴を有する（写真1）。このため517nm近傍の吸光度を測定することで，ラジカルの消去能を測定することが可能である。DPPH法はラジカルの消去を直接に観察できること，取扱いが容易であること，特殊な薬剤，器具を必要とせず吸光度を測定するだけで簡易に迅速に測定できることから多検体処理に向いており，農産物，食品の抗酸化性のスクリーニング法としてこれまでに汎用されてきた評価法の一つである[10~13]。また，ラジカル消去のモデル系としての解析も蓄積している[14~18]。

DPPH法の測定は様々な方法があり，測定原理は被験試料とDPPH溶液を混合することでDPPHラジカルが消去されるが，その度合いを残存するDPPHラジカル量を測定することで評価を行うものである。ラジカルの検出には電子スピン共鳴装置（ESR）で直接ラジカルをとらえるESR法の他，DPPHがラジカル消去により退色することから520nm近傍の吸光度を測定することを利用している吸光度法がある。ESRによる測定は高額で特殊な機器（ESR）を使用すること，ESR法と吸光度法は高い相関を示すことから農産物，食品の抗酸化性の評価には吸光度法による測定が一般に普及している。

DPPHには以下の特徴があることから，実際の測定にはこれらを念頭に十分に条件の検討とデータの解釈をすべきである（表1）。

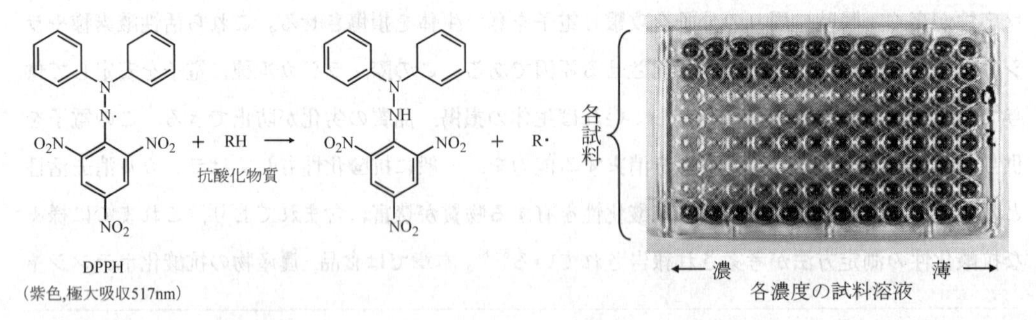

図1 DPPHの化学構造とラジカル消去のスキーム

写真1 DPPHラジカルは消去されると退色する
96穴プレートを用いた測定例。DPPHはラジカルが消去されると退色する。

表1　DPPH法の特徴

長所	短所
・迅速・簡易 ・特殊な機器を必要としない，安価 ・研究蓄積が多い	・生体，食品中で発生するラジカルではない ・極性有機溶媒に可溶性成分が対象 ・517nm近傍に吸収を持つ検体は誤差を生じやすい

(1)　DPPHは生体や食品中に存在，発生するラジカルではない。ラジカル種と抗酸化物質は「相性」が異なるため，DPPH法の結果は生体で発生するラジカルに対する消去能を完全に反映するものではない。

(2)　DPPHは水，油に溶解しないため，反応系がエタノールなどの極性有機溶媒が使用されることが多い。このため一般的にはDPPH法での測定はポリフェノールなどの親水性物質による抗酸化性の測定系であり，ビタミンEやカロテノイド等の疎水性抗酸化性物質は測定できない。

(3)　DPPHのラジカル消去反応はpHや温度の影響を受けるため[19]，再現性あるデータを得るためには反応液条件（pH，温度，塩濃度等）を合わせた方が良い。

(4)　DPPHは被験物によりラジカル消去の速度が異なることも指摘されており[14]，測定にあたっては対象となる被験物が十分に反応する時間を考慮する。

(5)　DPPHはアルコール溶液中で自然退色するため，DPPH溶液は要時調整する。

(6)　DPPHを吸光度法で測定する際，被験試料が測定波長である517nm近傍に吸収を有する場合，測定ができない。この場合，液体クロマトグラフィーで分離して測定する，もしくはバックグラウンドの測定により補正する必要がある。

(7)　DPPHラジカルは被験物の濃度に対し，シグモイド様のカーブを描き減少する。このため，被験液の濃度レンジが広い場合は直線性が得られないことから50%効果用量（EC_{50}）で評価することが望ましい。

3　DPPH法の実際

以下にその実際の例を示す。

木村らによる農産物の測定法[13,20～23)(注1)]

〈実験器具〉

・96穴プレート

・96穴プレートリーダー

・96穴プレートシェイカー

〈試薬〉

・200 μM DPPH/50%エタノール溶液[注2]

・10mM Trolox/DMSO（ジメチルスルホキシド）溶液

〈前処理〉

①被験試料（農産物もしくは食品）に適量の水を添加しポリトロン等で破砕しペースト状にしたものを凍結乾燥し粉末化する。

②凍結乾燥粉末試料に50倍量（w/v）のジメチルスルホキシド（DMSO）を添加しボルテックスミキサー等でよく攪拌後，室温暗所で一晩抽出する。これを濾過（吸引濾過）したものを試料抽出液とする。

〈操作〉

①希釈用の96穴プレートを用意し，試料抽出液もしくはTrolox/DMSO溶液を，1.78倍ずつ11段階にDMSOで希釈する（4段階希釈すると1/10になる)。次に96穴プレートの1ウェルにそれぞれ10 μLを分注する。

※横1レーンごとに1被験液とすると，1レーンはTroloxとするため，一枚のプレートで7種の試料が測定可能である。

② ①の被験液の入った96穴プレートに200 μM DPPH/50%エタノールを1ウェルに190 μL添加し室温で20分攪拌する。

③反応終了後，96穴プレートリーダーで520nmの吸光度を測定する。

〈解析〉

図2にTrolox添加濃度と520nm吸光度の退色曲線を示す。このようにラジカル消去物質が存在する場合，添加濃度に伴いDPPHラジカルの520nmの吸光度はシグモイド様の曲線を描き減少する。このため，試料抽出液添加量に対して520nmをプロットし，試料無添加に対し吸光度を半減させる濃度（EC_{50}）をTroloxなどの相当量として評価する[注3]。

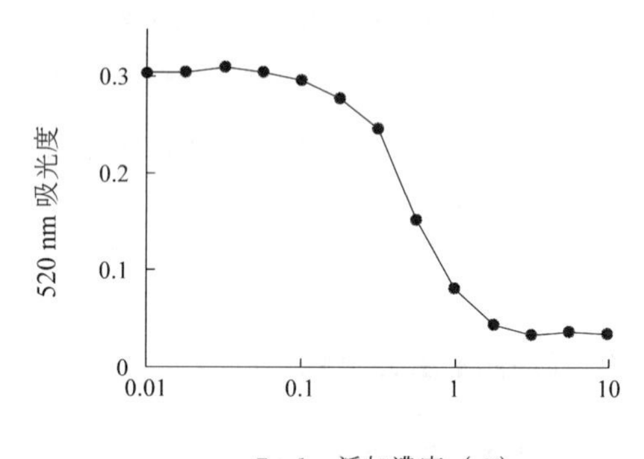

図2　DPPHラジカルのTrolox濃度に対する退色曲線
DPPHラジカルは抗酸化物質の濃度に伴いシグモイド様曲線を描き減少する。

注1）96穴プレートリーダーが無い場合は試験管で分光光度計を用いて行うことも可能である。

注2）DPPHは溶解しづらいため，予め乳鉢で微粉末化しエタノールに完全に溶解させた後希釈する（要時調製)。また，DPPHラジカル消去反応はpHにより影響を受けるため，MESバッファー等の緩衝液でpHを調整する方が望ましい。

図3にDPPH法での測定結果の例を示す[23]。DPPHが油に溶けずエタノールなど極性有機溶媒が用いられることから，その評価対象は極性有機溶媒に対する可溶性物質となる。農産物や食品ではポリフェノールが主な対象と考えられ，実際DPPH法での測定結果はポリフェノール含量との良好な相関が得られることが多い[12,20~22]（図4）。しかしながら，DPPHと種々の消去物質はそれぞれ反応速度も化学量論比も異なることから，農産物や食品など種々な物質が混在している状況下での比較は解釈に注意が必要である。例えば種々の農産物のDPPHラジカルに対する消去能とポリフェノール含量の相関をとると，その相関性は低い。しかしながら，農産物の同じカテゴリー（たとえば葉物野菜）の間での比較や，同種の農産物の品種間差異など比較的成分が似通っているもので比較するとDPPHラジカルに対する消去能とポリフェノール含量との相関

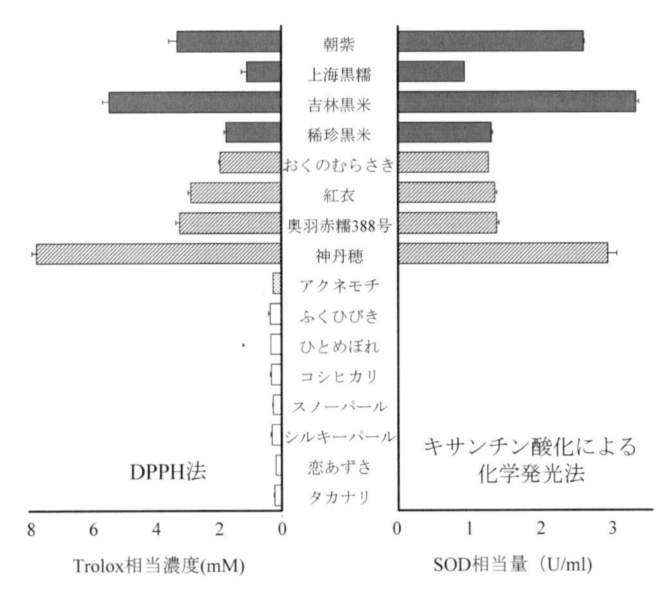

図3　DPPH法とキサンチン酸化による化学発光法における測定例

各種米ぬか（紫黒米，赤米，通常米）の抗酸化性。DPPH法とキサンチン酸化による化学発光法は測定原理が異なるが良好な相関が見られる。（文献23より引用）
SOD：スーパーオキサイドジスムターゼ

注3）アントシアニンなど着色の成分を多く含む被験試料の場合，抽出液添加量の増加に伴い，520nmの吸光度はいったん下がったのち再度上昇するカーブを描く。このような場合，DPPH溶液を含まない50%エタノールで520nmのバックグラウンドを測定することで，ある程度補正することが可能である。

また，山口らは有色の被験試料を厳密に測定するために高速液体クロマトグラフィー（HPLC）で分離しDPPHラジカルのみを測定する方法を考案している[24]。すなわちDPPH反応液を逆相HPLC［カラム：TSKgel-Octyl-80Ts（4.6×150mm，東ソー），移動相：メタノール／水（70：30，v/v），流速：1 mL/min.，検出：Abs 517nm］でDPPHラジカルに相当するピークエリアのみを測定することで有色被験試料の良好な測定結果を得ている。HPLCの一回の測定に10分程度かかるため検体数が多い場合は適用が難しい。

は格段に高くなる[25]。これはDPPHラジカル消去に寄与している成分が似通っているため，それらの成分の含量と寄与率がDPPHラジカル消去活性に現れていると解釈される。反対にカテゴリーが全く異なるものを比較する場合は，内容成分が異なるため寄与率が分からないため，他の異なる原理の測定法との比較により客観的に判断することが肝要となる。

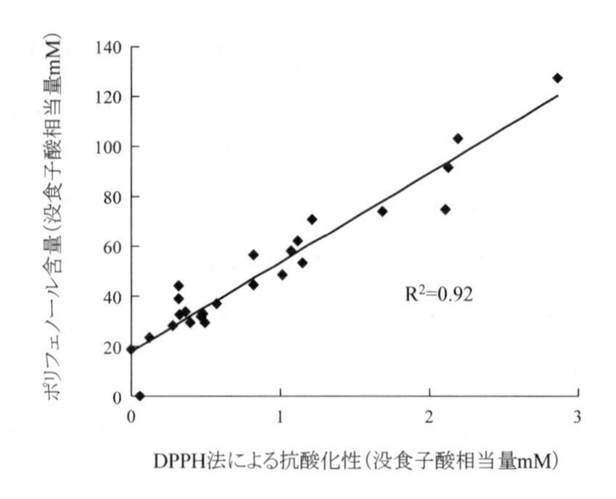

図4　DPPH法による抗酸化性とポリフェノール含量との相関（柿の実）

柿の実の例を示す。DPPH法はカテゴリーの同じ試料でポリフェノール含量と高い相関を示すことが多い。（文献25より引用）

4　DPPH法の特徴，他の方法との相関

DPPHは上述したように，合成の非天然ラジカルであり，生体や食品中の劣化の原因となるラジカルではない。またDPPH法はエタノール水溶液中など親水性有機溶媒中での反応系である。このため，DPPH法で得られた結果がどの位食品や農産物の抗酸化ポテンシャルを反映しているのかが気になるところである。DPPH法と同様に食品や農産物の親水性成分の抗酸化ポテンシャルを測定する方法としてはORAC法，TRAP法，TEAC法，キサンチン酸化による化学発光法など様々な方法があり，それぞれに特徴がある。これらの特徴は総説等でまとめられているので参照願いたい[26,27]。これらの特徴を理解した上で原理の異なる複数の測定系を組み合わせる事で，農産物が持つ抗酸化ポテンシャルを解釈すべきである。つまり多数の食品，農産物の抗酸化性を複数の抗酸化性測定法で評価し，すべてにおいて強いものが真に強い抗酸化性ポテンシャルを有すると言える。DPPH法は，ORAC法とは相関が低いが[27]，キサンチン酸化による化学発光法とは相関係数（R^2）が0.83と高い[13]。DPPH法は反応系がエタノール水溶液中であり，ポリフェノール含量との相関が高いことから[12,20~22]，DPPH法の抗酸化性は主として食品や農産物の有するポリフェノールの抗酸化性を表していると考えられる。DPPH法と他の測定法とのポリフェノール標準物質での測定の比較では，DPPHはオルトジフェニル構造やオルトトリフェノール構造を持たない化合物はDPPHラジカルをほとんど消去せず，オルトトリフェノール化合物で強く活性を示す傾向があり，没食子酸などは他の測定手法より高い抗酸化性を示す[27]。このため，種々のポリフェノールが混在する試料の場合，その抗酸化性は個々のポリフェノールの有する抗酸化性の強さと含量の総和となるため，他の測定法とのずれの原因となると考えられ

る。逆に試料中に含有されるポリフェノールの種類が少ない場合は相関が得やすく，実際に農産物の品種間差異，葉物野菜間の比較，茶飲料間の比較では異なる測定系の測定結果であっても高い相関が得られている[13,25,27]。

5　まとめ

DPPH法は比較的安定な有色のDPPHラジカルが消去されると退色することを利用し，試料の抗酸化性を測定する方法である。特別な機器を要せず，迅速，簡易に測定できる事から多検体の処理が可能であり，食品，農産物の抗酸化性の一次スクリーニング法として優れている。DPPH法の留意点として，①反応系がエタノールなど親水性有機溶媒中の反応であり，主としてポリフェノールを測定している，②DPPHは合成ラジカルであり，生体や食品中で発生する活性酸素種よりも没食子酸などと強く反応するなど，物質による反応性に特性がある，③吸光度を測定するため有色の試料では測定にずれが生じやすいことが挙げられる。このため，DPPH法でのデータはこれらを念頭に解釈する必要がある。他の評価法でも同様であるが，抗酸化性の評価においては万能の手法は存在しない。このため，データの信頼性のためには原理の異なる複数の手法を組み合わせて評価することが望ましい。

食品や農産物の抗酸化性は，食品の酸化劣化防止と，生活習慣病予防を期待して語られる事が多い。活性酸素種を除去することが酸化傷害の防止につながることは正しい。しかしながら，酸化による損傷，劣化は油など疎水領域であったり，タンパクなどの親水領域であったり，その界面で生じる他，摂食した際には，その吸収，代謝，細胞内での分布などが関係する。DPPH法をはじめとする抗酸化性のスクリーニング法での結果は食品，農産物の抗酸化性のポテンシャルを示すものであって個々の酸化事象を抑制する指標ではないことに留意をすべきである。農産物が的確に期待する抗酸化性を示すためには，スクリニーニングにより得られた食品をさらに個別事象に対して評価を行う必要がある。

文　　献

1)　M. Namiki *et al.*, *Crit. Rev. Food Sci. Nutr.*, **29**, 237 (1990)
2)　B. Halliwell *et al.*, *J. Lab. Clin. Med.*, **119**, 598 (1992)
3)　石見佳子ほか，食品と開発，**35 (6)**, 5 (2000)

4) 吉川敏一，アンチ・エイジング医学，**1** (**1**), 17 (2005)
5) C. S. Moreno, *Food Sci. Technol. Int.*, **8**, 121 (2002)
6) B. Ou *et al., J. Agric. Food Chem.*, **53**, 1841 (2005)
7) E. Niki, *Nutrition*, **18**, 524 (2002)
8) E. Frankel *et al., J. Sci. Food Agric.*, **80**, 1925 (2000)
9) R. H. Poirier *et al., J. Org. Chem.*, **17** (**11**), 1437 (1952)
10) M. S. Blois, *Nature*, **181**, 1199 (1958)
11) 内山充ほか，薬学雑誌，**88** (**6**), 678 (1968)
12) 須田郁夫ほか，日食工誌，**52** (**10**), 462 (2005)
13) 木村俊之ほか，日食工誌，**49** (**4**), 257 (2002)
14) W. B. Williams *et al., Lebensm. Wiss. Technol.*, **28**, 25 (1995)
15) V. Bondet *et al., Lebensm. Wiss. Technol.*, **30**, 609 (1997)
16) T. Kurechi *et al., Chem. Pharm. Bull.*, **28** (**7**), 2089 (1980)
17) T. Kurechi *et al., Chem. Pharm. Bull.*, **30** (**8**), 2964 (1982)
18) N. Nishimura *et al., Bull.Chem. Soc. Jpn.*, **50** (**8**), 1969 (1977)
19) F. Nanjo *et al., Free Rad. Biol. Med.*, **21** (**6**), 895 (1996)
20) 木村俊之ほか，東北農業研究，**55**, 271 (2002)
21) 木村俊之ほか，東北農業研究，**56**, 267 (2003)
22) 木村俊之ほか，東北農業研究，**57**, 269 (2004)
23) 木村俊之ほか，東北農業研究，**59**, 255 (2006)
24) T. Yamaguchi *et al., Biosci. Biotechnol. Biochem.*, **62** (**6**), 1201 (1998)
25) 木村俊之ほか，東北農業研究，**58**, 237 (2005)
26) L. Ronald *et al., J. Agric. Food Chem.*, **53**, 4290 (2005)
27) 渡辺純ほか，化学と生物，**47** (**4**), 237 (2009)

第6章　WST-1による食品抗酸化能の測定法
～測定法の技術と特徴～

受田浩之*1，島村智子*2

1　はじめに

食品の有する生体調節機能の一つとして，活性酸素種を消去する活性，いわゆる抗酸化能が注目されている。特に，スーパーオキシドアニオン（O_2^-）の不均化を触媒する生体防御酵素スーパーオキシドジスムターゼ（SOD：反応式 $2O_2^- + 2H^+ \rightarrow H_2O_2 + O_2$）と同様に O_2^- を消去できる活性（Superoxide anion scavenging activity：以下 SOSA と略記）を有した物質は，老化や各種生活習慣病の予防に有効であると期待されている[1)]。

これまでにSOSAを測定できる方法として，ニトロブルーテトラゾリウム（NBT）法，シトクロムc法，亜硝酸法，化学発光法，電子スピン共鳴（ESR）法などが報告されている。しかしながら，従来のSOSA測定法は，生化学的な用途を中心に開発されたものであり，食品のような多成分共存系で，含有成分の種類が多岐にわたる試料には不向きな場合が多い。特に食品の有する色や，後述する O_2^- のプローブと相互作用する成分の存在が測定結果に深刻な影響を与える。従来法の中で唯一，ESR法は感度，特異性に優れていることから，食品のSOSA測定に利用されているが，高価な装置が必要とされることや，測定コストが高いこと，自動化が困難なことなどから，より簡易でかつ迅速な食品試料のSOSA測定法の開発が必要とされていた。

最近，著者らは，簡便かつ迅速なSOD活性測定法として，新規水溶性テトラゾリウム塩WST-1を用いた発色法を開発し，この方法が様々な食品試料のSOSA測定に対して，高い適用性を有していることを明らかとした[2)]。そこで本項では，WST-1によるSOSA測定法の原理，特徴，並びにその手順について，留意点と共に解説する。なお，これらの方法は公定法ではなく，現在，その妥当性確認が行われつつある状況であることを付記しておく。

＊1　Hiroyuki Ukeda　高知大学　総合科学系生物環境医学部門　教授

＊2　Tomoko Shimamura　高知大学　総合科学系生物環境医学部門　准教授

2　SOSA 測定法

2.1　原理[2)]

SOSA の測定は SOD の活性測定法に準じて行われる。SOD の活性測定の原理を基に，概略を説明する。SOD の基質となる O_2^- の発生には，酵素キサンチンオキシダーゼ（XOD）によるキサンチンの酸化反応を利用する。反応溶液には生成した O_2^- を検出するためのプローブを共存させておく。試料を添加していないときのプローブの変化をコントロールとして，各試料を添加した際のプローブ変化の抑制率をその試料が示す阻害率と表現する。通常，各試料が 50％の阻害を示す濃度（IC_{50}）を各試料の活性評価に利用する。

食品の有する SOSA は SOD の示す O_2^- の不均化反応とは異なる機構で生じることが多いが，反応機構は異なっても，O_2^- の反応性を低下させることから，活性に依存したプローブ変化の阻害が観察される。したがって，SOD と同じ評価系が利用でき，その活性を便宜上，SOD 等価活性として表現する。

分光学的なプローブを用いる SOD 活性測定法として，各種テトラゾリウム塩を用いる方法が開発されている。テトラゾリウム塩は酸化型が無色で，O_2^- によって還元を受けると特徴的な発色が認められる。典型的なテトラゾリウム塩が NBT である。NBT 法は操作が簡便であることから汎用されているが，生成するホルマザンが水不溶性の沈殿物であることや，NBT が XOD と直接反応し，100％の阻害率を達成することができない等の問題を抱えていた。WST-1 法は NBT 法が有するこれらの問題点を解決した理想的な SOD 活性（SOSA）測定法である。

本法の測定原理を図 1 に示す。XOD の反応で生成した O_2^- は無色の WST-1 を還元し，黄色の WST-1 ホルマザンが生成する（極大吸収波長 438nm におけるモル吸光係数 $1.1 \times 10^4 M^{-1} cm^{-1}$）。試料を添加しない条件で得られる 450nm の吸光度をコントロールとして，試料を添加した際に認められる吸光度の減少率を阻害率として SOD の活性を評価する。本法は極めて水に対する溶解性の高いテトラゾリウム塩 WST-1 を使用しているため（数十 mM オーダーの溶解性），ホルマザンの溶解操作は不要である。また WST-1 は XOD と直接反応しないため，100％の SOD 阻害が得られる。また 96 穴マイクロプレート対応なので，一度に多検体の測定が可能である，などの特徴を備えている。

Oritani らは WST-1 と O_2^- の反応を詳細に解析している[3)]。サイクリックボルタンメトリーによる電気化学的な酸化還元挙動の解析から，WST-1 は 2 段階で還元されることが示されている。1 段階目の還元は 1 電子還元反応で，テトラゾリニルラジカルを生成する。本反応の還元電位は −0.20V（対銀 — 塩化銀電極）で，この反応は pH に依存しない。2 段階目の還元電位は −0.47V（対銀 — 塩化銀電極）で，生成物としてホルマザンを与える。この 2 段階目の反応は pH に対す

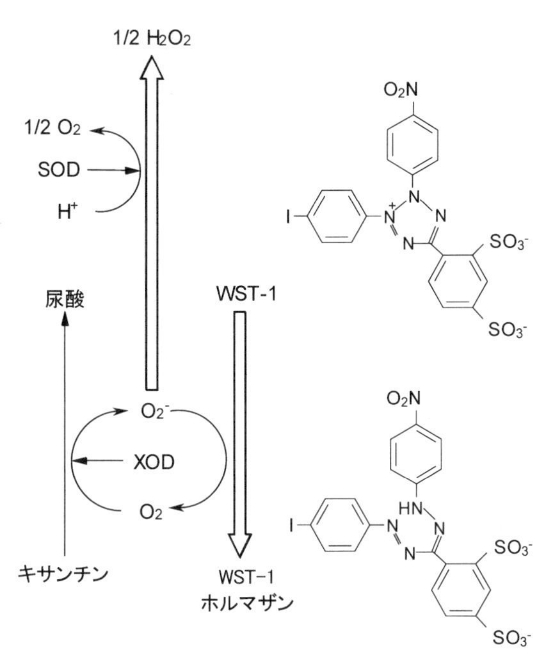

図1　WST-1法によるSOD活性測定法の原理
XOD，キサンチンオキシダーゼ

る依存性が強い。第1段階の還元電位がO_2/O_2^-の酸化還元対の式量電位よりも正なので，熱力学的に見てもWST-1はO_2^-によって還元される。

WST-1とO_2^-の反応は次の(1)式に従い進行する（MF：モノホルマザン）。WST-1の酸化還元挙動からこの反応は次の2つの素反応(2)と(3)から成ると考えられる。このうち(3)の反応は水中では極めて迅速に進行し，

$$2O_2^- + WST \xrightarrow{H^+} 2O_2 + MF \quad (1)$$

$$O_2^- + WST \xrightarrow{k_1} O_2 + WST\cdot \quad (2)$$

$$2WST\cdot \xrightarrow{k_2} WST^+ + MF \quad (3)$$

全体の反応の律速段階は(2)の反応である。ストップトフロー法で詳細に解析された(2)の2次反応速度は3～4×10^4のオーダーである。なお(2)の反応は酸素濃度に依存しないことから，逆反応，すなわちWST-1ラジカルから新たにO_2^-が生じる反応は起こらないと考えられる。本反応速度は従来のNBT（6～7×$10^4 M^{-1}s^{-1}$）と比べると若干小さいが，オーダー的には差はない。またホ

ルマザンのモル吸光係数としてはNBTの1/2～1/3の程度であるが，モノテトラゾリウムとしての性質，水に対する溶解性などから考えて，WST-1はNBTよりもO_2^-の発色プローブとして優れていると言える。

2.2 測定手順

下記にマイクロプレートを用いたバッチ法について記す。なおバッチ法にはすべての試薬が予め調製された簡便なキット（同仁化学研究所製SOD Assay Kit-WST）がすでに市販されている。

⑴ 試料の前処理

液状試料は0.45μmのフィルターを通した後，0.1Mリン酸塩緩衝液（pH7.4）で希釈して試料とする。また固体試料はポリトロンなどを用いてホモジナイズした後，ろ過して試料とする。

⑵ 溶液調製（96ウェルプレート1枚分）

・WST-1溶液：0.1mMキサンチン，0.1mM EDTA，0.027mM WST-1を含む発色液を50mM炭酸塩緩衝液（pH10.2）で調製する（20ml）。

・酵素溶液：XOD（オリエンタル酵母製；バターミルク由来）23mU/mlになるように0.1Mリン酸塩緩衝液（pH7.4：希釈用緩衝液）にて調製する（2.5ml）。

・SOD標準液（検量線作成用）：下記SOD標準液を上記リン酸塩緩衝液で調製する。

例）200units/ml，100units/ml，50units/ml，20units/ml，10units/ml，5 units/ml，1 units/ml，0.1units/ml，0.05units/ml，0.01units/ml，0.001units/ml

⑶ 操作

表1を参考に，sample（試料），blank1（阻害無しの全発色量：コントロール），blank2（試料自体のブランク），blank3（WST-1溶液のブランク）を作成する。

表1　WST法のプロトコール

	sample	blank1	blank2	blank3
サンプル溶液	20μl	—	20μl	—
純水	—	20μl	—	20μl
WST溶液	200μl	200μl	200μl	200μl
希釈用緩衝液	—	—	20μl	20μl
酵素溶液	20μl	20μl	—	—

blank1：阻害無しの全発色量
blank2：sample自体のblank
blank3：WST発色液のblank
着色の強いサンプルの希釈倍率を変えて測定する場合には（例×1，×5，×10，×100，×500…），その希釈倍率毎にblank2を準備する必要がある。

① 各ウェルに，サンプル溶液（sample，blank2）もしくは純水（blank1，blank3）を20 μlずつ入れる。

② 各ウェルにWST-1溶液を200 μlずつ加え，ピペッティングもしくはプレートミキサーでよく混ぜる。

③ blank2とblank3のウェルに希釈用緩衝液を20 μlずつ加える。

④ サンプル溶液を入れたウェルとblank1のウェルに酵素溶液を20 μlずつ加える。

⑤ 37℃で20分間インキュベートする。

⑥ プレートリーダーで450nmの吸光度を測定する。

(4) SOD活性値（阻害率%）は下記の計算式により求められる

$$\text{SOD活性値（阻害率\%）} = [(A_{blank1} - A_{blank3}) - (A_{sample} - A_{blank2})] / (A_{blank1} - A_{blank3}) \times 100$$

SOD標準液を使って作成した阻害曲線の例を図2に示す。インキュベーション時間を20分としているが，60分までであればインキュベートの時間が変わっても，得られるIC_{50}値（反応の阻害率が50%）は変わらない。この曲線からIC_{50}を与えるSODの活性（試料の濃度としてunit/mlで表示）を求める。同様にして試料の与えるIC_{50}値を求め，これらが等価としてSOD等価活性を得る。なお後述するように，本酵素単位の定義が測定値の室間再現精度に影響を及ぼすことが判明したため，著者らは新たに「WST-1還元の50%阻害を示すサンプル溶液20 μlに含まれるSOD量が1単位（U）である」との定義を導入した。現在，SOD Assay Kit-WSTの測定マニュアルにも，この新たな定義が記載されている。本稿には，新定義の導入前・後の結果が示されていることを予めご了承願いたい。

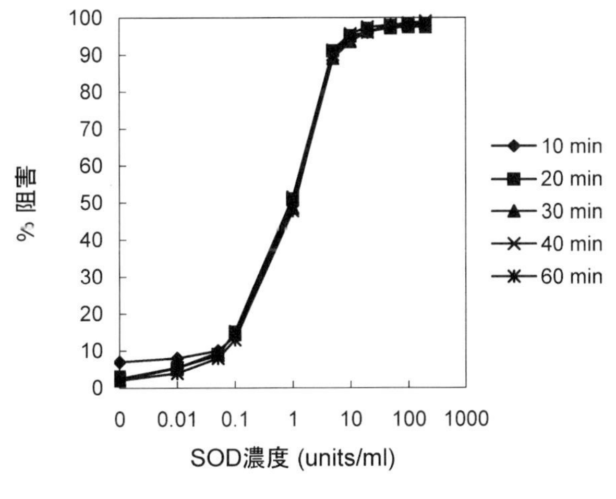

図2　SOD標品の阻害曲線

(5) 妨害物質

アスコルビン酸，グルタチオン（還元型）等還元物質は誤差を与える。これらの物質が下記の濃度存在した場合10％程度の吸光度の上昇が認められるが，吸光度の上昇はblank2として差し引くことにより影響は回避できる。

・アスコルビン酸：0.1mmol/l

・還元型グルタチオン：5 mmol/l

(6) 留意点

本活性測定を利用して食品のSOSAを評価する際に注意しておかなければならないことがいくつかある。まず，O_2^-の発生系であるXODに作用してO_2^-の発生を阻害する物質も，SOSA物質として評価されてしまうことである。この発生系の阻害は，たとえばアッセイ反応終了後の尿酸量をHPLCで測定することで確認できるし，プローブ濃度を変化させてIC_{50}の値が変化するかどうかでも推定できる。XODに対する阻害であれば，プローブ濃度を下げてもIC_{50}値に変化は見られない。2つ目として，試料を抽出する際に用いる溶媒の影響である。たとえば水に対する溶解性の低い成分については，アセトニトリルやエタノールに溶解して，SOSA測定を行うことがある。これらの溶媒はXODの活性に影響を及ぼし，コントロールのO_2^-発生量を有意に低下させる。この場合には，試料を溶解する溶媒を用いてコントロールを測定する必要がある。食品のSOSAを測定する場合，これらの点を常に念頭においておく必要がある。

3 各種食品試料への適用

現在，SOSAを有する食品成分は老化や各種生活習慣病の予防に対して重要な意義を持つと考えられている[4]。そのような活性を示す食品成分として，野菜などの植物素材に含まれるアスコルビン酸やフラボノイド，ワインやお茶に含まれるポリフェノール類を挙げることができるが，カゼイン[5]や魚肉タンパク質[6]由来のペプチドからもその活性が確認されている。今後，様々な食品，及び生物素材から新しいSOSA物質が発見される可能性も高く，機能性食品素材や医薬資源の開発分野で大きな注目を集めている。

そこで著者らはWST-1法を食品の有するSOSA評価に適用してみることにした。最初に試料として，これまでの研究でSOSAを示すことが明らかにされている各種嗜好性飲料を用いることにした[7]。それらの試料には様々な還元性物質が含まれていることから，O_2^-が介在することなく，各試料が直接WST-1を還元する程度を，XOD溶液の代わりに緩衝液を添加することで測定した。予想通り，希釈していない各種嗜好性飲料をWST-1と共存させると，O_2^-の関与しない食品試料による直接的なWST-1の還元が起こることが観察された。この非特異的な妨害反応を抑えるために，各試料の複数の希釈系列を調製してWST-1に対する非特異的な還元の程度を調べた。コントロールの吸光度変化に対して，妨害物質であるWST-1還元性物質に由来する吸光度変化が10%以下であればその妨害が無視できるレベルであると考えると，その希釈倍率は赤ワインで20倍，緑茶で100倍，ココアで30倍，インスタントコーヒーで30倍であった。次にSOD Assay Kit-WSTを用いて各食品のSOSAを測定した。各試料が50%阻害を示すときの希釈倍率は，赤ワインで180～230倍，緑茶で3,000倍，ココアで230倍，インスタントコーヒーで210倍であった。これらの希釈倍率では各試料で認められたWST-1還元性物質の影響はコントロールの吸光度変化の3%以下であり，その妨害は全く問題にならないことが判明した。SOD標品のIC_{50}を基準にして求めた各食品試料のSOSAを表2に示した。ESRで得られた値と比較して，WST-1で得られたSOSA値はワイン，緑茶では低く，インスタントコーヒーでは高い値を示した。またココアの値は両者の方法で良好に一致している。両者の方法が異なるアッセイpHで行われていることと，全く異なるO_2^-の検出プローブを用いていることを考え合わせると，ここで得られた両者の測定値間には比較的高い一致性があると考えられる。

次に本WST-1法を用いて，高知県産食品についてSOSAの測定を試みた[8]。用いた食品試料とそのエタノール抽出物が示したSOSAを合わせて表3に示す。これらの抽出物に関して，同時にESR法でもSOSAを測定しWST-1法の結果と比較してみた。両者の測定結果の間には相関係数0.958の高い正の直線的相関が認められた。このことは嗜好性飲料以外の様々な種類の食品に対して，本WST-1法がESR法と高い相関を与え，様々な食品素材のスクリーニングに対して本法が幅広い適用性を有していることを示す。測定結果に注目すると，2つの茶葉，すなわちギャバロン茶と碁石茶が極めて高い活性を示した。同様の条件で測定した緑茶よりもこれらの茶葉は高い活性を示したことから，今後これらの食品を付加価値の高い地域資源として育てていきたいと考えている。

最後に，天然物由来の酸化防止剤にWST-1法を適用した例を図3に示す[9]。種々の複合系酸化防止剤に適用した結果，脂溶性の高いトコフェロール類，コメヌカ酵素分解物，ルチン酵素分

表2　WST-1法とESR法で測定した各種嗜好性飲料のSOSA

試料	方法	
	ESR	WST-1
赤ワイン1（units/ml）	866	348
赤ワイン2（units/ml）	832	392
赤ワイン3（units/ml）	755	199
緑茶1（units/g）	67,100	38,500
緑茶2（units/g）	113,000	38,000
コーヒー（units/g）	31,800	57,400
ココア（units/g）	5,420	5,480

表3 80%エタノールにて抽出した高知県産食品のSOSA
(抽出物乾物重量当たりの活性，units/g)

試料	ESR	WST-1
ギャバロン茶	390,000	94,000
碁石茶	323,000	90,000
クワ茶	86,400	21,000
シシトウ	tr	tr
インゲン豆	tr	tr
栗	352	32,900
オクラ	2,780	5,470
デラウエア	tr	tr
キュウリ	tr	tr
ミニトマト	tr	tr
乾燥アロエ	tr	tr
ビワ（果肉）	297	tr
ビワ（果皮）	1,470	1,460
ビワ（種子）	2,580	3,860
スモモ（果肉）	811	1,610
スモモ（果皮）	3,110	13,500
スモモ（種子）	36,000	22,100

参考のためにESR法との比較を行った。tr
は活性が認められないことを示す。

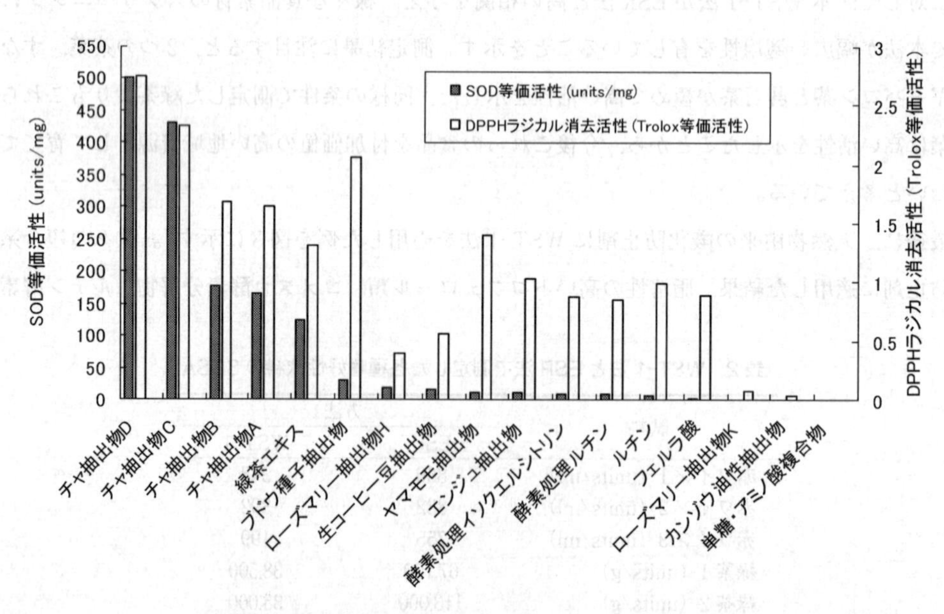

図3 複合系酸化防止剤のSOSAとDPPH活性との比較

解物，コメヌカ油抽出物などには，アッセイ溶液への溶解性の問題により適用できないことが判明している。図3に示された試料について2研究室で測定を行い，得られた結果の比較を行ったところ，回帰分析における傾きは1.03，相関係数0.992の良好な室間再現性が得られている。汎用されているDPPHラジカル消去活性評価を行い，両者の結果を比較したところ（図3），WST-1法とDPPH法で認められる各酸化防止剤の抗酸化活性の高低の傾向は一致しないことが判明した。具体的には，SOSAとしては低い活性を示す酸化防止剤の中に，比較的高いDPPH消去活性を示すものが認められた（ブドウ種子抽出物，ヤマモモ抽出物，エンジュ抽出物など）。また逆に，WST-1法では他の酸化防止剤と比較して，チャ由来酸化防止剤の活性が高く検出される傾向にあった。この結果は，両者の方法の特異性に基づく違いとして理解される。

4　おわりに

WST-1はこれまでに開発されたO_2^-のプローブとしては，選択性と簡便性に優れている。その特徴が認められて，すでにSODの活性評価法としては世界的な地位を築きつつある。今後は本WST-1法で得られたO_2^-の検出やSOSA測定の成果が新たな生命現象の発見や，新しい機能性食品の創製に貢献していくことを期待したい。

文　　献

1）受田浩之，森山洋憲，FFIジャーナル，**208**, 4 (2003)
2）H. Ukeda *et al., Biosci. Biotechnol. Biochem.*, **63**, 485 (1999)
3）T. Oritani *et al., Inorg. Chim. Acta*, **357**, 436 (2004)
4）T. Finkel and N. J. Holbrook, *Nature*, **408**, 239 (2000)
5）K. Suetsuna and H. Ukeda, *J. Nutr. Biochem.*, **11**, 128 (2000)
6）末綱邦男，受田浩之，日水誌，**65**, 1096 (1999)
7）受田浩之，森山洋憲，川名大介，片山泰幸，中林錦一，沢村正義，食科工，**49**, 25 (2002)
8）森山洋憲，片山泰幸，中林錦一，受田浩之，沢村正義，食科工，**49**, 679 (2002)
9）石川洋哉，松本清，受田浩之，島村智子，松藤寛，山崎壮，FFIジャーナル，**215**, 5 (2010)

第Ⅳ編
食品の安全性検査技術

〈細菌汚染および細菌検査法〉

第1章　色で見分ける細菌汚染スクリーニング法
～新しいキシレノールオレンジ-鉄錯体法の技術～

石田晃彦*

1　はじめに

食品の細菌汚染，食品の偽装表示，基準値を超える残留農薬など食の安全・安心に関わる事件が相次いで起きている。これによって消費者の食品衛生への関心は非常に高くなっており，食品の製造者・提供者による自主検査が不可欠となっている。また，こうした必要性はパッケージングや殺菌処理装置を扱う周辺の企業にまで及んでいる。これまで自主検査のために様々な検査装置やキットが市場に出ているが，衛生検査への需要が増加するとともに，特別な技術や装置を必要としない簡易な試験方法へのニーズも生まれてきている。従来の細菌検査は大きく分けると，1）菌を培養したあとコロニー数を計数する方法，2）免疫反応または遺伝子解析することにより菌を同定・定量する方法，3）酵素反応により生じる発光強度から菌数を推定する方法の3つがある。1）の培養法は，正確性が高く，公定法となっている。培養工程を簡易化したものがあるが，培養に1～2日程度を要し，コロニーのカウントに労力もしくは比較的高額な専用測定装置を必要とする。2）の方法は，簡便・迅速に細菌・食中毒原因菌を同定するためのキットに利用され，培養時間を短縮化でき，利便性は高いが，検査コストが高い。3）の方法は，細菌を対象とするのではなく，生菌のみに含まれるアデノシン三リン酸（ATP）量を測定するものである。培養を必要とせず，迅速かつ簡易に分析ができる。ただし，酵素反応（ルシフェラーゼ―ルシフェリン反応）により生じる発光は，微弱であるため，それを測定するための高感度な装置を必要とする。比較的安価な測定器も製品化されているが，ユーザーの多くは公的・準公的機関および大手食品メーカーのようである。これらのほかに，上述の3つの方法をベースにそれらに含まれる工程を簡便にした方法が様々製品化されている。いずれの場合も従来の衛生検査はそれぞれ優れた性能を有しているものの，設備，装置，操作技術が必要であるため，検査は誰もが簡単に行えるものではなかった。そのため，特別な技術や装置を必要とせずに迅速に判定できる検査方法が求められており，それに応えるべく大学や企業によってその試みが行われている。

著者らは，化学・生化学反応を活用した様々な生体関連物質の分析方法（検出）の開発を専門

＊　Akihiko Ishida　北海道大学　大学院工学研究院　生物機能高分子部門　助教

としており，上述の酵素的発光反応を用いるATP分析の感度向上に携わってきたが[1)]，今後想定される新たなニーズに応えるため，色の変化を見ることによりATPを指標として検体をスクリーニングする方法を開発した[2,3)]。ATPを指標としたのは，培養にかかる長い時間を必要としないため，分析時間の大幅な短縮化が可能となるからである。本章では本スクリーニング法の原理や特徴を解説する。

2　本法の原理と特長

2.1　色で見分ける細菌検査法

本法の概要を図1に示す。本法の操作としては，まず食品などをpH緩衝液などでミキシングし，液状とした検体を小さなチューブに採る。これに超音波処理するなどして検体に含まれる細菌の細胞膜を破砕する。これにより液中に細菌細胞中のATPが分散する。つづいて，詳細は後で述べるが増幅試薬を滴下する。図中では1工程で描かれているが実際は2種類の薬液を滴下する。ここで所定時間（30～60分）反応させたのち，発色試薬を滴下する。ここは実際には3種類の薬液を滴下する。約5分後，溶液が発色する。その色が黄・橙色であればその検体中の細菌数は基準値以下，紫色であれば基準値以上と判断する。この基準値は対象とする食品の種類によって決められた値かユーザーが独自基準で設けた値となる。ここで特に注目すべきことは，色の違いとは色相の違いであり，基準値の上下で色相が明確に異なるため，判定が瞬時に終了するところにある。

2.2　超微量で色がないATP量を見分けるための原理

細菌には1細胞当たりamol（アトモル）レベルのATPが含まれる。ほとんどの場合食品には細菌が常在しており，初期腐敗時の菌数は食品1gあたり10^7～10^8個とされている。この数の

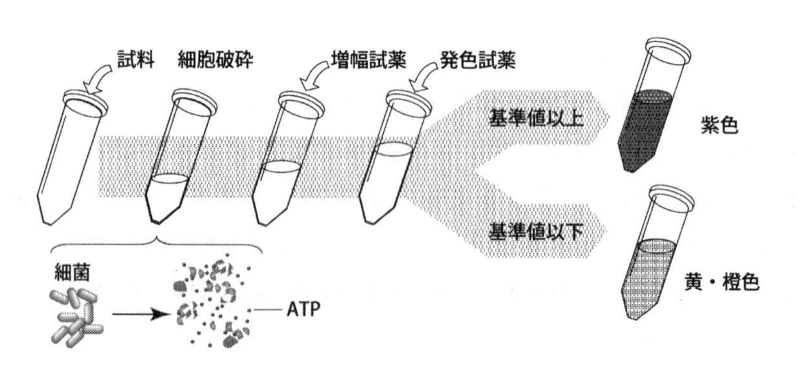

図1　色で見分ける細菌汚染のスクリーニング法

細菌を1 mlの水に移し，細胞膜を破砕してATPを細胞外に出すと，水に含まれるATPの濃度は10^{-8}～10^{-7}mol/lレベルとなる。著者の経験では，一般に着色成分が目視ではっきりと見えるにはおおよそ10^{-5}mol/lの濃度が必要である。したがって，10^8個といえば非常に高濃度に聞こえるが，これを目視で判定するには相当低い濃度といえる。また，食品試料は緩衝液などを加えてホモジナイズするため濃度はさらに低くなる。さらに，様々な食品の細菌数に関する基準値はこれよりもかなり低く設定されていることがほとんどである。ここまではATPの濃度レベルの話であるが，ATP自体は可視領域に吸収をもたないため，ATPが仮に検出可能な濃度であるとしてもそれを目視で判定することも困難である。したがって，本法の設計に当たっては，ATPの増幅または濃縮が不可欠かつ結果が一目でわかるための工夫が必要，という二つの課題を解決する必要があった。そこで，著者らは次の反応スキームで表される方法を考案した（図2）。

本法では，まずアデニル酸キナーゼとピルビン酸キナーゼの酵素サイクリングによりアデニル酸（AMP）とホスホエノールピルビン酸（PEP）を基質としてATPを増幅する。これによりATPに対し選択的に4，5桁以上の濃度増幅が可能となる。なお，濃縮による方法はきょう雑物が濃縮されないようにするため操作が煩雑になるだけでなく，増幅法ほどの濃度の増大は期待できないと思われる。さて，この増幅反応によれば，ATPの初期濃度に応じた速度でATPが増加するとともにピルビン酸が生成し蓄積する。図3は，ATPの初期濃度ごとのピルビン酸濃度の増加の様子を反応速度式によるシミュレーションに基づいて模式的に表したものである。最終的にはどの場合も一定濃度に到達するが，初期濃度が低くなるほど立ち上がりが遅くなるため，反応時間を固定すれば，ATPの初期濃度にしたがったピルビン酸が生成されることになる。

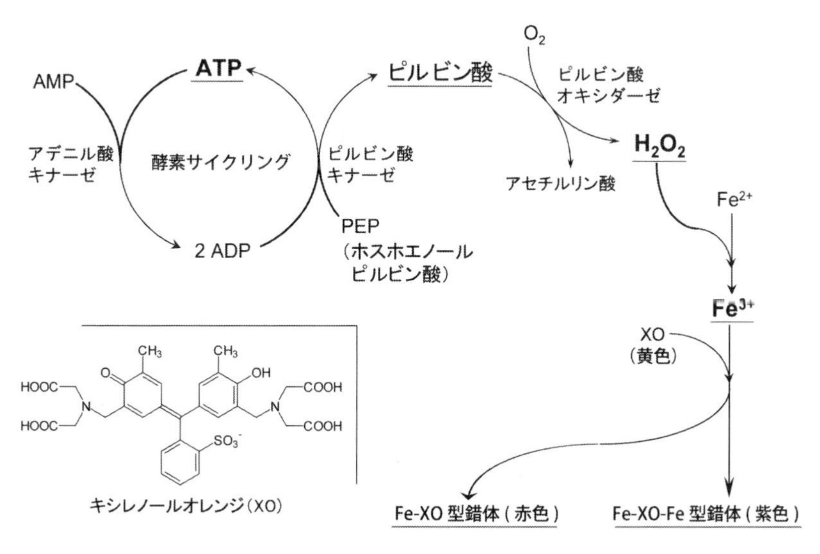

図2　本法の反応スキーム

次に，本法ピルビン酸オキシダーゼを用いてピルビン酸から過酸化水素（H_2O_2）を生成させる。つづいて，過酸化水素と鉄（Fe^{2+}）イオンを反応させて，鉄（Fe^{3+}）イオンとする。最後に，鉄（Fe^{3+}）イオンとキシレノールオレンジ（XO）とを反応させて発色成分であるXO-鉄錯体を生成させる。その結果，既に述べたように判定境界線未満の濃度では黄・橙色，境界線以上では紫色という発色が得られる。本法では，判定結果を表す色が明瞭にわかる濃度までピルビン酸の生成量を酵素サイクリングの反応時間で調節するため，黄色，橙，紫色の呈色の強さは基準値濃度にかかわらず一定で，色の強度は常に肉眼で明瞭に判別できる。反応時間の設定方法については，例えば，図3でATP濃度C_3を境界値とするならば，反応時間はt_3とし，ATP濃度C_1を境界値とするならば，反応時間をt_1とする。原理的には，相当低濃度のATPを基準値とするときでも常にはっきりとした色変化で判定することができる。

本法で用いたXOは多くの金属イオンと結合して発色する金属指示薬であるが，生化学分野ではFOX法[4,5]と呼ばれ過酸化水素や過酸化物の濃度測定に利用されてきた。この方法は過酸化水素がFe^{2+}をFe^{3+}に酸化したのち，生成したFe^{3+}のみが与えられた条件でXOと結合してXO-鉄錯体という着色成分を生成することを利用している。しかし，著者らはそれまで利用されていなかったXO-鉄錯体の発色特性に着目した。それは，XO濃度に対してFe^{3+}濃度のモル比[Fe^{3+}]/[XO]が2未満のときXOに1個のFe^{3+}イオンが結合した赤色錯体と2個のFe^{3+}イオンが結合した青紫色錯体を形成し，モル比が2以上になると青紫色錯体のみを形成するという性質である。[Fe^{3+}]/[XO]比で2未満となるような場合ではFe^{3+}イオンが結合していないXOによる黄色と錯体による赤と青紫色の混合により，黄から橙色を呈する（図2参照）。一方，モル比が2以上になる場合では青紫色の錯体のみの色となる。この場合当然XOと結合できないFe^{3+}イオンが生じるが，それは紫色の発色には不可欠な条件である。本法では図3の判定境界線はXOの2倍の濃度に相当するよう設定し，鉄イオン（Fe^{2+}）は，反応を速くする目的もあり，XO濃度の100倍加えている。なお，本法の反応条件においては，検体に含まれるFe^{3+}以外の

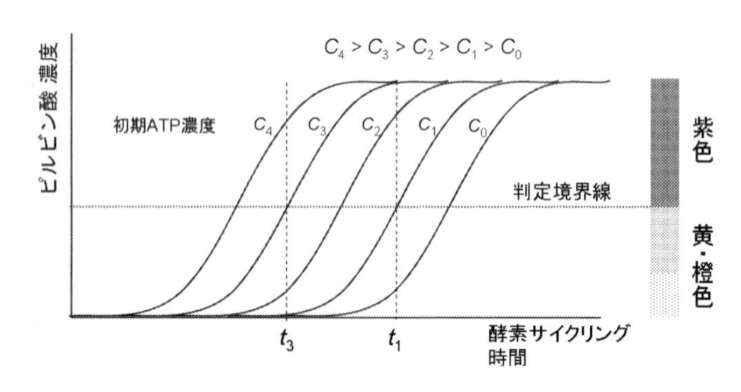

図3　ATPの初期濃度に応じたピルビン酸の生成曲線

ほかの金属イオンとXOが結合して分析結果を妨害する心配はほとんどない。

2.3 本法の特長

(1) 判定結果は一目瞭然

通常，対象物の種類によらず簡易判定する場合によくあるのは，濃度の増加に伴って色が単純に濃くなる場合である。このような色の変化は，ATPまたは細菌の比色分析法においても採用されている。例えば，センサー分子などをATPと選択的に結合させて発色させたり[6,7]，細菌を染色したりする方法[8]である。このような場合，濃度を求めるには濃度と色の濃さを対応付けした標準スケールと発色を比較する必要があり，一目見ただけでは濃度を判断できない。迅速な判断が求められる場合，試料が基準値に対して許容なのか否かを一目で分かるサインも必要であろう。また，対象とする基準値が低くなるにつれて，それぞれの呈色の強さが弱くなっては判定が困難となる。そのため，本法では対象濃度によらず呈色強さは一定で，肉眼で明瞭となるよう設計している。さて，目視判定というと測定誤差が大きいと思われがちである。事実，ある色が何色に見えるかを尋ねると答えは人によって千差万別である。しかし，本法のように単純な色の濃淡ではなく2色の違いを判定する場合ほとんど誤差はない。著者らはかつて鉄濃度を変えて調製したXO-鉄錯体溶液を6名に見せて色の判別をさせる試験を行ったところ，色の答え方はかなり異なっていたが，黄色と紫色の間の区別についてはほぼ一致するという結果を得ている。

(2) 簡便な操作，短時間，低コスト

本法で必要とする操作のほとんどは，試薬を加える操作と反応のため所定時間静置する操作である。基本的に操作は簡便であるといえる。ただし，これらの操作をさらに簡便，確実，安全に行えるようなしくみを考案中である。装置に関しては，本法での反応は25℃で設計しており，測定場所によっては反応温度を制御する必要があることから，市販のコンパクトな恒温装置が必要となる場合もある。分析に要する時間は1サンプルあたり1時間程度である。この時間はやや長いと思われるが，反応終了後の発色は少なくとも1時間は安定であり，多検体を同時に反応操作できるため，検体数が多い場合，1検体あたりの所要時間は長くはない。また，多検体を扱っても判定は容易であろう。コストについては，試薬など1回当たりのランニングコストはもともと安価であるが，製品化されればさらに安価になると思われる。したがって，本法は初期導入コストおよびランニングコストともに低いといえる。これにより，導入検討時のコストにかかわる障壁が低くいのではないだろうか。

(3) 各食品等の基準に応じて，発色条件の変更が可能

上述したように，ユーザー側で反応時間を調節することにより，色が変化する境界値，すなわち基準値を設定することができる。現在，著者らが確認している最低の境界値はATP濃度

0.5nM（細菌濃度50万個/mlに相当）である。これは多くの食品の境界値に相当するが，さらに低濃度への対応を検討中である。

(4) 入手が容易な測定器で定量的データの記録も可能

本法は判定を目視による方法とし，特別な測定装置を必要としないのを特長としているが，データの数値化，記録，管理を必要する場合は，比較的入手しやすい比色計やプレートリーダー，色彩計での測定が可能である。この場合は青紫色のXO-鉄錯体による吸収（λ＝585nm）をモニターすることになる（図4A参照）。また，開発には至っていないが，多穴タイタープレートで反応を行って，それをCCDカメラで撮影後，画像処理を行うことにより各穴の濃度情報を出力するシステムも考えられる。

3 本法による実験例

ATPの初期濃度を変えて，所定の酵素サイクリング時間ごとに本法により反応を行い，XO-鉄錯体の吸収を測定したのが図4Aである。図3の曲線のようにS字を描いて吸光度（ピルビン酸）が増加している。黄・橙／紫色の境界となるのは，吸光度にして0.35付近であった。比色計を用いる場合この値が境界値となる。次に，吸光度を測定することで本操作の繰り返し再現性を求めたところ，ATP濃度が0Mのとき変動係数は15%，0.5nMのとき13%（いずれもn=5）であった。この値は特にスクリーニングを目的とする上では問題ない値であろう。

次に，既知濃度の大腸菌を市販飲料（ミネラルウォーターと牛乳）に添加し，その発色を調べた。その発色の様子を表したのが図4Bである。牛乳については除タンパクをおこなってから反応操作を行った。50万個/mlで紫色に発色するよう設定している。写真が白黒であるためわか

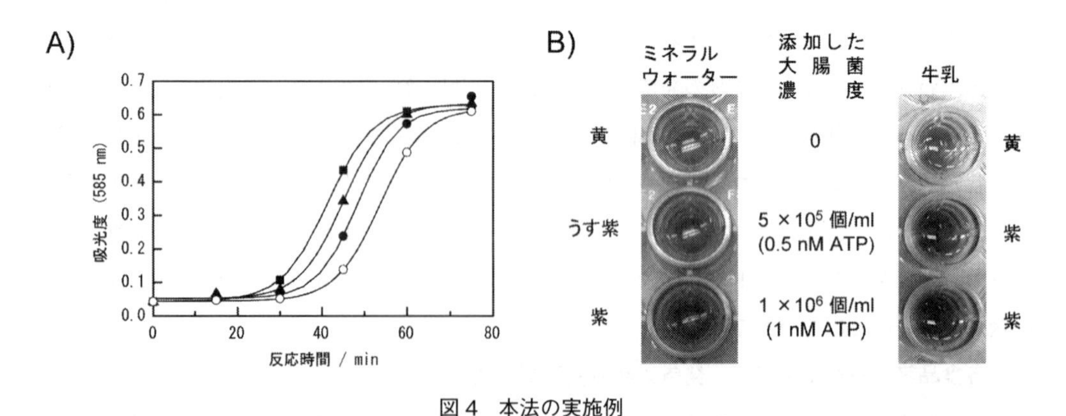

図4 本法の実施例
A）各ATP初期濃度における反応曲線 ATP濃度 ○0M，●0.2nM，▲0.5nM，■5.0nM。
B）市販飲料への大腸菌の添加試験。

りにくいが，50万個/mlのところで濃くなっていることがわかる。これは紫色を呈しているためであり，設定どおりの発色が得られていることを示している。このようにまだごく一部ではあるが食品サンプルでも本法が応用可能なことを確認している。

4　想定される用途

本法を食品製造における品質・衛生検査に適用することは，その工程の簡易化とコストの低減においてメリットが大きいと考えられる。そのため，主な利用対象は食品メーカー，外食産業，食堂，給食，弁当，生鮮食料品販売など食品を扱うあらゆる現場，病院・医療施設になろう。本法は，簡便な操作と色の違いによる簡単な判定方法のため，高価な測定器の導入が難しかった現場や専門の検査員がいない現場でも安全な食品の提供を可能にするであろう。また，判定結果が視覚的にわかりやすいことから，食品衛生および環境衛生の教育・啓蒙用としての利用も適している。それ以外の用途として，微生物を扱うバイオ系研究での生菌数試験への応用も期待される。例えば，菌類の薬剤耐性試験などでの生存率測定（抗菌剤・殺菌処理の効力評価）が考えられる。また，菌種の選択性を本法に付与できれば，微生物培養（醸造）プロセスでの菌数モニターといった分野や用途に展開することも可能であろう。

5　おわりに

本章では著者らが開発した色で見分ける細菌汚染のスクリーニング法の原理や特長について述べた。本法の特徴をご理解いただき活用していただければ幸いである。すでに製品化されているものとして問い合わせをいただいたものの要望に応えることができないことがあった。そのためにも本法をさらに簡便かつ，確実，安全に利用していただけるよう操作性を工夫したキットを早々に提供したいと考えている。

文　献

1）A. Ishida, T. Yoshikawa, T. Nakazawa, T. Kamidate, *Anal. Biochem.*, **305**, 236（2002）
2）A. Ishida, Y. Yamada, T. Kamidate, *Anal. Bioanal. Chem.*, **392**, 987（2008）
3）石田晃彦，山田泰子，上舘民夫，WO2006/118093（2006）

4) BL. Gupta, *Microchem. J.*, **18**, 363 (1973)
5) Z. Y. Jiang, A. C. Woollard, S. P. Wolff, *FEBS Lett.*, **268**, 69 (1990)
6) F. Sancenón, AB. Descalzo, R. Martínez-Máñz, MA. Miranda, J. Soto, *Angew. Chem. Int. Ed.*, **40**, 2640 (2001)
7) 富田康子，野本　毅，川口正浩，大山淳史，山本伸子，桜永昌徳，特開平 4-360700 (1992)
8) 佐藤幹夫，伊藤朝美，特開平 7-143898 (1995)

第2章　メンブラン・イムノアッセイ
～毒素等の検出技術の解説～

中島正博*

1　はじめに

従来，化学分析においては，目的物質を種々の農産物や食品から分離・精製するために，一般に液—液分配やカラムクロマトグラフィー等の操作が煩雑で有機溶媒の使用量が多い前処理方法が用いられ，検出・定量段階においては，HPLC，GC，LC/MS（MS），GC/MS（MS）等が使用されている。しかし，農産物や食品の生産・流通段階においては，これら高額な機器の使用や熟練を要する化学分析の導入は困難であり，目的物質を簡便な方法で検出する方法の導入が要求されるようになった。

一方，免疫化学的分析法は目的物質に特異的な抗体を利用した分析法であり，その特異性により目的とする物質を選択的に分離・検出できる，操作が簡便で早い，有害な有機溶媒の使用量が極端に少ない等，従来の化学分析の欠点を補う特徴を有している。特に最近では，メンブランイムノアッセイ法を用いた種々の目的物質に特異的なキットが市販されるようになり，その操作性の簡便さや高額な機器等を必要としないことから，食品生産現場等での普及が期待されている。

本稿では，メンブランイムノアッセイの代表的なイムノクロマトグラフィー法とイムノコンセントレーション法について，その原理，国内で入手可能な市販キットおよびその操作における留意点等を解説する。

2　イムノクロマトグラフィー法とイムノコンセントレーション法の原理

メンブランイムノアッセイは，ニトロセルロース膜等の物質のろ過や毛細管現象による物質の移動する性質とタンパク質（抗体等）を付着させる性質を利用している。目的とする物質（アナライト）の分子量により，このアッセイ原理は異なる。図1に示したように，タンパク質やアミノ酸等の高分子化合物においては，抗原決定基（エピトープ）を多数有しているため，特異的抗体と非競合的な結合を利用した方法，すなわちサンドイッチ法が利用される。一方，カビ毒や農

＊　Masahiro Nakajima　名古屋市衛生研究所　生活環境部　部長

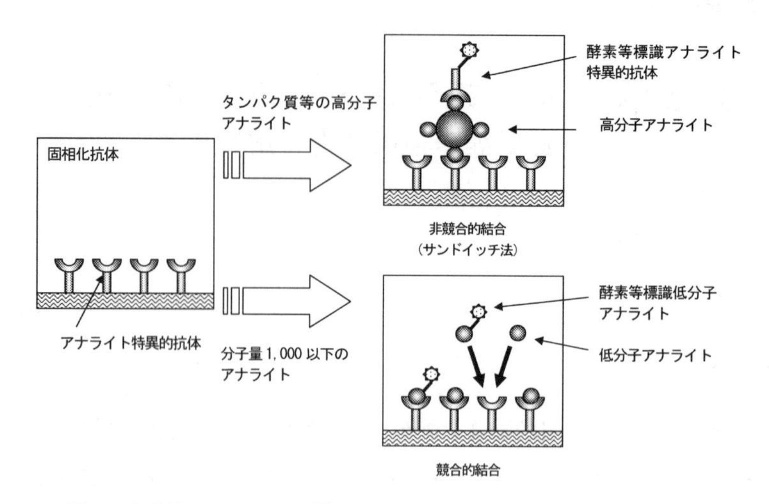

図1　高分子アナライトと低分子アナライトのイムノアッセイの原理

薬等，分子量が1,000以下の化合物においては，それらが1つのエピトープに相当し（ハプテン），2つ以上の特異的抗体と結合できないため，標識されたアナライトとアナライトが，限られた数の抗体の抗原結合部分を競合的に結合する方法が利用される。したがって，目的とするアナライトが高分子化合物なのか，ハプテンなのかによって，メンブランイムノアッセイの陽性・陰性の判定が異なるため注意を要する。

イムノクロマトグラフィー法は，ラテラルフローアッセイ法とも呼ばれ，その名の通り横方向に展開されるメンブランイムノアッセイである。この方法は2009年に流行した新型インフルエンザの初期判定にも利用された。図2に高分子化合物のイムノクロマトグラフィー法の原理を示した。一般にイムノクロマトグラフィーテストストリップは，ニトロセルロースメンブランに試料液を滴下するサンプルパッド部，金コロイドあるいは色ラテックス標識アナライト特異的抗体が含まれているコンジュゲートパッド部，アナライト特異的抗体がライン状に固相化されたテストライン部，アナライト特異的抗体に特異的な抗体がライン状に固相化されたコントロールライン部および余分な試料液等を吸収する吸収パッドからなる（図2(1)）。

アナライトを含まない試料液をサンプルパッド部に滴下した場合（図2(2)上），試料液はコンジュゲートパッドに浸透し，金コロイド標識アナライト特異的抗体を含んだ試料液が毛細管現象により横方向に浸透していく。金コロイド標識アナライト特異的抗体はアナライトと結合していないため，テストライン上のアナライト特異的抗体に捕獲されず通過し，その後コントロールライン上のアナライト特異的抗体の特異的抗体に捕獲・蓄積されるため赤色のラインが形成される(コントロールライン上の赤ライン1本，アナライト陰性)。一方，試料液にアナライトが含まれる場合には（図2(2)下），アナライトがコンジュゲートパット部の金コロイド標識アナライト特

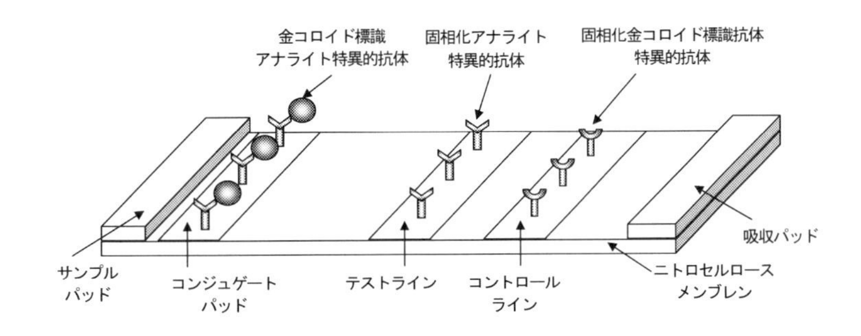

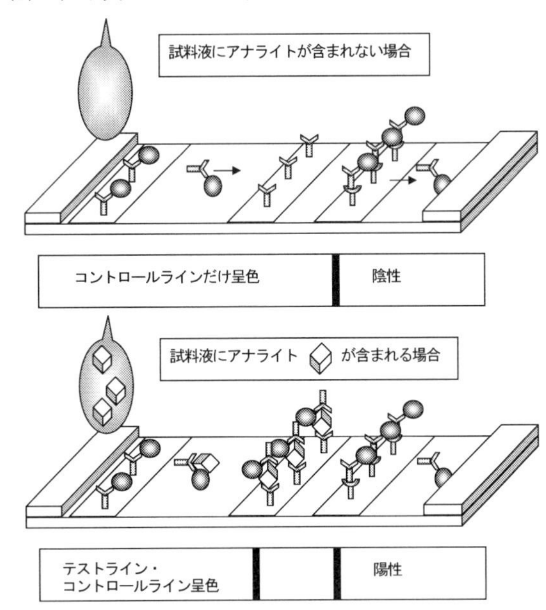

図2　高分子アナライトを検出するイムノクロマトグラフィー法の原理

異的抗体に捕獲され，その後アナライト-抗体複合体はテストライン上のアナライト特異的抗体に捕獲され赤色のラインを形成し，余分な標識抗体はコントロールライン上の抗体に捕獲され赤色のラインを形成する（テストラインおよびコントロールラインの2本赤ライン，アナライト陽性)。

アナライトがハプテンの場合，図3(1)に示したように，テストラインにはアナライトとタンパク質とを結合させた複合体がライン上に固相化されている。試料液にアナライトが含まれていない場合には（図3(2)上)，コンジュゲートパッド部の金コロイド標識アナライト特異的抗体は横方向に進行し，テストラインのアナライト-タンパク複合体と結合し赤色ラインを形成する。さ

（1） イムノクロマトグラフィーテストストリップの各部名称

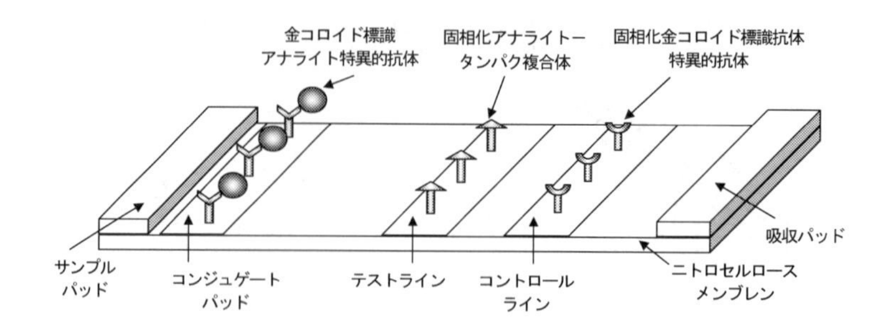

（2） テストライン・コントロールラインの呈色

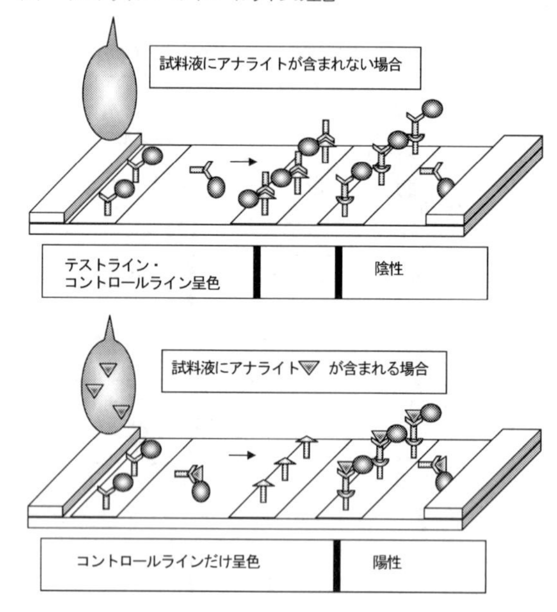

図３　低分子アナライト（分子量1,000以下）を検出するイムノクロマトグラフィー法の原理

らに余分な標識抗体はコントロールラインの抗体に捕獲され赤色ラインを形成する（テストラインおよびコントロールラインの赤ライン２本，陰性）。一方，試料液にアナライトが含まれている場合（図３⑵下），アナライトはコンジュゲートパッド部の金コロイド標識アナライト特異的抗体に捕獲され横方向に進行するが，抗体の抗原結合部分は既にアナライトに占められているため，テストラインのアナライト-タンパク複合体に捕獲されずに通過し，コントロールラインのアナライト特異的抗体の特異的抗体により捕獲され赤ラインを形成する（コントロールラインの赤ライン１本，アナライト陽性）。このように，アナライトがタンパク質のような高分子化合物の場合とカビ毒のようなハプテンの場合とでは結果判定が全く逆となるので注意が必要である。

3　イムノコンセントレーション法の原理

イムノコンセントレーション法は，フロースルー法あるいはEnzyme-Linked Immunofiltration assay（ELIFA）法とも呼ばれ，膜がろ過するように膜の上部から下部へ試料液や試薬を通過させることにより呈色させる酵素免疫測定法である。図4にその原理を示した。

プラスチック製のカップあるいはカード内に吸収体があり，その上部にアナライトに特異的な

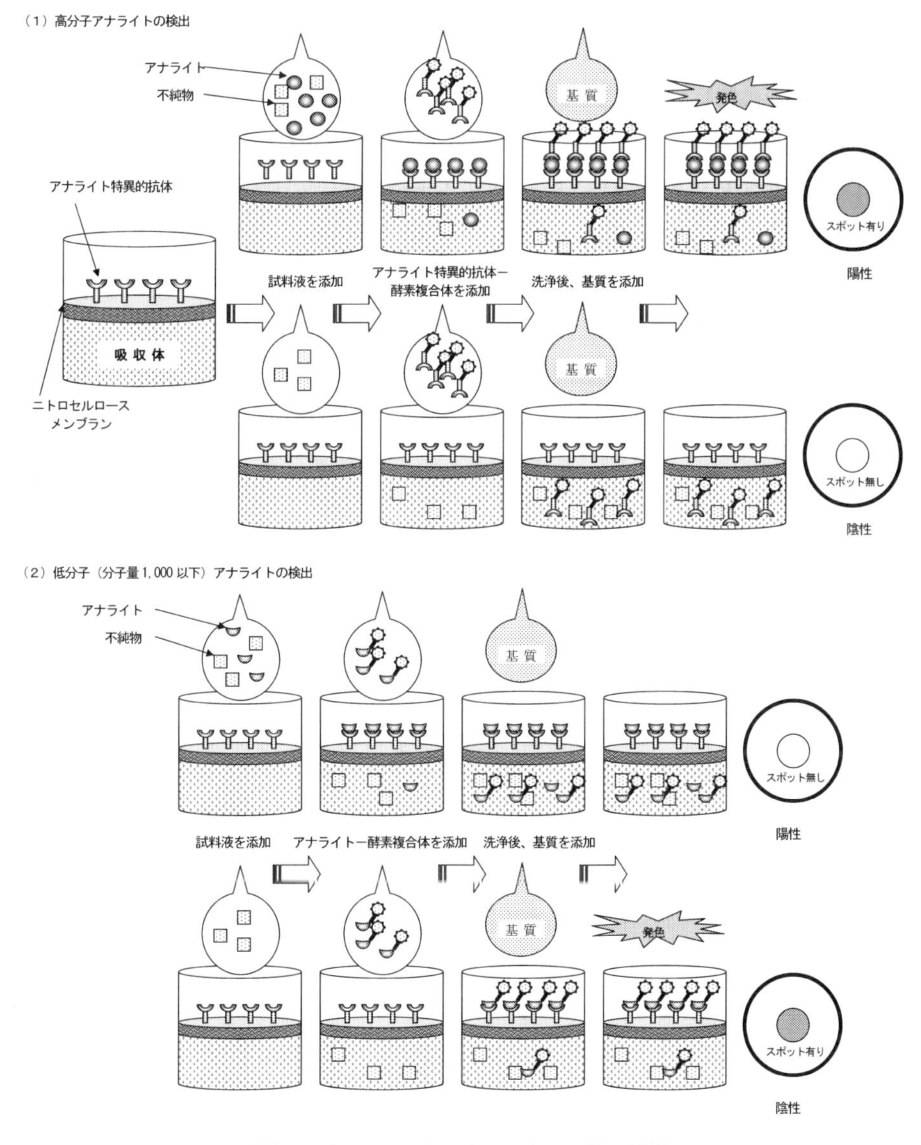

図4　イムノコンセントレーション法の原理

抗体が固相化されたニトロセルロースメンブランがセットされている。この方法もアナライトが高分子化合物かハプテンかによって陽性・陰性の判定が逆になる。アナライトが高分子化合物の場合，アナライトを含んだ試料液をカップに滴下するとアナライトはメンブラン上のアナライト特異的抗体に捕獲される。試料液中の不純物や余分なアナライトはメンブラン下に移動し，吸収体に吸収される。その後アナライト特異的抗体-酵素複合体をメンブラン上に滴下すると，抗体-酵素複合体はさらに抗体に捕獲されているアナライトと結合する。メンブラン上に残っている試料液あるいは酵素複合体を洗浄液で吸収体へ移動させ，その後酵素に対する基質溶液を滴下すると酵素反応により発色を呈し，色のスポットが観察されるようになる（図4(1)上，アナライト陽性）。試料液にアナライトが含まれていない場合には，酵素複合体はメンブラン上の抗体に捕獲されず，基質溶液を添加しても発色を呈しない（図4(1)下，アナライト陰性）。ハプテンの場合は，アナライトを含んだ試料液を滴下すると，アナライトはメンブラン上の抗体に捕獲され，その後アナライト-酵素複合体を滴下してもメンブラン上の抗体の抗原結合部位は全て塞がれているため，アナライト-酵素複合体は抗体に結合できず，吸収体へ移動する。したがって，基質を加えても発色を呈しない（図4(2)上，陽性）。試料液にアナライトが含まれていない場合には，アナライト-酵素複合体はメンブラン上の抗体に捕獲され，基質を滴下することにより発色を呈し，色のスポットが観察される（図4(2)下，陰性）。

4　市販メンブランイムノアッセイキット

イムノクロマトグラフィー法とイムノコンセントレーション法における操作上の相違点は，イムノクロマトグラフィー法においては試料液量が少量（数百μl以下）で，サンプルパッドに滴下あるいは試料液を入れた小カップにテストストリップを挿入するだけというワンステップでの判定が可能である点と，イムノコンセントレーション法においては試料液量が多く（1ml程度），2種類以上の試薬を添加する必要があるため操作時間が若干長くなる点である。

表1に国内で入手可能なカビ毒用の市販メンブランイムノアッセイキットを示した。定性キットにおいてはカットオフ値以上のカビ毒を含む試料は陽性，カットオフ値未満のカビ毒を含む試料の場合は陰性と目視で判断できる。イムノクロマトグラフィー法の場合には，比較的廉価なストリップリーダー（30万～50万円）を用いた定量可能なキットも販売されており，それらの定量結果と機器分析による定量結果には良好な相関性がある。1試料あたりの値段は1,200円から2,000円前後であり，各種キットともに保存期間は冷蔵あるいは室温でおよそ1年間である。

アフラカード，オクラカードおよびアフラカップはイムノコンセントレーション法を採用している。アフラカードとオクラカードのキットには，試料液の前処理用カラムも入っているので，

表1　市販カビ毒用メンブランイムノアッセイ法キット

名前	タイプ	定性・定量	対象カビ毒（検出限界，検出範囲，μg/kg）	メーカー	販売元
アフラ，オクラカード	イムノコンセントレーション	定性	TAF（4），AFB1（2），OTA（2～5）	RBR	アヅマックス㈱
アフラカップ	イムノコンセントレーション	定性	TAF（2～100）[*1]	Romer，IDS	アヅマックス㈱
アフラストリップ	イムノクロマトグラフィー	定性	TAF（20）	IDS	キッコーマン㈱
アフラ，ドンチェック	イムノクロマトグラフィー	定性	TAF（10，20），DON（1000）	VICAM	㈲明新ジャパン
クイックアフラトキシン，ドン，フモニシン	イムノクロマトグラフィー	定性	TAF（4），DON（500），TFUM（2000）	r-Biopharm	アヅマックス㈱
リベールアフラトキシン，ドン，フモニシン	イムノクロマトグラフィー	定性・半定量[*2]	TAF（20）	Neogen	キッコーマン㈱
アグラストリップアフラ，ドン	イムノクロマトグラフィー	定性・定量	TAF（定性4，10），DON（定量500－5000）	Romer	昭和電工㈱
チャームROSAテスト	イムノクロマトグラフィー	定量	TAF（0-150），DON（0－6000），ZEN（0－1400），TFUM（0－6000），OTA（0－100），T-2/HT-2（0-2500），AFM1（0.05対応，0.5対応）	Charm	FOSSジャパン㈱
クイックトックスアフラトキシン，ドン	イムノクロマトグラフィー	定性	TAF（20），DON（500）	EnviroLogix	㈱プラクティカル
クイックスキャンアフラトキシン，フモニシン，ドン	イムノクロマトグラフィー	定量	TAF（2.5－30），TFUM（200－5000），DON（500－5000）	EnviroLogix	㈱プラクティカル

TAF：アフラトキシンB_1，B_2，G_1，G_2，AFB1：アフラトキシンB_1，OTA：オクラトキシンA，TAF：フモニシンB_1，B_2，B_3，DON：デオキシニバレノール，ZEN：ゼアラレノン，T-2：T-2トキシン，HT-2：HT-2トキシン，AFM1：アフラトキシンM_1

RBR：R-Biopharm Rhône Ltd，Romer：Romer Labs. Inc.，IDS：International Diagnostic Systems Corp.，r-Biopharm：r-Biopharm AG，Neogen：Neogen Corp.，Charm：Chram Sciences, Inc.，EnviroLogix：EnviroLogix Inc.

＊1：Romer社製は10および20μg/kgカットオフ用で注文により輸入可能，IDS社製は2，5，10，20，50，100μg/kgカットオフ用がある。
IDS社製はキッコーマン㈱と要相談

＊2：アフラトキシン用は10μg/kg未満，10μg/kg以上－20μg/kg未満，20μg/kg以上の3段階判定，ピーナッツ専用もある。
デオキシニバレノール用は500μg/kg未満，500μg/kg以上－1000μg/kg未満，1000μg/kg以上－2000μg/kg未満，2000μg/kg以上の4段階判定
フモニシン用は1000μg/kg未満，1000μg/kg以上－2000μg/kg未満，2000μg/kg以上－4000μg/kg未満，4000μg/kg以上の4段階判定

通常免疫化学的分析法に適用困難な試料である香辛料やコーヒー製品にも適用可能である。アフラカップの場合，Romer社のものはトータルアフラトキシン用として10と20μg/kg，IDS社のものは2，5，10，20，50，100μg/kgの汚染量に対応しており，両社ともほとんど同様なカップタイプである。IDS社の製品については，現在日本において販売されていないが，IDS社がNeogen社グループに入っていることから，入手したい場合にはNeogen社と輸入取引のあるキッコーマン社に相談して頂きたい。

イムノクロマトグラフィー法はその操作性の簡便さから，生産現場や流通過程でのその需要が高まり，キットの種類および対応カビ毒が劇的に増加してきた。多くの諸外国で規制しているアフラトキシンについては，各社とも対応しており，その他フモニシンやデオキシニバレノールについても対応しているメーカーが多い。チャームROSAテストシリーズでは，これらのカビ毒以外に，ゼアラレノン，オクラトキシンA，T-2/HT-2トキシン，アフラトキシンM_1（生乳対象）にも対応している。アフラトキシン用キットの中で，VICAM社のアフラチェック，r-Biopharm社のクイックアフラトキシン，Neogen社のリベールアフラトキシン，EnviroLogix社のクイックトックスアフラトキシンおよびCharm社のRosaテストアフラトキシンがコーンを対象に，米国農務省穀物検査局（GIPSA）の認証を得られている。その他，Charm社のデオキシニバレノール，フモニシン，オクラトキシンAおよびゼアラレノン用のキットやEnviroLogix社のクイックトックスドンおよびNeogen社のリベールドンについてもそれぞれの対象試料ごとに同様の認証を得られている。日本では，平成18年7月13日付けで検査時間短縮等の観点から，食安監発第0713001号厚生労働省医薬食品局食品安全部監視安全課長通知「トウモロコシ中のアフラトキシン試験法について」において，アフラカードB1，Rosaテストアフラトキシンおよびアグラストリップアフラ（4ppbカットオフ）が採用されており，これらのキットで4ppb以下あるいは陰性と示された場合に対象トウモロコシ試料中のアフラトキシンB_1が陰性であると判断できる[1)]。

一般的なキットでは，①均一に破砕した試料1の重さに対して70%メタノール2容量で抽出し（例えば試料10gを密閉カップに採り，70%メタノール20mlを加え1分間振とう抽出），静置後上清液あるいはろ液を採る，②上清液あるいはろ液を精製水あるいは緩衝液で倍希釈する，③希釈試料液をテストストリップのサンプルパッドに滴下またはテストストリップを希釈試料液に浸す，④5分間インキュベートする，⑤目視あるいはストリップリーダーで測定する，等の方法が採用されているが，以下の点にご注意願いたい。①抽出時間についてほとんどのキットが1分間を採用しているが，カビ毒を試料から十分に抽出するには30分間は必要である。②冷蔵していたテストストリップは使用前に室温に戻しておく。③コントロールラインが十分に呈色しない場合には再検査が必要となる。④カビ毒汚染は一般に均一でないことから，そのロットを代表するように統計学的にサンプリングされた試料を採取し，ミル等で均一な破砕試料を調製する必要がある。サンプリング法の実際については，紙面の都合上割愛するので他誌を参照願いたい[2)]。また，検査に用いる試料量は，定量誤差を減少させるためにも50gを用いることが望ましい。

表1に挙げたキットの対象試料としては，主としてコーンや小麦，大麦等の穀類であり，その他の試料を用いた場合，正確な判定が困難となる場合がある。例えばアフラトキシン汚染が問題となる香辛料をこれらのキットに適用すると，擬陽性を示すか適用不可となる。この場合，昭和電工から販売されているAutoprep MF-Sを試料液のクリーンアップに用いると正確な判定が可能となる。この前処理カラムはC18，陰・陽イオン交換樹脂を充填した多機能カラムであり，抗原抗体反応を妨害する脂溶性物質や陰・陽イオン物質を吸着し，カビ毒等の無極性物質を通過させるため，複雑なマトリックスを持つ香辛料等においても，カラムからの流出液をメンブランイムノアッセイに用いることが可能となる。ただし，ここで用いられる試料量と抽出溶媒量の比率が1：4となっているので，抽出比率が1：2の方法でカットオフ値が4μg/kgのキットではカットオフ値は8μg/kgとなるので注意が必要である。

表2にカビ毒以外で，現在日本で入手可能なイムノクロマトグラフィー法のキットを示した。カビ毒以外の毒物を対象としたイムノクロマトグラフィー法のキットは現在のところ非常に限られている。貝毒であるシガテラ毒素，藍藻毒であるミクロシスチン，細菌毒であるボツリヌス毒素等については海外で販売されているが，国内では販売されていない。細菌毒素用キットとして，表2に示したように大腸菌ベロトキシンやセレウス菌エンテロトキシン用のものが販売されているが，食品から直接検査できるのではなく，対象物から菌を培養する必要があるため，生産現場や流通過程では利用しにくい。その他，一昨年問題となったタンパク質代替品としてのメラミン用のキットについては，その感度からも十分適用可能である。毒物ではないが，チャームROSA

表2　市販毒素その他用メンブランイムノアッセイ法キット

名前	タイプ	定性・定量	対象物質（検出限界，検出範囲）	メーカー	販売元
デュオパス	イムノクロマトグラフィー	定性	大腸菌ベロトキシン（VT1：0.1μg/ml，VT2：0.05μg/ml），セレウス菌エンテロトキシン（NHE：6ng/ml，HBL：20ng/ml）	MERCK	メルク㈱
クイックトックスメラミン	イムノクロマトグラフィー	定性	メラミン：ミルク（0.5μg/ml），粉乳・飼料原料（2.5μg/g）	EnviroLogix	㈱プラクティカル
チャームROSAテスト	イムノクロマトグラフィー	定量	生乳対象：クロラムフェニコール，スルファジメトキシン，β-ラクタム系，テトラサイクリン系，ストレプトマイシン，エンフロキサシン	Charm	FOSSジャパン㈱

VT1：ベロトキシン1，VT2：ベロトキシン2，NHE：非溶血性エンテロトキシン，HBL：溶血素BLエンテロトキシン

テストシリーズでは，生乳中の種々の抗生物質に対応したキットを販売しており，世界各国の乳生産・流通過程で多く使用されている。また，農薬を対象とした検出キットについては，有機リン系農薬のコリンエステラーゼ活性阻害を利用したものは販売されているが，イムノクロマトグラフィー法のキットは今のところ販売されていない。その他，食品由来病原細菌同定用として，メルク社から *E-Coli* 157，カンピロバクター，サルモネラ，リステリアを検出するキットが，カビ同定用として EnviroLogix 社から *Aspergillus* 属と *Penicillium* 属のカビや，*Stachybotrys* 属や *Aspergillus niger* のカビを同定するキットが販売されている。なお，遺伝子組み替え食品検出用やアレルギー物質検出用については，複数の目的物質を同時に検出できるキットが販売されているが，カビ毒を始めとした毒物用では今のところそのようなタイプは販売されていない。

5　おわりに

近年，食の安全・安心が叫ばれる中，我が国では農産物や食品中の農薬，動物性医薬品，カビ毒などの種々の化学物質に対して，国際基準に準じた基準値設定がますます増加してきた。これに伴い，多くの化学物質を同時に検出する一斉分析法導入のためや結果の信頼性を確保するために，LC/MS/MS や GC/MS/MS 等の高額機器を用いた検査法が公定法として多く採用されるようになった。一方，短時間に多数の検体を検査することが要求される検査機関ではスクリーニング法としての，また，高額機器や高度検査技術の導入が困難な生産現場や流通過程においては，化学物質の簡便な検査法の導入が要求されるようになった。イムノクロマトグラフィー法は，その簡便性や特異性および機器分析に匹敵する高感度を有することから，今後ますます検査現場での導入がなされることと思われる。現在，市販キットの対象化合物が非常に限られているが，今後健康危機管理の点からも農薬を始めとした化学物質や毒物用のイムノクロマトグラフィー法の開発が望まれる。

文　　献

1)　厚生労働省，食安監発第 0713001 号（2006）
2)　山本勝彦，マイコトキシン，**59**（2），95（2009）

第3章　コリンエステラーゼ阻害活性を持つ農薬の簡易測定法

～有機リン，カーバメート系農薬の測定キット～

田澤英克*1，江端智彦*2

1　はじめに

近年，我が国においては貿易の自由化に伴い農作物の輸入が増加の一途をたどっている。それに伴い，輸入農作物における狂牛病，汚染米，メラミンミルク，あるいは残留農薬違反といった事件・事故が散発していることから，消費者の「食の安全」に対する不安が高まってきている。

このことを受けて，国としても国民の健康保護の観点から，食品衛生法や食品安全基本法等の法律に基づいた施策を進めている。農作物の農薬残留に関しては，決められた基準値以内で使用してよい農薬を一覧表に載せ，その他の農薬等が一定量以上含まれる食品の流通を原則禁止するポジティブリスト制度が，2006年5月29日より施行されている。

農作物の残留農薬検査は，GC-MSやLC-MSといった機器分析法が通知法となっている[1]。これらの機器分析法は，数百種類の農薬を基準値以下の感度で一斉に検出可能である利点を有するものの，操作が煩雑である，検査に数日を要する，及び費用も1検査当たり数万円程かかる等により，生産者や加工業者が検査数を増やすのは困難な状況である。さらに，加工後の食品，調味料，及び飲料などについては原材料の検査結果が準用されており，十分な検査体制が取れているとは言いがたい。これらの状況は，中国製冷凍ギョーザ中に混入した有機リン系農薬成分「メタミドホス」による薬物中毒事件[2]を防ぐことができなかった一因とも考えられる。

以上のことから，機器分析のみならず簡易法でのスクリーニング検査や自主検査を検討する検査機関・食品メーカー等も多く見られるようになってきた。以下に，有機リン系及びカーバメート系殺虫剤によるコリンエステラーゼ（*Cholinesterase; ChE*）阻害作用を指標とした酵素法[3]（以下酵素法と略称する）を中心として，簡易検査キットによる残留農薬検査の現況についても詳述する。

＊1　Hidekatsu Tazawa　マイクロ化学技研㈱　研究開発部　主任研究員

＊2　Tomohiko Ebata　マイクロ化学技研㈱　研究開発部　部長

2　有機リン系及びカーバメート系殺虫剤の作用機序と測定原理

運動神経，自律神経，及び副交感神経などのコリン作動性神経シナプスでは神経の電気的信号に応じてアセチルコリンが放出されており，相手側器官に情報を伝達している。コリンエステラーゼは情報伝達の終了したアセチルコリンをコリンと酢酸に分解する酵素であり，神経末端での情報伝達の制御を行なっている。

コリンエステラーゼには2種類が存在する。アセチルコリン（アセチル-β-メチルチオコリン）を特異的に分解するアセチルコリンエステラーゼ（AChE）はコリン作動性神経シナプス周辺に局在し，別種のコリンエステルや非コリンエステルを分解するブチリルコリンエステラーゼ（BuChE）は血清や膵臓，肝臓など多くの組織に存在する。

コリンエステラーゼは，薬剤などの阻害剤によってその酵素活性を阻害されると，アセチルコリンの分解が抑えられて蓄積し，副交感神経や中枢神経系が過度の興奮状態となり，瞳孔の縮瞳や消化管の収縮，血圧や心拍数の低下などの循環系の異常，唾液腺や汗腺，涙腺などから外分泌の亢進などの症状を引き起こす。コリンエステラーゼ阻害剤は，下記の2種に大別される。

(1)　可逆的阻害剤

可逆的コリンエステラーゼ阻害薬は，活性部位である陰性部，エステル部と結合し，エステル部位をカルバモイル化して酵素活性を失活させる。この結合は容易に離れることから，多くは排尿障害，重力筋無力症，筋弛緩薬，アルツハイマー，消化管運動停滞の治療用に用いられている。代表的なものとして，臭化ジスチグミン，臭化ネオスチグミン，塩化アンモニウムなどが挙げられる。

(2)　非可逆的阻害剤

非可逆的阻害薬はコリンエステラーゼ活性部位のエステル部にあるセリンのヒドロキシル基をリン酸エステル化し酵素活性を失活させる（図1）。この作用は脱リン化によって解除可能

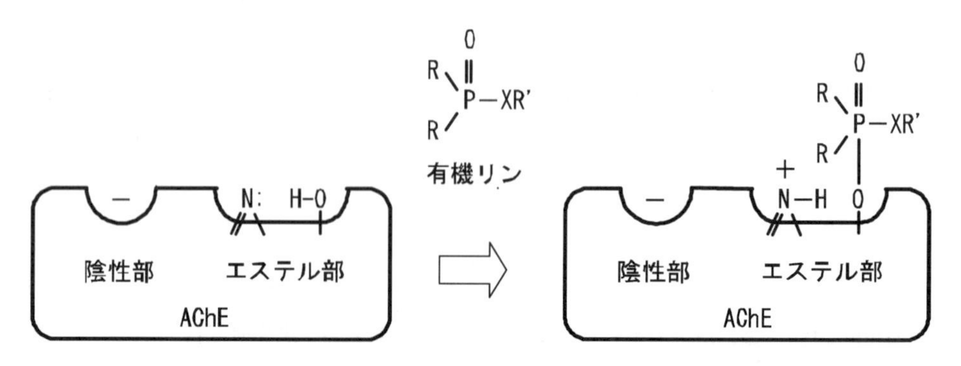

図1　アセチルコリンエステラーゼの活性モデルと有機リンの結合様式

ではあるが，事実上不可能に等しく，非可逆的と言える。非可逆的阻害剤の多くは殺虫剤（有機リン系，*N*-メチルカーバメート系）として用いられるが，サリンやVXガスなどの化学兵器も同様の機序で阻害が起こる。

なお，農薬としての安全性は，ヒトに対しては作用が弱く虫に対しては作用が強いといった選択性が要求されるが，この選択性は恒温動物であるヒトと変温動物である虫との体温の差，代謝及び排泄の差異などによって発揮されている。

通常，酵素法による測定は，コリンエステラーゼによるDTNBもしくは酢酸インドキシルを基質とした発色反応により行われる。上記のように有機リン系及びカーバメート系殺虫剤により，コリンエステラーゼが阻害されると発色は減衰又は起こらず，サンプル中の農薬（阻害剤）の存在が明らかとなる。また，P=S結合を有するチオノ体の有機リンや一部カーバメート系殺虫剤では脱硫酸化などにより，P=O結合を有するオキソン体などに変換することによって酵素阻害能力が大幅に増加する。通常，生体内では肝ミクロソームの薬物代謝酵素によりこれらの酸化が行なわれているが，酵素法による測定キットでは活性化剤として酸化剤が用いられている。

3　酵素法測定キットによる検査手順例

残留農薬を簡易的に検査するキットは各社から販売されているが，コリンエステラーゼは固相法では濾紙や生体親和性の高い樹脂などに固定され，液相法では溶液のままマイクロタイタープレートで反応が行なわれる。また，使用されるコリンエステラーゼの種類によって農薬の感受性が異なる[4]。

製品の多くは海外製品であり，国産製品としては固相法の「アグリケム™」（マイクロ化学技研株式会社製）（図2）などが挙げられる[5~7]。検出器を要さず，現場で迅速に測定可能な点などから，実際の検査では固相法の使用が多い。また，一部キットにおいてはサンプルの濃縮器を使用するものも存在し，こちらを使用した場合，対応農薬によっては，ポジティブリストレベルでの検出が可能となる。

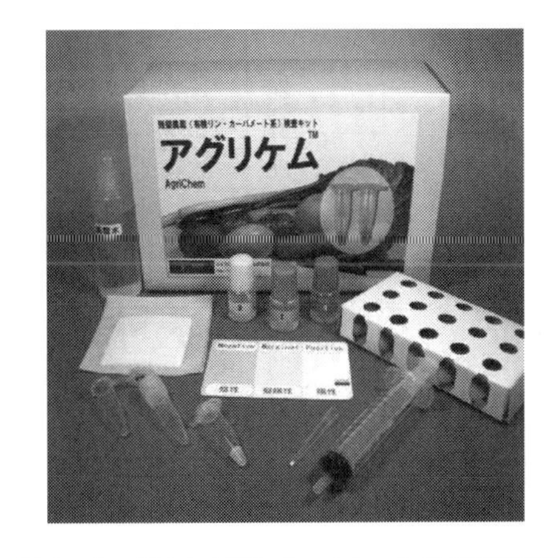

図2 「アグリケム™」（マイクロ化学技研㈱製）

測定キットには，対応農薬とその検出感度が記載されており，検査対象農薬を確認し，感度の高いものを使用する（表1）。特に海外製品においては，日本国内では使用されない農薬に主眼をおいて開発されている商品も存在するので注意を要する。以下に「アグリケム™」を例に挙げた測定法の手順を示す（図3)。

農作物中に含まれる農薬の測定は，(I)サンプルからの農薬の抽出と(II)「アグリケム™」による農薬の測定の2ステップを経て行なう。

表1 「アグリケム™」対応農薬と検出感度

No	農薬名	主な商品名	検出限界（ppm）
1	EPN	EPN	0.04
2	アジンホスエチル	Riazotion	0.001
3	アジンホスメチル	グチオン	0.008
4	イソキサチオン	カルホス	0.0002
5	エチオン	エチオン	0.01
6	エトプロホス	モーキャップ	0.1
7	エトリムホス	エカメット	0.01
8	キナルホス	エカラック	0.0001
9	クマホス	クマホス	0.002
10	クロルピリホス	ダーズバン	0.0002
11	クロルピリホスメチル	レルダン	0.001
12	クロルフェンビンホス	ビニフェート	0.04
13	サリチオン	サリチオン	0.1
14	シアノフェンホス		0.1
15	ジクロフェンチオン	ノマート	0.1
16	ジクロルボス	DDVP	0.04
17	ジメチルビンホス（E)	ランガード	0.1
18	ジメチルビンホス（Z)	ランガード	0.1
19	スルプロホス	ボルスタール	0.02
20	ダイアジノン	ダイアジノン	0.0006
21	テルブホス	Counter	0.01
22	パラチオン	パラチオン	0.0008
23	ピリダフェンチオン	オフナック	0.001
24	ピリミホスメチル	アクテリック	0.02
25	フェナミホス	フェナミホス	0.004
26	フェニトロチオン	スミチオン	0.04
27	フェンスルホチオン		0.1
28	ブタミホス	ブタミホス	0.1
29	プロパホス	カヤフォス	0.001
30	ブロモホスエチル	ルビトックス	0.01
31	ホサロン	ホサロン	0.006
32	ホレート	ホレート	0.08
33	モノクロトホス	アルフェート	0.1
34	NAC	NAC	0.1
35	オキサミル	バイデート	0.1
36	カルボフラン	フラダン	0.02
37	チオジカルブ	ラービン	0.02
38	ピリミカーブ	ピリマー	0.008

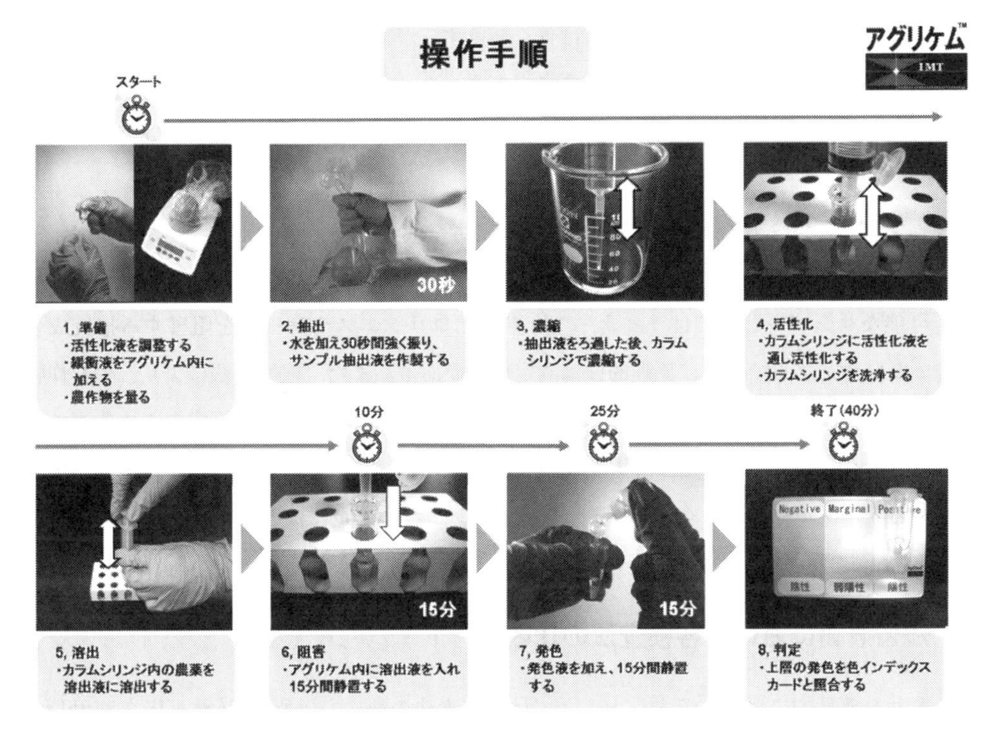

図3 「アグリケム™」における残留農薬測定手順

(I)　農作物からの農薬の抽出

① サンプリング（抽出）：生鮮野菜では等量の水で強く攪拌することによって，表面上の検査に必要な量の残留農薬が溶解される。飲料などでは場合によりろ過してサンプルを調製する。

(II)　「アグリケム™」による農薬の測定

操作は以下の5つの手順より成る。

② 濃縮：サンプル液10mLをカラムが先端についたシリンジを用いて複数回吸引・排出することにより，サンプル液中の農薬をカラムに吸着させ濃縮する。

③ 活性化：さらに，チオノ体の有機リンや一部カーバメート系農薬については，検出に活性化を要するため，カラムに活性化液を通して洗浄する。この活性化液はコリンエステラーゼの酵素活性に影響を及ぼすため，カラムシリンジは活性化操作の後，十分に水洗する。

④ コリンエステラーゼ阻害：カラムシリンジ先端のカラムに濃縮された農薬を0.1mLの溶出液を用いて溶出し，「アグリケム™」内に投与する。投与後，15分間待つことにより酵素阻害反応を行なう。

⑤ 発色：酵素阻害反応終了後，発色液を滴下して15分待つことによりコリンエステラーゼ

の発色反応を行う。農薬が無ければ青く発色するが，農薬によってコリンエステラーゼの働きが阻害されていれば無反応のままである。

⑥ 判定：上層の発色を色インデックスカードと照合して判定を行う。（陰性・弱陽性・陽性）

4 対象サンプル

測定可能なサンプルとしては，ヒ素，フッ素などコリンエステラーゼを阻害する拮抗成分が入っていないサンプルであれば原理的には測定可能である。また，前処理法により，生鮮作物だけでなく加工食品などにも対応可能である。但し，キットによっては呈色反応のため色素の影響を受けるものも存在する。また，酵素を使用しているため，高濃度のアルコールや油分，塩分が入っているサンプルや，著しくpHの高低を示すサンプルも測定には適さない。

5 残留農薬における各検査法の比較

残留農薬を簡易的に検査するキットとしては，酵素法の他にも抗原 — 抗体反応を利用したイムノアッセイ法[8]がある。イムノアッセイ法は，特異性の高い抗原 — 抗体反応を利用していることから，検出感度は機器分析法と遜色がなく，また農作物中の共雑物の影響を比較的受けにくいことから，前処理についても簡略化が可能である利点を有する。しかし，この特異性の高さは検査対象農薬の種類が少ない[9]ということも意味し，農薬ごとに検査キットを用意する必要があること，またプレートリーダーという装置が必要となる点で，コストがかかる。また，機器分析ほどではないものの，操作もやや煩雑である。

一方酵素法は，コリンエステラーゼ阻害作用を指標としており，阻害する有機リン系及びカーバメート系殺虫剤の網羅的な検査が可能である特長を有する。一方，多くのキットでは検出感度

表2　各種分析法の比較

	酵素法		イムノアッセイ法	機器分析法
	固相法	液相法		
検出感度	△ （濃縮により○）		○	○
対象農薬種類	有機リン系及び カーバメート系農薬		対象農薬及び 類似体のみ	200～300種類 （最大600種類）
検査時間	＜1時間		3時間	＞3日
初期費用	＜1万円	100万円	100万円	>1,000万円
コスト／テスト	約千円	約千円	約千円	数万円
操作性	容易	難	難	非常に難

がppmオーダーと低く，測定法などに改良を加えないと残留農薬検査レベルの検査が難しく[10)]，それ単独で国の検査基準値を満たすことは困難である。しかしながら，「アグリケム™」のように，前処理を工夫することにより，ある程度は克服が可能である。また，使用農薬を把握している場合や，作物受け入れ時の検査で時間的な余裕が無い場合など，検査を容易に行なうことが可能であることから，多くの機関で1次検査として用いられている。

以上，各分析検査法の比較について表2に示す。

6　おわりに

有機リン系農薬の使用頻度は非常に高く，国内での違反例を見ても，有機リン系農薬の違反は例年20件程度と月に1件以上のペースで発生している。輸入食品においては，例年25件程度の違反が発生している。これらを踏まえると，酵素法キットによる残留農薬検査の1次スクリーニングには有効と考えられている。

酵素法キットを用いる際の注意点としては，多くが海外製品であるので，主となる対象農薬が国により異なることから対象農薬リストをよく調べて使用する必要がある。また，対象サンプルによってはサンプル由来の成分の影響を受けるケースが存在するので，初めて測定するサンプルでは，ブランク試験を行なってから検査を行なう必要がある。測定における注意点としては，網羅的に検出されることから定量，同定は困難であることが挙げられる。安全性においては，活性化に酸化剤を使用するケースが多く，手袋着用にて使用することが望ましい。

文　献

1) Fillion J. *et al., J AOAC Int.*, **83** (3), 698-713 (2000)
2) Yuka Sumi. *et al., J. Toxicol. Sci.*, **33** (4), 485-486 (2008)
3) Ellman GL *et al., Biochem. Pharmacol.* **7**, 88-95 (1961)
4) Pogacnik L. *et al., Ann Chim.*, **92** (1-2), 93-101 (2002)
5) Tazawa H. *et al.*, in preparation
6) 田澤英克ほか，塗料の研究，**151**, 88-92 (2009)
7) 田澤英克ほか，食品と容器，**49** (9), 543-546 (2008)
8) Eiki Watanabe *et al., J Agric. Food Chem.*, **52**, 2759-2762 (2004)
9) Wang ST *et al., Anal Chim Acta.*, **587** (2), 287-292 (2007)
10) 上条恭子ほか，東京健安セ年報，**57**, 179-182 (2006)

第4章　組換え酵素を利用した食品中の有毒成分簡易検出キットの開発
～セリン・スレオニン脱リン酸化酵素の阻害活性測定法の解説～

池原　強[*1]，安元　健[*2]

1　はじめに

下痢性貝毒とは，渦鞭毛藻に属する単細胞藻類が生産する毒で，二枚貝（ホタテガイ，ムラサキイガイ，カキ，アサリなど）に蓄積してヒトに下痢症を起す毒成分である[1]。その代表的な成分であるオカダ酸（OA）は，7つのエーテル環を持ったカルボン酸であり（分子式 $C_{44}H_{68}O_{13}$），オカダ酸以外の原因物質としては，オカダ酸の官能基の一部がメチル基やアシル基に置換されたジノフィシストキシン群（DTX 群）が知られている（図1）。二枚貝の養殖は魚類と異なって餌の投与による環境負荷がなく，比較的単純な施設と技術で可能なので急速に拡大した。ところが，貝毒の出現も歩調を合わせて増加し，貝毒監視は世界的課題となった。従来，下痢性貝毒の検査方法では，貝の抽出物をマウスの腹腔内に投与し，致死活性を測定する方法（マウス法）が公定

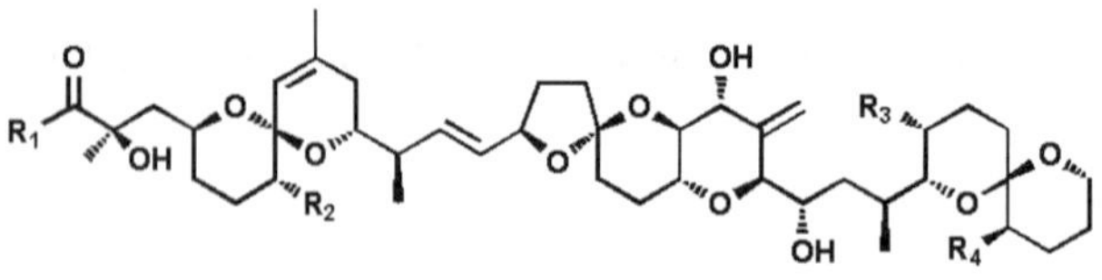

	R_1	R_2	R_3	R_4	M.W.
OA	OH	OH	CH_3	H	804
DTX1	OH	OH	CH_3	CH_3	818
DTX2	OH	OH	CH_3	H	804
7-*O*-Pal-OA	OH	OPal	H	CH_3	1041
DTX3	OH	OPal	CH_3	CH_3	1056

OA = Okadaic acid, DTX = Dinophysistoxin

図1　オカダ酸（OA）群の構造

＊1　Tsuyoshi Ikehara　㈱トロピカルテクノセンター　研究開発部　マネージャー
＊2　Takeshi Yasumoto　㈶沖縄科学技術振興センター　コア研究室　研究統括

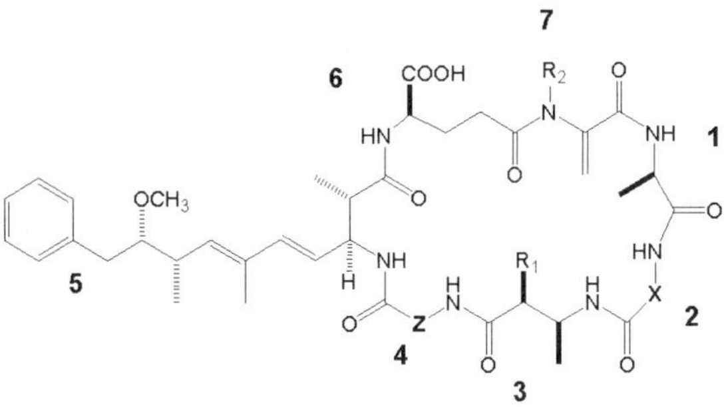

	1	2	3	4	5	6	7
MC-LR	: cyclo- (D-Ala	--L-Leu	--D-MeAsp	--L-Arg	--Adda	--D-Glu	--Mdha)
MC-RR	: cyclo- (D-Ala	--L-Arg	--D-MeAsp	--L-Arg	--Adda	--D-Glu	--Mdha)
MC-YR	: cyclo- (D-Ala	--L-Tyr	--D-MeAsp	--L-Arg	--Adda	--D-Glu	--Mdha)
[Dha^{7}]MC-LR	: cyclo- (D-Ala	--L-Leu	--D-MeAsp	--L-Arg	--Adda	--D-Glu	--Dha)

図2　ミクロシスチン（MC）類の構造

法となっており，その毒性をマウスユニット（MU）という単位で表している。このマウス法に関しては，動物愛護の面および検査に要する費用や時間の点から課題が多く，代替法の検討が世界的に進められている。一方，藍藻類が生産するミクロシスチン（MC）は，7個のアミノ酸で構成される環状ペプチドであり，ADDAと呼ばれるフェニル基を含む共通の部分構造を持っている。構成アミノ酸の違いにより多数の同族体が存在する。代表的なMCの構造を図2に示す。MCは，水道水に混入して透析患者の死亡事故の原因となったことが疑われている。また，地域的に多発する肝臓ガンとの関連も疑われている。

2　PP2A阻害活性測定法の原理とDSP Rapid Kitの開発

オカダ酸やミクロシスチンは，セリン・スレオニン脱リン酸化酵素であるPP2Aに極めて特異的に結合し，その酵素活性を濃度依存的に阻害することが知られていることから，PP2Aはこれら有毒成分を簡便に測定するツールとして有用である。PP2Aの基質としてパラニトロフェニルリン酸（pNPP：無色透明）を用いると脱リン酸化反応によってパラニトロフェノール（pNP：黄色）が生成し，反応液が黄色に発色する。しかし，オカダ酸やミクロシスチン類が存在すると，PP2Aの活性阻害が起こり，発色しない。したがって，この発色の強度を測定することによってオカダ酸やミクロシスチンを定量する事ができる（図3）[2]。この原理に基づいて安元らは，ヒト血球から精製された市販のPP2Aを用いて下痢性貝毒測定キットを最初に試作した[3]。二枚貝の毒化による被害は世界的な問題であることから，測定キットを普及させるためには，活性が安定したPP2Aを大量生産することが課題であった。従来，研究分野では，ウサギ骨格筋やヒト血球などの動物組織から煩雑な抽出・精製過程を経て調製されたPP2Aが利用されてきた。これらのPP2A精製品は生化学試薬として大きな需要があることから，既に商品化されているものが幾つか存在する。しかし，これら動物組織から調製されたPP2Aは，高価なことに加えて活性が一定でなく，さらに供給が不安定なので，定量のための試薬としては，より優れた酵素の供給が望まれていた。そこで，筆者らは，遺伝子工学的手法を用いてバキュロウイルス — 昆虫細胞発現系を利用してリコンビナントPP2Aの発現，精製を試み，安定した活性を有するPP2Aの大量調製法を確立した[4]。大量生産されたリコンビナントPP2A（図4）を利用して，下痢性貝毒の原因物質であるオカダ酸の簡易測定キット「DSP Rapid Kit」（図5）が開発された。「DSP」

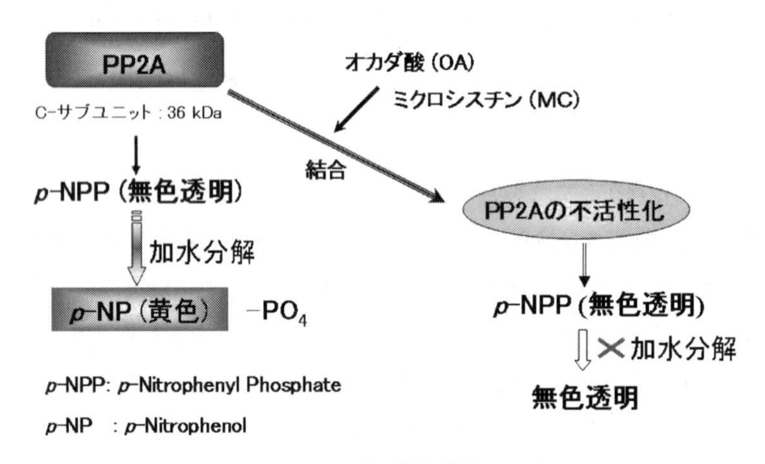

図3　PP2A阻害活性測定法の原理

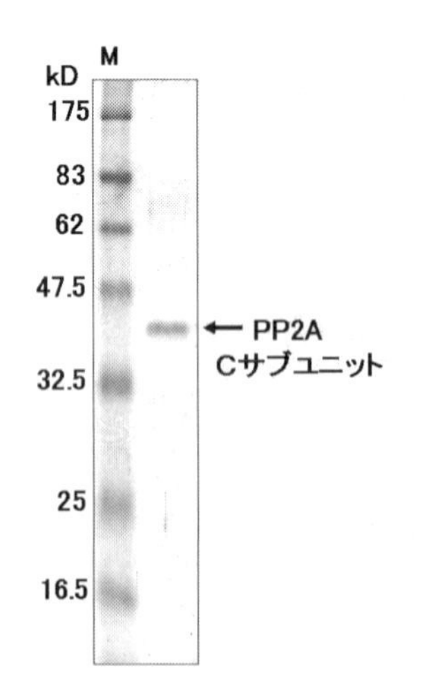

図4　精製されたPP2AのSDS-PAGE

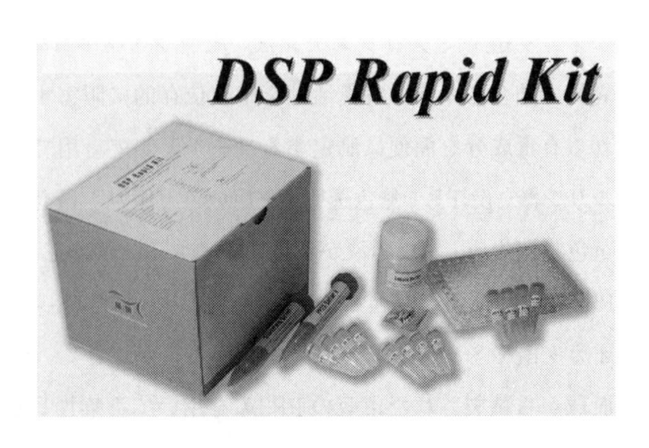

図5　下痢性貝毒簡易測定キット「DSP Rapid Kit」

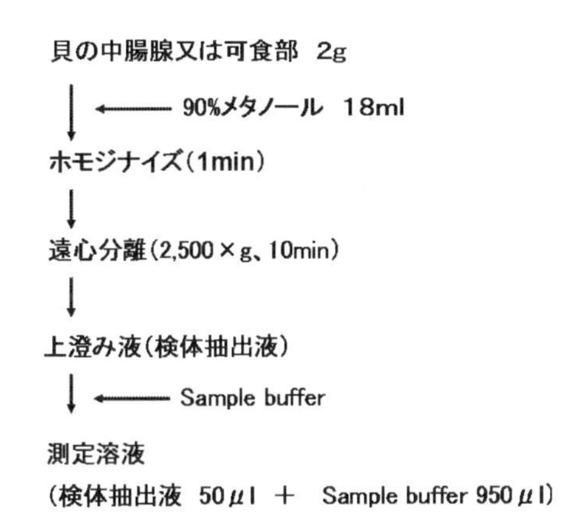

図6　検体抽出液の調製方法（オカダ酸の抽出方法）

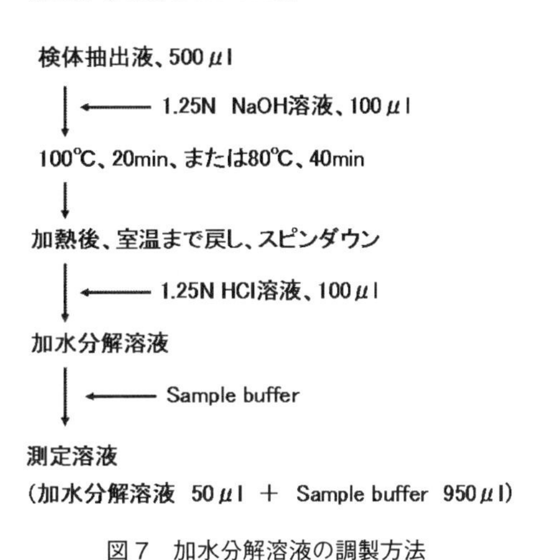

図7　加水分解溶液の調製方法

とはDiarrhetic Shellfish Poisoningの略で下痢性貝中毒の意味である。その原因物質（オカダ酸：OA, ジノフィシストキシン：DTX）を迅速に定量できるキットということで「DSP Rapid Kit」という商品名が付けられた。貝サンプルからの検体抽出液の調製方法（オカダ酸の抽出方法）と加水分解溶液の調製方法を図6, 7に，PP2A阻害活性測定方法を図8に示す。測定方法に従って得られた測定値をデータシート（エクセルファイル）の所定のセルに入力することによって，検量線の作成及びサンプル中のOA濃度の計算が自動的に行えるようになっている（図9）。本キットは，①高純度の組換えPP2Aを用いているため，測定精度と感度が非常に高く，すぐれた再現性があり，②高額機器や高度な技術を必要とせずに下痢性貝毒を定量することが可能，また③簡便な操作で1時間以内に結果が判定できるという3つの点で優れており，輸入あるいは水揚げされる貝類の出荷の適否を即座に判定できるので，食品衛生や漁業関係者にとっては朗報となっている。

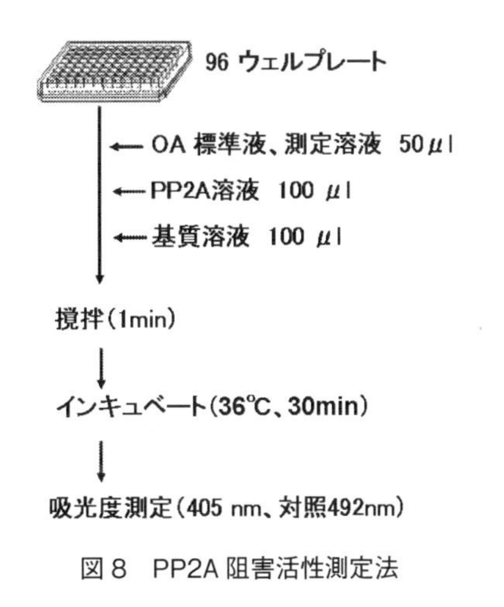

図8　PP2A阻害活性測定法

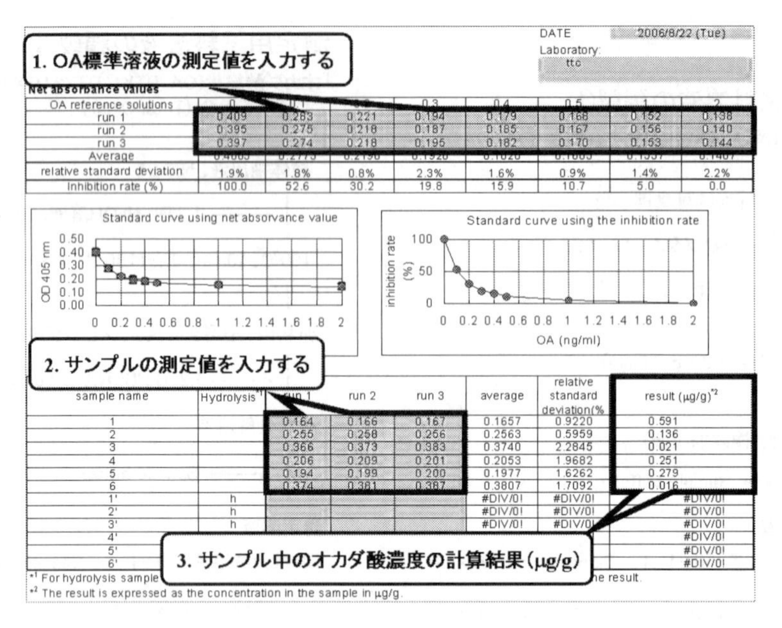

DATE 2006/8/22 (Tue)
Laboratory: ttc

Net absorbance values

OA reference solutions	0	0.1	[illegible]	0.3	0.4	0.5	1	2
run 1	0.409	0.263	0.221	0.194	0.179	0.168	0.152	0.138
run 2	0.395	0.275	0.218	0.187	0.185	0.167	0.156	0.140
run 3	0.397	0.274	0.218	0.195	0.182	0.170	0.153	0.144
Average	0.4003	0.2773	0.2190	0.1920	0.1820	0.1683	0.1537	0.1407
relative standard deviation	1.9%	1.8%	0.8%	2.3%	1.6%	0.9%	1.4%	2.2%
Inhibition rate (%)	100.0	52.6	30.2	19.8	15.9	10.7	5.0	0.0

sample name	Hydrolysis[*1]	run 1	run 2	run 3	average	relative standard deviation(%	result (μg/g)[*2]
1		0.164	0.166	0.167	0.1657	0.9220	0.591
2		0.255	0.258	0.256	0.2563	0.5959	0.136
3		0.366	0.373	0.383	0.3740	2.2845	0.021
4		0.206	0.209	0.201	0.2053	1.9682	0.251
5		0.194	0.199	0.200	0.1977	1.6262	0.279
6		0.374	0.361	0.367	0.3807	1.7092	0.016
1'	h				#DIV/0!	#DIV/0!	#DIV/0!
2'	h				#DIV/0!	#DIV/0!	#DIV/0!
3'	h				#DIV/0!	#DIV/0!	#DIV/0!
4'							#DIV/0!
5'							#DIV/0!
6'							#DIV/0!

*1 For hydrolysis sample … he result.
*2 The result is expressed as the concentration in the sample in μg/g.

図９　検量線の作成と濃度算出用データシート

3　ミクロシスチン検出キットの開発

近年，世界各地において，湖沼やダム湖での有毒アオコ（藍藻類）の発生が報告されており，この有毒藍藻類によって産生されるミクロシスチンは，肝臓毒および発ガン促進物質として知られ，ミクロシスチンに汚染された環境水の直接又は間接の摂取による地域住民の肝障害，肝臓ガン発生の危険性が大きな問題になりつつある。このような状況の下，1998年，WHO（世界保健機構）が飲料水中のミクロシスチン濃度を１リットルあたり１μｇとするガイドライン値を設定したことから，環境中のミクロシスチン濃度を正確に測定することが必要になった。現在，一般的に行われている分析方法としてはHPLCや質量分析器を用いた化学的手法，及びミクロシスチン特異的な抗体を用いたELISA法やプロテインホスファターゼの活性阻害を利用した方法などの生物学的手法が存在する。しかし，有毒アオコの問題が世界中で起きている事，及び分析者が必ずしも化学の専門家でない事が多いことから，高額な機器や専門的知識を必要とせず，迅速で簡便な分析方法の開発が必要とされてきた。そのような中，生物学的手法の１つであるPP2Aの活性阻害を利用した方法は，検出，定量方法としては非常に簡便で，安価な方法であるといえる。この様な背景において我々は，リコンビナントPP2Aの大量生産技術，そのPP2Aを利用した下痢性貝毒簡易測定キットの開発において得られたキット開発のノウハウをミクロシスチン簡易測定キットの開発に応用した[5,6]。ミクロシスチン検出キットは，「MC Rapid Kit」（図10）

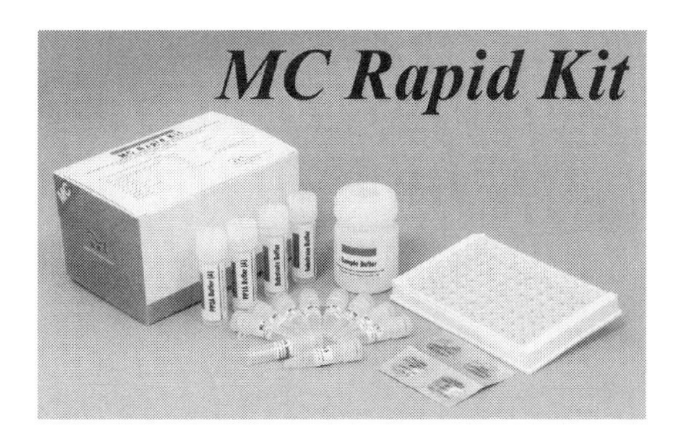

図10　藍藻毒簡易測定キット「MC Rapid Kit」

という製品名で㈱トロピカルテクノセンターから平成22年度に販売される予定である。

4　おわりに

本キットによる測定方法は，食品や環境成分の分析法を評価する機関であるAOACI（Association of Official Analytical Chemists International）において，世界的公定法の候補として取り上げられており，現在，承認に向けたデータの蓄積が進められている。下痢性貝毒の検査法としてPP2A阻害活性測定法が世界の公定法として認められる日を期待している。

文　　献

1)　T. Yasumoto *et al.*, *Tetrahedron*, **41**, 1019 (1985)
2)　A.Takai *et al.*, *Biochem. J.*, **275**, 233 (1991)
3)　A. Tubaro *et al.*, *Toxicon*, **34**, 743 (1996)
4)　T. Ikehara *et al.*, *Protein Expr. Purif.*, **45**, 150 (2006)
5)　T. Ikehara *et al.*, *Toxicon*, **51**, 1368 (2008)
6)　T. Ikehara *et al.*, *Toxicon*, **54**, 539 (2009)

付表

〈付表Ⅰ〉

近赤外分光法をはじめ，光を使った計測法について作表した。試料に光を照射してその応答を計測する技術は，応答速度が非常に速いのが特長であり選果ラインなど大量の検査を行うのに非常に有用である。近赤外分光分析法は反射型でスタートし透過型が開発され，卓上型から携帯型が開発されてハンディーとなり，生産者が収穫後のみならず収穫前にも測定が行えるようになった。

⑴ 付表Ⅰ-1

既に全国の選果場で採用されている選果ライン（近赤外分光法）を，技術の先行事例として，ウェブ上から検索したものをまとめたものである。

⑵ 付表Ⅰ-2

近年，学会誌・業界誌あるいはプレス発表などから，大学や公的研究機関での発表された演題をまとめたものである。新たに農産物の光学的試験・検査を行おうとする施設の参考に資するためのものである。光学的方法で何ができるかあるいはどの研究機関に相談を持ちかけたら良いのか，などの資料として利用して頂きたい。（　）は発表の年度であり西暦の下二桁を示す。

〈付表Ⅱ〉

農産物試験に使用される免疫測定法の代表はイムノクロマト法とELISA法が代表的である。イムノクロマト法の判定は基本的に目視で行うがELISA法はマイクロプレートリーダー装置（MPR）が必要である。その多くは吸光度測定であるが，蛍光測定や発光測定も出現が予想される状況である。ELISA法以外にもMPR測定する農産物試験もあり，マイクロプレートフォーマット（MPF）として表に示した。

⑴ 付表Ⅱ-1

イムノクロマトグラフ法は，試薬構築技術も広く公開されており，自ずから製造することも不可能ではないが，ここでは市販の製品について表を作成した。また，イムノクロマトグラフ法の応用法としてPCR-イムノクロマトグラフ法があり，これもイムノクロマトグラフ法として取り扱った。イムノクロマトグラフ法は通常目視による判定を行うが，一部の製品についてはリーダー（機器）を必要とするものがある。また，イムノクロマト法に類似し，かつ迅速性や簡便性を追求した方法としてELIFA (Enzyme-Linked Immunofiltlation Assay)，DIBA (Dot Immuno

Binding Assay)，RIBA（Rapid immuno filter paper Assay）と呼ばれる方法がある。現場での簡便な測定法として注目される。

⑵　**付表Ⅱ-2**

マイクロプレートリーダーが手元にある場合，どのような試験・検査ができるかという観点でまとめたものである。マイクロプレートリーダー法は農産物試験・検査の場合，その多くが吸光度測定法によるものであるが一部蛍光測定法で行うものもある。MPFに該当するものに，本書の抗酸化能測定法（ORAC法，DPPH法，WST-1法）などがこれにあたる。またELISA法にはDAS-ELISA（Double Antibody Sandwich-Enzyme Immuno Assay），TAS-ELISA（Triple Antibody Sandwich-Enzyme Immuno Assay）と呼ばれる方法も多く利用されている。

山本重夫

付表Ⅰ-1　選果ラインにおける近赤外・非破壊検査の利用例

導入選果場	対象農産物	測定・判別標的	註
JA 共和（北海道）	メロン	糖度	
JA ようてい（北海道）	ジャガイモ	空洞	
JA 津軽（青森県）	リンゴ	糖度	
JA いわて中央（岩手県）	リンゴ	糖度	＋重量・色
JA うご（秋田県）	スイカ	糖度・熟度	＋隙
JA かづの（秋田県）	リンゴ	糖度	
JA さくらんぼひがしね（山形）	サクランボ モモ リンゴ	糖度 糖度 糖度	＋形状
JA てんどう（山形県）	西洋ナシ	糖度	＋形状（果径）
JA さがえ（山形県）	リンゴ	糖度	
山形県	サクランボ	糖度	＋色・形状
JA 伊達みらい（福島県）	モモ	糖度	＋形状
くにみ共選場（福島県）	モモ	糖度	＋形状・色
JA 郡山（福島県）	ナシ	糖度・熟度・内部褐変	
JA あぶくま石川（福島県）	リンゴ	糖度・熟度	＋色
JA 新ふくしま	モモ	糖度・酸度	＋色・形状
JA なすの（栃木県）	ナシ	糖度・酸度	＋色・形状
JA はぐくみ（群馬県）	ナシ	糖度	
茨城県旭村農協	メロン トマト	糖度 糖度	
埼玉県産直センター	ミニトマト	糖度	
JA 銚子（千葉県）	メロン	糖度	
JA こま野（山梨県）	モモ	糖度	
JA 西野（山梨県）	モモ	糖度	
JA 櫛形（山梨県）	モモ	糖度	
JA タウン（山梨県）	モモ	糖度	
JA フルーツ山梨	モモ	糖度	＋色・形状
JA 南信州（長野県）	モモ ナシ リンゴ	糖度・熟度 糖度 糖度	
JA 中野（長野県）	ブドウ	糖度	ハンディー型
JA 松本ハイランド（長野県）	スイカ	糖度・空洞	
JA ながの	リンゴ	糖度	＋形状・色
JA 新潟みらい	ナシ モモ スイカ	糖度 糖度 糖度	
JA 白根（新潟県）	ナシ	糖度	
JA 越後中央（新潟県）	スイカ	糖度	
JA とぴあ浜松（静岡県）	ジャガイモ	内部障害検出 でんぷん量計測	＋内部障害：空洞
JA 三ヶ日（静岡県）	ミカン	糖度	

（つづく）

付表Ⅰ-1　選果ラインにおける近赤外・非破壊検査の利用例（つづき）

導入選果場	対象農産物	測定・判別標的	註
JA あいち豊田（愛知県）	モモ ナシ カキ	糖度・熟度 糖度・熟度 糖度	＋色・形状
JA 愛知みなみ	ミカン	糖度・酸度	
JA 蒲郡（愛知県）	ミカン	糖度・酸度	＋色調・形状・傷
JA 豊橋（愛知県）	ナシ	糖度・熟度	＋色・内部障害・形状
JA 三重南紀（三重県）	ミカン	糖度・酸度・スアガリ	＋色・形状
JA なのはな（富山県）	ナシ	糖度・酸度	
JA ありだ（和歌山県）	ミカン	糖度	
JA 紀の里（和歌山県）	モモ キウイ ハッサク	糖度 糖度 糖度	
JA ながみね（和歌山県）	ミカン	糖度・酸度	
JA 紀南（和歌山県）	ミカン	糖度・酸度	＋色調・形状も測定
JA たじま（兵庫県）	ナシ	糖度	
いなば農協（鳥取県）	ナシ カキ	糖度 糖度	携帯型装置を採用
東郷梨選果場（鳥取県）	ナシ	糖度	
JA 鳥取	スイカ	糖度	
JA 岡山	ブドウ モモ	糖度 糖度	
JA 岡山西	モモ	糖度	＋重量
JA 鴨方（岡山県）	モモ	糖度	
JA 津山（岡山県）	ナシ	糖度・酸度・内部障害	
吉備路もも出荷組合（岡山県）	モモ	糖度	＋形状
JA 八東村（岡山県）	だいこん	内部傷害	
JA 全農おかやま	モモ	糖度	
JA 呉（広島県）	ミカン	糖度・酸度	
JA 山田村（山口県）	だいこん	内部傷害	
JA 府中（香川県）	ブドウ	糖度	ハンディー型
JA 香川	ミカン	糖度・熟度	
JA あなん（徳島県）	ミカン	糖度	
JA 中央選果場（愛媛県）	ミカン	糖度	
JA 川上選果場（愛媛県）	ミカン	糖度	
JA 三崎選果場（愛媛県）	ミカン	糖度	
JA にしうわ（愛媛県）	ミカン	糖度・酸度	
JA コスモス（高知県）	トマト	糖度	＋色調・形状
JA 高知はた	ブンタン	糖度・酸度	＋形状・傷
JA えひめ	ミカン	糖度・酸度	
JA 粕屋（福岡県）	ミカン デコポン	糖度・酸度 糖度・酸度	
JA 八女（福岡県）	トマト イチゴ	糖度 糖度・酸度	

（つづく）

付表 I-1　選果ラインにおける近赤外・非破壊検査の利用例（つづき）

導入選果場	対象農産物	測定・判別標的	註
JA さが	ミカン イチゴ	糖度・酸度 糖度・酸度	＋色・形状
JA さが神崎	イチゴ	糖度・酸度	
JA 伊万里（佐賀県）	ナシ	糖度	
JA からつ（佐賀県）	デコポン 清見オレンジ	糖度・酸度 糖度・酸度	
JA ながさき（長崎県）	ミカン	糖度・酸度	＋色
JA おおいた（大分県）	ナシ	糖度・熟度・酸度	
JA おおいた県南	ミカン	糖度・酸度	
全農長崎	ミカン	糖度・酸度	
JA 宇城（熊本県）	スイカ デコポン	糖度 糖度・酸度	 ＋色・形状
JA 熊本	メロン	糖度・熟度	
JA 鹿本（熊本県）	スイカ	糖度	
JA あしきた（熊本県）	デコポン	糖度・酸度	
JA 本渡五和（熊本県）	デコポン	糖度	
JA 小林（宮崎県）	メロン	糖度・熟度	
JA にじ園芸流通センタ（宮崎）	カキ	糖度・渋	＋色・内部障害
みやざきブランド推進本部	メロン	糖度・熟度	
JA 種子屋久（鹿児島県）	ミカン	糖度・酸度	
JA おきなわ	マンゴー トマト	糖度 糖度	
沖縄県農協北部地区本部	ミカン	糖度・酸度	＋形状・色・傷

付表Ⅰ-2　農産物試料計測における光学技術ソースの所在

技術の内容	対象	所在
近赤外分光法による果実糖度の測定（'93）	果実	㈱食品総合研究所
近赤外分光分析法によるナタネ子実のリノール酸・エルカ酸の組成比の非破壊迅速測定（'98）	ナタネ	
近赤外分光分析法によるゴマ種子の油分含量・脂肪酸組成比の非破壊測定（'02）	ゴマ	
近赤外分光法による生体液の連続モニタリング手法の開発（'03）	牛乳	
近赤外分光法による残留農薬の迅速測定（抽出・濃縮・測定）（'09）	（残留農薬）	
近赤外分光法によるメロン生理傷害の非破壊計測法の開発（'01）	メロン	㈱野菜茶業研究所
近赤外分光法によるメロン糖度の非破壊計測法の開発（'02）	メロン	
近赤外分光法による小玉スイカの非破壊計測法の開発（'02）	スイカ	
近赤外分光法による野菜総食物繊維含量の迅速定量法の開発（'96）	（食物繊維）	
可視・近赤外分光法によるチンゲンサイ葉柄硝酸イオン濃度計測法の開発（'06）	チンゲンサイ	
可視・近赤外分光分析法を用いるトマトリコペン含有率の簡易非破壊計測（'09）	トマト（リコペン）	
さかなの保存履歴を知る（'07）	サンマ	㈱水産総合研究センター　中央水産研究所
光センサーによる水産物の品質評価～近赤外分光法の実用化を目指して～（'07）	アジ	
近赤外分光分析による凍結履歴判別法の検討（'05）	マグロ	
反射式近赤外分光法によるビワ果実糖度非破壊測定（'94）	ビワ	㈱近畿・中国・四国農業研究センター
光ファイバー分光測定法による葉菜類中カロテン含量の非破壊測定（'98）	（葉菜カロテン）	
近赤外分光分析法によるゴマ種子の油分含量・脂肪酸組成の非破壊測定（'02）	ゴマ	㈱九州・沖縄農業研究センター　作物機能開発部
小粒試料測定用カップの開発と近赤外法によるゴマ種子の非破壊脂肪酸組成の推定の検討（'04）	ゴマ	
近赤外分光法による大豆の機能性成分含量の推定（イソフラボン，ビタミンB類，トコフェロール）（'08）	ダイズ	
近赤外分析による凍結履歴の判別法（'07）	マグロ	㈱農林水産消費安全センター
カンキツ用の非破壊型選果機の有効利用法（'00）	柑橘類	㈱果樹研究所　四国農業試験場
近赤外光を用いたトマト糖度計測技術の開発（'03）	トマト	北海道立工業試験場

（つづく）

付表Ⅰ-2　農産物試料計測における光学技術ソースの所在（つづき）

技術の内容	対象	所在
ハイパースペクトルカメラによる生鮮食品鮮度評価（'05）	（生鮮野菜鮮度）	北海道工業大学　工学部
ハイパースペクトルカメラの研究～スペクトルデータの収集とデータ解析モデルの作成（'05）	（カメラ近赤外）	北海道工業大学　工学部　電気電子工学
道産ホタテガイ品質評価システムの開発（'07）	ホタテガイ	北海道立工業試験場／北海道大学
近赤外分光法によるトマトの内部品質（糖度，酸度）の測定法（'02）	トマト	北海道クリーン農業推進協議会
近赤外分光法による搾乳時乳質の連続測定法の開発（'08）	牛乳	北海道大学　農学部　農業工学科
近赤外分光法による牛乳の成分測定（'08）（乳成分，体細胞，尿素窒素）	牛乳	北海道大学　大学院農学研究科　生物資源生産学
近赤外分光法による米の品質評価（'99）	コメ	
携帯型光糖度計測装置の開発	リンゴ	青森県産業技術センター
近赤外分光法によるリンゴ糖度測定（'97）	リンゴ	
魚の「脂ののり」がすぐわかる（'02）	サバ	岩手県水産技術センター　利用加工部
近赤外分光法によるウメ果実の硬さおよび主要有機酸含量の非破壊測定（'03）	ウメ（有機酸）	秋田県立大学
近赤外分光法によるエダマメの品質判定（'09）	エダマメ	山形大学　農学部　生物生産学科
近赤外分光法によるダダチャマメの品質評価技術（'09）	ダダチャマメ	
近赤外光を利用する海苔中異物検出装置の開発（'08）	海苔（異物）	鶴岡工業高等専門学校　電気電子工学科
イチゴ果実硬度推定モデル～ペクチンと硬度の関係～（'08）	イチゴ硬度	宇都宮大学
非破壊で収穫前に穀物収量を推定するための分光センサーを用いた計測（'06）	イネ	農業環境技術研究所　生態系計測研究領域
青果物の鮮度保持期間の予測に関する研究（近赤外分光法）（'07）	ブロッコリー タマネギ ホウレンソウ	東京大学　大学院農学生命科学
分光情報によるATP非破壊検出（'09）	（食肉生菌数）	
近赤外分光法による青果物汚染中毒菌の迅速検出（'09）	（食中毒菌）	
近赤外分光法を用いたトマトの食味成分推定（'09）	トマト	東京農工大学　農学部
スイートコーン非破壊品質測定法（'09）	コーン	
近赤外分光法を用いたプルーンの糖度推定手法の開発（'09）	プルーン	
近赤外分光によるメロン用簡易非破壊糖度計の開発（'95）	メロン	神奈川県農業技術センター
近赤外分光法による山梨県産ワインのアルコール及び糖の定量（'93）	ワイン	山梨県工業技術センター　ワインセンター

（つづく）

付表Ⅰ-2　農産物試料計測における光学技術ソースの所在（つづき）

技術の内容	対象	所在
近赤外分光分析装置による牛肉のオレイン酸測定と酸含有率及び脂肪交雑が食味に及ぼす影響（'08）	牛肉（脂肪）	長野県農政部　園芸畜産課
近赤外分光法による米デンプンの消化性とグリセミック・インデックスの推定（'08）	コメ	信州大学　大学院総合工学研究科
農産物の品質情報を提供するためのコメの中赤外分光分析法（'07）	コメ	新潟大学　農学部　生産環境科学科
タマネギの内部障害の検出（'10）	タマネギ	新潟大学　農学部　農業システム工学科
異常鶏卵の非破壊検出装置の開発（'02）	鶏卵	新潟大学　大学院自然科学環境共生科学
ワクチン製造不適卵の非破壊測定技術の開発（'07）	鶏卵	
近赤外分光法による果菜類の内容品質の非破壊測定（'07）	メロン	静岡県農業技術研究所
ハンディー型近赤外測定器による水産物の脂肪含量の推定（'05）	マアジ	静岡県水産試験場
ケモメトリックスを用いた茶の品質評価（'00）～拡張カルマン・ニューロと近赤外吸光度と測色値の利用～	茶葉	
茶成分測定のための近赤外線分析マニュアル（'95）（荒茶・仕上げ茶水分，全窒素，繊維，テアニン，カフェイン他）	茶葉	静岡県志太榛原農業改良普及センター
近赤外分光法によるカツオ粗脂肪の非破壊計測の可能性（'97）	カツオ	静岡県水産技術研究所
ビンナガの脂肪分布と近赤外分光法による脂肪量の非破壊測定（'00）	マグロ	
近赤外分光法による食品の化学分析（'07）	茶葉ほか	名古屋文理大学
携帯型打音計および近赤外分光法によるメロンの熟度・糖度の非破壊測定（'00）	メロン	三重県科学技術振興センター
近赤外分光法による果菜類の鮮度・酸度等の測定と品質評価基準の策定（'08）	メロン	三重県農業研究所
茶成分による品質評価法（'99）	茶葉	岐阜県立農業総合センター
透過光画像によるメロンのたべ頃予測（'07）	メロン	京都大学　農学研究科　農産加工学分野
透過光分光分析による鶏卵の鮮度測定（'07）	鶏卵	
ハイパースペクトルカメラによる成育中のチャのカテキン含量の推定（'10）	茶葉	京都大学　農学研究科　地域環境科学
豚脂肪の質を迅速に評価する光学的技術（'97）	ブタ（脂肪）	大阪府立農業技術センター　畜産部
近赤外分光法によるウンシュウミカンの非破壊迅速な葉水分診断技術（'02）	ミカン葉	和歌山県農業総合技術センター　果樹試験場

（つづく）

付表Ⅰ-2　農産物試料計測における光学技術ソースの所在（つづき）

技術の内容	対象	所在
近赤外拡散反射スペクトルによるキュウリ果実の低温障害検出（'10）	キュウリ	神戸大学　大学院農学研究科
近赤外分光法による葉内硝酸濃度非破壊計測（'10）	野菜	神戸大学　大学院農学研究科
牛肉脂質の脂肪酸組成とその非破壊測定（'09）	牛肉 （脂肪）	神戸大学　大学院農学研究科
近赤外分光法を用いた兵庫県産煎茶（非粉砕）・緑茶（非粉砕）全窒素含有率測定検量線の開発（'00）	煎茶 緑茶	兵庫県北部農業技術センター
近赤外分析法を用いた酒米玄米粒タンパク質含有率測定検量線の開発（'99）	コメ	兵庫県北部農業技術センター
近赤外分析法を用いた「みそ」の品質評価法の開発（水分，食塩，脂質）（'98）	みそ	兵庫県北部農業技術センター
近赤外分析装置を利用した非破壊迅速品質評価システムの開発（'97）	コメ（食味） イチジク	兵庫県北部農業技術センター
近赤外分光法によるモモ果実の渋味の評価（'07）	モモ （ポリフェノール）	岡山農業総合センター
近赤外分光法によるナシの過熟果の選別（広島県産梨）（'03）	ナシ	雑賀技術研究所
近赤外分光法を用いた大豆種子1粒の品質評価システム（'06）	ダイズ	広島市立大学　情報科学部
ポータブル型近赤外分光分析装置によるマアジ，アカムツ，脂肪含有量の非破壊計測とその活用事例（'07）	マアジ アカムツ	島根県水産技術センター
近赤外分光法と画像解析技術を用いた農作物の成育・水分ストレスの診断（'06）	（水分ストレス）	山口大学　農学部　生物資源環境科学
収穫時のキウイフルーツ果実の携帯型非破壊糖度センサー測定による追熟後糖度の推定（'09）	キウイ	香川県農業試験場　府中分場
近赤外分光法による冷蔵野菜の迅速鮮度分析と最適冷蔵制御法（'08）	野菜	高知大学　農学部　自然環境学科
携帯型センサーによるブンタンと高糖度トマトの非破壊計測法（'05）	ブンタン トマト	高知県農業技術センター　作物園芸部
近赤外分光による農産物熟度の評価（'04）	ミカン	佐賀大学　農学部　生物生産学科
近赤外分光法による食品の非破壊評価法の開発（'03）	マンゴー	佐賀大学　農学部　生物環境科学科
タマネギの表皮水分の非破壊迅速測定法について（'97）	タマネギ	佐賀大学　農学部　生物環境科学科
レーザーによる農産物品質の非破壊検査技術の開発（'04）	ビワ トマト （糖度・空洞）	長崎県工業技術センター
高糖度果実生産のための水分ストレス計の開発（'09）	（水分ストレス計）	長崎県工業技術センター（LED使用）

（つづく）

付表Ⅰ-2　農産物試料計測における光学技術ソースの所在（つづき）

技術の内容	対象	所在
近赤外分光によるメロンの非破壊品質測定システムの開発（'97）	メロン	熊本県農業研究センター（透過式分光計）
新しい迅速・非破壊 *in situ* 分光計測法の開発	（非破壊計測）	熊本大学　農学部
近赤外分光法によるウンシュウミカンの糖度計測法に関する研究（'05）	ミカン	宮崎大学　農学部
分光画像法による農産物の残留農薬検出方法及び装置（'07）	（残留農薬）	みやざき TLO
「かぼちゃ」の熟度判定（'08）	カボチャ	鹿児島県農業開発センター 園芸作物部
農作物不良センシング技術の研究～ソラマメ内部の「しみ症」の検出～（'03）	ソラマメ	鹿児島県工業技術センター 電子部
マンゴー生産支援システム（携帯型近赤外分光装置による）（'09）	マンゴー	琉球大学　農学部　地域農業工学科
連続一体型細裂 NIR 型システムによるサトウキビ品質評価の試み（'07）	サトウキビ	

付表Ⅱ-1　イムノクロマトグラフィー市販製品
（市販イムノクロマトグラフィー製品でどんな検査ができるか）

目的		具体的な測定対象／検出対象物質
食品成分分析	食肉の同定判別	加工肉種（牛肉，豚肉，鶏肉）
	豚肉検出	簡易検出キット
	異常プリオンの検出	BSE 牛のスクリーニング
	小麦粉混入試験	グルテン測定
	食品アレルゲン検出	卵，乳，小麦，そば，落花生，甲殻類，大豆（生食品と加工食品用がある）
	遺伝子組換え体検出（組換え遺伝子より産生される蛋白質を検出）	大豆，コーン，ナタネ，ジャガイモ，コメ等
		コーン（Cry1Ab コーン，Cry1F コーン，Cry2A コーン，Cry2Ab コーン，Cry3A コーン，Cry3bB コーン，Cry34Ab1 コーン，Cry9c コーン，CP4EPSPS コーン，PAT/pat コーン）
		大豆（VCP4 EPSPS 大豆，PAT/pat 大豆）
		ジャガイモ（CryⅢA ジャガイモ，NewleafY ジャガイモ，NewLeafPlus ジャガイモ）
		コメ（PAT/pat コメ）
		＊　コーン 8 種を同時に試験できるセットあり。 ＊　この他，ワタ，ナタネなどの検査試薬がある。
	ミルク同定試験	ウシ，ヤギ，ヒツジ
	BSE 検査	異常プリオン検出（脳，脊髄）
食品汚染	食品付着細菌	リステリア，サルモネラ，O157，O26，O111，カンピロバクター
	PCR-イムノクロマト法による細菌検出	サルモネラ，カンピロバクター，エンテロバクター・サカザキ
	細菌毒素検出	ベロトキシン（1/2）
	カビ毒素検出	アフラトキシン，デオキシニバレノールフモニシン，T-2 トキシン
	天然毒素	ミクロシスチン（アオコ），サキシトキシン（二枚貝）
	メラミン混入試験	メラミン
ウイルス検出	食品付着ウイルス	ノロウイルス，A 群ロタウイルス，アデノウイルス
	植物ウイルス	キュウリ（CMV），トマト（TSWV），プラムポックスウイルス（PPV）ほか
土壌等汚染物質		PCB（測定器が必要），カドミウム（玄米）
海中生物		幼生生物（ムラサキガイ，アカフジツボ）

イムノクロマト法に類似した免疫測定法として
ELIFA（Enzyme-Linked Immunofiltlation Assay，本文参照）
DIBA（Dot Immuno Binding Assay）
RIBA（Rapid immuno filter paper Assay）
と呼ばれる方法がある。いずれもイムノクロマト法や ELISA 法をさらに簡便化する目的で利用されている。

付表Ⅱ-2　マイクロプレートリーダーで出来る試験・検査

	目的	品目	具体的な測定対象／検出対象物質
ELISA法	食品アレルゲン測定	特定6品目	卵，牛乳，小麦，そば，落花生，甲殻類
		推奨品目	大豆
		上記以外	ゴマ，アーモンド，ヘーゼルナッツ
	食品成分	小麦粉混入試験	グルテン測定
		加工中生成物質	アクリルアミド
		ビタミンB群	ビオチン，葉酸，ビタミンB12
	肉種判別		ウシ，ブタ，家禽，ヒツジ，ウマ，シカ
	遺伝子組換体検出	組換遺伝子から産生される蛋白を測定	トウモロコシ，多数の遺伝子組換品がある（10種） ダイズ，ラウンドアップレディー（2種） ジャガイモ　など
	BSE	異常プリオン蛋白の検出	脳，脊髄
	細菌		サルモネラ菌，O157，O26，O111，リステリア，黄色ブドウ球菌，カンピロバクター
	細菌毒素		ベロトキシン（1/2），エンテロトキシン（A～E）
	カビ毒素		マイコトキシン，デオキシニバレノール，T-2トキシン，オクラトキシンA，ゼアラレノン，シトリニン，フモニシン，アフラトキシン
	天然毒素		オカダ酸，ミクロトキシン
	植物ウイルス		キュウリモザイクウイルス，プラムポックスウイルス　など
	残留農薬[*1]（測定可能な残留農薬は多数）	殺虫剤	アセタミプリド，イミダクロプリド，イソキサチオン，エマメクチン，アルドリン，クロルピリホス，アルジカルブ，DDT　など
		殺菌剤	イマザリル，イプロジオン，クロロタロニル，フルトラニル，カルバリル，クリロフェナビル，HCB　など
		除草剤	2，4，5-T，2，4-D，アミトロール，アトラジン，アラクロール，シマジン，ベノビル，イソプロツロン　など
		抗生物質	クロラムフェニコール，テトラサイクリン，ストレプトマイシン，ゲンタマイシン
		合成抗菌剤	フルオロキノロン，エンロフロキサシン，フロキサシン　など
		サルファ剤	サルファ剤類，サルファジアジン，サルファメトキサゾール，サルファキノキサリン，サルファメタジン　など
		色素類	マラカイトグリーン，クリスタルバイオレット
		ホルモン類	ジエチルスチルベステロール，βアンタゴニスト類，シマテロール，ラクトパミン，クレンプテロール，サルブタモール　など

（つづく）

付表Ⅱ-2　マイクロプレートリーダーで出来る試験・検査（つづき）

	目的	品目	具体的な測定対象／検出対象物質
ELISA法	環境ホルモン		ダイオキシン，HCB，PCP，トリクロロフェノキシ酢酸，アミトロール，アトラジン，カルボフラン，トリクロビル，コプラナーPCB，ビスフェノール，ビテロジェニン（バイオアッセイでビテロジェニンを測定）
	環境汚染		BTEX，PAH
ELISA法以外	ヒスタミン		EIA（MPFによる）*2
	PCR産物		PCR-ELISA法（MPFによる）
	食品抗酸化能*3		DPPH法（MPFによる），WST-1法（MPFによる），ORAC法（蛍光）（MPFによる）
	オカダ酸		PP2A阻害活性測定法，（DSP，Rapid，Kit），（本文参照）（MPF）ミクロシスチンの測定キットも開発されている。また，直接非競合阻害ELISA法（MPF）もある。
	動物組織検出		DNA-ELISA法による，ウシ，ブタ，ヒツジ，ヤギ，ニワトリ，カモ，七面鳥，アヒル（MPF）

＊1）有機リン系とカルバメート系農薬：殺虫剤は作用本体がコリンエステラーゼ阻害作用である。この作用を利用して殺虫剤を測定する方法がある。コリンエステラーゼと基質および測定物質（農薬）を入れると，コリンエステラーゼの酵素活性が失われる。この阻害程度を測定すれば農薬の存在を知ることができる。このコリンエステラーゼ活性阻害法を応用した製品が販売されている。本文参照。

＊2）ヒスタミンを酵素反応と反応産物の電気化学的検出によるセンサーが開発されている。フローインジェクション分析法に対応している方法である。本文参照。

＊3）農産物・食品が持つ機能は，例えば抗アレルギー作用，血糖値低下，脂肪吸収の抑制などと多様であり，それぞれの機能を証明する方法は当該農産物・食品ごとに選定されている。これらのなかで抗酸化能評価は各種農産物に適用できる数少ない共通技術といえる。

農産物・食品検査法の新展開《普及版》(B1174)

2010年7月26日 初 版 第1刷発行
2016年8月8日 普及版 第1刷発行

監 修 山本重夫 Printed in Japan
発行者 辻 賢司
発行所 株式会社シーエムシー出版
東京都千代田区神田錦町1-17-1
電話 03(3293)7066
大阪市中央区内平野町1-3-12
電話 06(4794)8234
http://www.cmcbooks.co.jp/

〔印刷 あさひ高速印刷株式会社〕

ISBN978-4-7813-1116-6 C3043 ¥4200E